Excel

深見 祐士 著

大村あつし 監修

技術評論社

VBA開発を

超効率化する

プログラミング

テクニック

ムダな作業をゼロにする開発のコツ

JN100087

―ご購入・ご利用の前に必ずお読みください―

- 本書に記載された内容は、情報の提供のみを目的としています。したがって、本書を用いた運用は、必ずお客様自身の責任と判断によって行ってください。これらの情報の運用の結果について、技術評論社および著者はいかなる責任も負いません。
- 本書記載の情報は、2024年2月1日現在のものを掲載していますので、ご利用時には、変更されている場合もあります。
- 本書はWindows11、Microsoft365版のExcelを使って作成をされており、2024年2月1日現在での最新バージョンをもとにしています。Excel2007/2010/2013/2016/2019/2021でも本書の解説内容を学習することはできますが、一部画面や操作手順が異なることがあります。
- 本書の内容は一般的なパソコン環境で動作確認を行っております。対象バージョンのExcelであってもご利用のパソコン特有の環境によって本書で解説された動作が行えない場合があります。
- ソフトウェアはバージョンアップされる場合があり、その場合には本書の説明とは機能内容や画面イメージが異なることがあります。
- 下記URLより本書の学習で必要だと思われるサンプルファイルおよび開発支援ツール「階層化フォーム」をダウンロードしてお使いいただけます。ただし、サンプルファイルおよび開発支援ツール「階層化フォーム」をご利用いただく前に376ページの『サンプルファイルについて』および378ページの『ダウンロード特典「階層化フォーム」について』を必ずお読みください。お読みいただかずにご利用になられた場合のご質問には対応いたしかねます。

  https://gihyo.jp/book/2024/978-4-297-14023-6/support

- 本書で提供するサンプルファイルおよび開発支援ツール「階層化フォーム」は、Excel2007/2010/2013/2016/2019/2021およびMicrosoft365版のExcelでの動作を確認しておりますが、一部バージョンに依存するもの、また操作環境に依存するものがあります。
- 本書で提供するサンプルファイルおよび開発支援ツール「階層化フォーム」は、本書の購入者に限り、個人、法人を問わず無料で使用できますが、著作権は著者に帰属しておりますので再転載や二次使用は禁止いたします。
- サンプルファイルおよび開発支援ツール「階層化フォーム」の使用は、必ずご自身の責任と判断によって行ってください。使用した結果生じたいかなる直接的・間接的損害も、技術評論社、著者、プログラムの開発者およびサンプルファイルの制作に関わったすべての個人と企業は、いっさいその責任を負いかねます。

　以上をご承諾いただいた上で、本書をご利用願います。これらの注意事項をお読みいただかずに、お問い合わせいただいても、技術評論社および著者は対処しかねます。あらかじめ、ご承知おきください。

はじめに

「動けばいい」マクロから「持続可能な」マクロ、そして開発効率の最大化へ

　Excel VBAは、その導入の容易さとExcelそのものが業務に密接に関係するため、業務の自動化や効率化の手段として高い即効性を持っています。すなわちExcel VBAは全国の事務職員が少し覚えるだけで簡単に業務効率化が図れるという非常に高いポテンシャルのあるプログラミング言語です。

　一方、高い専門性がなくても開発ができるという手軽さゆえ、可読性・保守性の低いコードで作られたマクロが業務内容の変化に対しての仕様変更ができず、急に使い物にならなくなりかえって業務を滞らせてしまうマイナスの影響もあります。すなわち、ただ「動けばいい」で作られたマクロはいずれ大きな損失に繋がります。このような問題はきっと読者の方も経験済みと思います。

　本書の狙いは上記のような「動けばいい」マクロから脱却し、可読性・保守性を担保し長期にわたっての業務内容の変化にも対応できる「持続可能な」マクロを開発できるVBA開発者を世の中に一人でも増やすことです。

　筆者は、クラウドソーシングプラットフォームのココナラを通して500件以上の開発実績があり、月当たり20件以上の開発案件を常時対応しています。その内容は多岐にわたり、初学者でも対応できる簡単な案件もあれば、数千行ものコードを必要とする多機能、複雑仕様の案件もあります。また、新規案件もあれば昔作ったマクロの保守対応も含みます。これだけの多種多様にわたる開発案件を一個人で、かつマルチタスクで切り盛りするには、「開発の徹底的な効率化」が必要です。

　本書では、筆者がこれらの経験を通じて培ったExcel VBAの開発テクニックを、読者の皆様に惜しみなく共有します。いわば「秘伝の書」です。この秘伝の書は導出では初心者向けの基礎内容も扱っていますが、後半はかなり高度なテクニックや裏技ともいえる内容にも言及しています。さらに、本書特典の「階層化フォーム」はExcel VBA開発を劇的に効率化できるツールです。本書のテクニックを吸収し、ぜひともExcel VBAの潜在能力を120%発揮できる最強の開発者になっていただければ筆者としてこれ以上の幸せはありません。

2024年1月

深見 祐士

目次

絶対知っておきたいVBA開発の超効率化テクニック

さらに知っておきたいVBA開発の超効率化テクニック

絶対知っておきたい
VBA開発の
超効率化テクニック

第1章

基本設定

本章では、本書で紹介する
「VBA開発における超効率化テクニック」を
学ぶための準備を行います。
具体的には、ExcelおよびVisual Basic Editorが
初期設定のままであると仮定し、
その状態からツールバーや各種チェックボックスなどの
設定を変更する手順について解説します。

1-1 Excelブックのツールバーを設定する（[開発]タブを表示する）

　VBA開発を行う際、最初に必須になるのが[開発]タブを表示する作業です。そこで、実際にこの[開発]タブを表示してみましょう。

　まず、Excelの初期状態では[ファイル][ホーム][挿入]…のようにタブが表示されていますが、[開発]タブは表示されていません。

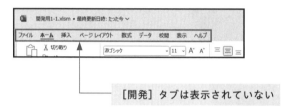

　　[開発]タブは表示されていない

> **attention!**
>
> タブの表示のされ方に関しては、使用しているExcelのバージョンや表示設定によって異なることがありますが、ここでは[開発]タブが表示されていないことに着目してください。

　では、その[開発]タブを表示する方法について解説します。

　まず、リボン上の任意の位置で右クリックすると表示されるショートカットメニューから[リボンのユーザー設定（R）...]をクリックしてください。

❶リボン上の任意の位置で右クリックする

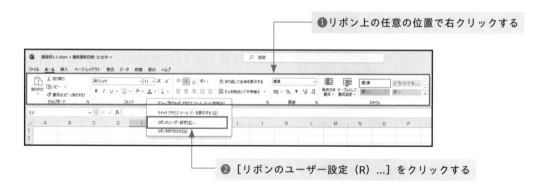

❷[リボンのユーザー設定（R）...]をクリックする

すると、次のような [Excelのオプション] ダイアログボックスが表示されます。

ダイアログボックスの左側で [リボンのユーザー設定] が選択されていることを確認したら、[開発] をクリックしてチェックマークを入れてから、[OK] ボタンをクリックしてください。

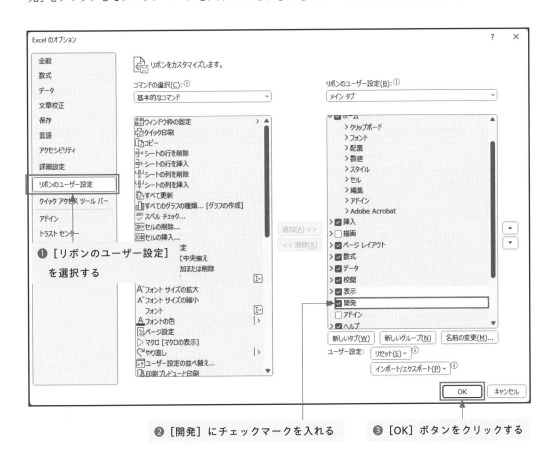

❶ [リボンのユーザー設定] を選択する

❷ [開発] にチェックマークを入れる

❸ [OK] ボタンをクリックする

以上の操作でツールバーに [開発] タブが表示されますので、確認してください。

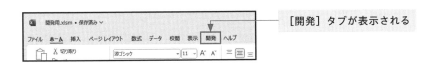

[開発] タブが表示される

なお、[開発] タブを非表示にするには、同様の操作で [Excelのオプション] ダイアログボックスを表示して、[開発] のチェックマークをはずしてから、[OK] ボタンをクリックしてください。

このように［開発］タブが表示されたら、次に［開発］タブの中のどの機能を使うのかについて
説明します。

一般的に使用されるのは、次図のとおり［Visual Basic］ボタン、［マクロの記録］ボタン、そし
て［挿入］ボタンの3つですが、実は筆者は［挿入］ボタンしか使用しません。

というのも、［Visual Basic］ボタンと［マクロの記録］ボタンは、下に示したようにショートカッ
トキーやアクセスキーを使用したほうが効率的で、マウスで当該ボタンをクリックする操作は推奨
できないからです。

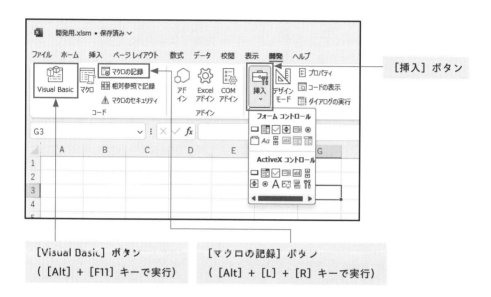

● [Visual Basic] ボタンでVisual Basic Editor（VBE）を起動するショートカットキー
　→ [Alt] キーを押しながら [F11] キーを押す
● [マクロの記録] ボタンのアクセスキー
　→ [Alt] キーを押しながら [L] キーを押して、次に [R] キーを押す

Technique!

　［挿入］ボタンしか使用しない！
　なぜなら、［VisualBasic］ボタンや［マクロの記録］ボタンをクリックするよりショートカ
ットキーやアクセスキーを使用したほうが効率的だから！

1-2 Visual Basic Editorのオプションを設定する

ここでは、Visual Basic Editor（VBE）の［オプション］ダイアログボックスの設定について紹介します。VBEの［オプション］ダイアログボックスの設定を変更すると、VBA開発が大幅に効率化されますので、ぜひ一緒に作業を進めましょう。

まず、VBEの［オプション］ダイアログボックスを表示する方法について解説します。

VBEを起動したら、［ツール（T）］メニューをクリックしてから［オプション（O）…］をクリックしてください。

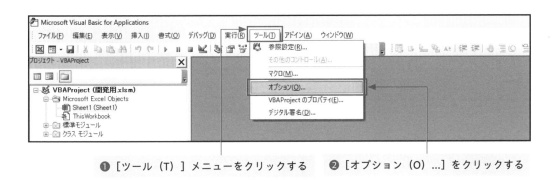

❶［ツール（T）］メニューをクリックする　　❷［オプション（O）…］をクリックする

すると、次図のような［オプション］ダイアログボックスが表示されます。

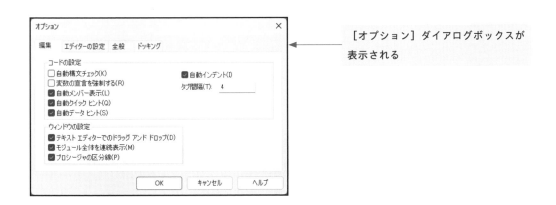

［オプション］ダイアログボックスが表示される

では、このダイアログボックスでの設定を解説します。

第1章

基本設定

1-2-1 ［自動構文チェック (K)］を外す

　［オプション］ダイアログボックスを表示したら、ダイアログボックスの［編集］タブで［自動構文チェック (K)］についているチェックマークをクリックして外します。

［編集］タブ

［自動構文チェック (K)］の
チェックマークを外す

　［自動構文チェック (K)］のチェックマークを外す理由について説明します。

　［自動構文チェック (K)］にチェックマークを入れておくと、誤った1行を記述しただけでもその都度エラーメッセージを表示してくれます。

　確かにこれは一見便利なようですが、こうした構文エラーは該当するステートメントが赤色で表示されますので、エラーメッセージの表示がなくてもすぐにわかります。むしろ、表示されたエラーメッセージを手動で非表示にする手間が発生することになり、**この手間が開発の効率化を妨げる要因になる**と考えているからです。

記述ミスをしたステートメントは
［自動構文チェック (K)］とは
無関係に赤色で表示される

［自動構文チェック (K)］に
チェックマークを入れておくことで
表示されるエラーメッセージ

［自動構文チェック（K）］の機能は使用しない！

なぜなら、構文エラーは赤色で表示されるのですぐにわかる。むしろ［自動構文チェック（K）］の機能で表示されたエラーメッセージを非表示にする手間が非効率的だから！

1-2-2 変数の宣言を強制する

次に、同じく［オプション］ダイアログボックスの［編集］タブで、今度は［変数の宣言を強制する（R）］をクリックしてチェックマークを入れます。

［編集］タブ

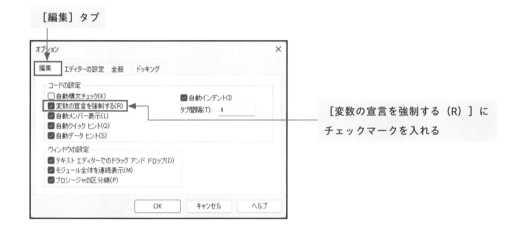

［変数の宣言を強制する（R）］にチェックマークを入れる

［変数の宣言を強制する（R）］にチェックマークを入れる理由について説明します。

［変数の宣言を強制する（R）］にチェックマークを入れておくと、モジュールを追加したときに先頭に**Option Explicit**ステートメントが自動的に記述されるようになります。

Option Explicitステートメントについては多くの読者がご存じだと思いますが、Dimステートメントなどで「明示的に宣言されていない変数」をプロシージャ内で使用できないようにするためのステートメントです。

すなわち、モジュールの先頭にOption Explicitステートメントを記述しておくことで**変数名の記述ミスが容易に発見できるようになる**というメリットがありますので、必ず［変数の宣言を強制する（R）］にはチェックマークを入れてください。

Option Explicitステートメントが
あるコードで変数の記述を誤った
状態で実行した場合のメッセージ

Technique!

［変数の宣言を強制する（R）］の機能を使用する！
なぜなら、Option　Explicitステートメントを自動的に記述することによって、変数名の記述ミスが容易に発見できるから！

Column　**変数は必ず宣言して使う**

　　Option Explicitステートメントを記述すると、必然的に変数は宣言しなければプロシージャ内で使用できなくなります。そうした理由から、特に初心者向けの解説書などで「Option Explicitステートメントは記述しなくても良いし、変数も宣言せずに使用できる」と説明しているものもありますが、少なくとも本書の読者のレベルを考えるとこれは明白な間違いと言わざるを得ません。
　　確かに、変数を宣言せずに使用したほうが一見効率的に思えますが、その場合は明らかなコーディングミスをしたプロシージャでもエラーとならずにそのまま動いてしまいますので、「エラーが発生している場所」がわからないばかりか、最悪の場合「エラーが発生していること自体」に気付かなかったりします。
　　当然ですが、そんな開発をしていたら早晩行き詰まるのは火を見るより明らかです。ですから、みなさんは必ずOption Explicitステートメントを記述して、変数を明示的に宣言して使用するようにしてください。

1-2-3 エラートラップはクラスモジュールで中断する

　次に、エラートラップについて解説します。
　［オプション］ダイアログボックスの［全般］タブにある［エラートラップ］は、［エラー発生時に中断（B）］オプションボタン、［クラスモジュールで中断（R）］オプションボタン、［エラー処理対象外のエラーで中断（E）］オプションボタンの3つの設定から選ぶことができますが、ここでは、これらのうち［クラスモジュールで中断（R）］オプションボタンをオンにすることを推奨します。

［全般］タブ

このオプションボタンを
オンにする

[クラスモジュールで中断 (R)] オプションボタンをオンにする理由について説明します。

[クラスモジュールで中断 (R)] オプションボタンをオンにしておくと、エラーが発生している正確な場所を把握することができるからです。

と言っても、これだけの説明では不十分ですので、詳細な理由を実際の例を交えて説明していきます。3つのオプションボタンそれぞれの設定の詳細は、次のとおりです。

● [エラー発生時に中断 (B)] オプションボタン

エラーが発生すると必ず停止します。たとえば、エラーを無視する「On Error Resume Nextステートメント」や「On Error Gotoステートメント」があっても、エラー発生時には必ず停止するようになります。

● [クラスモジュールで中断 (R)] オプションボタン

クラスモジュール内での動作でエラーが発生したらそこで停止します。

● [エラー処理対象外のエラーで中断 (E)] オプションボタン

クラスモジュール内でエラーが発生しても、そのクラスモジュールを実行したモジュールにおいて停止します。

以上の説明をわかりやすく表にまとめると次のようになります。

オプションボタン	「On Error…ステートメント」有効範囲で	クラスモジュール内で
エラー発生時に中断 (B)	停止する	停止する
クラスモジュールで中断 (R)	停止しない	停止する
エラー処理対象外のエラーで中断 (E)	停止しない	停止しない

第1章

基本設定

では、実際の動きを次のコードを例に説明します。

```
(General)                                                              ∨  配列の次元を取得す
  Option Explicit

  Sub 配列の次元を取得する()
      Dim Array2D(1 To 10, 1 To 10) As Variant  '配列の準備
      Dim Dimension                  As Long     '配列の次元を格納
      Dim MaxNum                     As Long     '特定の次元の要素数を格納

      Dimension = 1                             '配列の次元の最初は1と設定
      On Error GoTo ErrorEscape                 'エラーが生じたら「ErrorEscape」へジャンプする
      Do
          MaxNum = UBound(Array2D, Dimension)   '次元(Dimension)での要素数を取得する。エラーならその次元は存在しない。
          Dimension = Dimension + 1             '配列の次元を1つ加算
      Loop

  ErrorEscape:
      MsgBox "配列の次元は" & Dimension - 1 & "です", vbInformation '確認メッセージ

  End Sub
```

この図のコードを［エラー発生時に中断（B）］をオンに設定して実行すると、次の図の位置で停止します。すなわち、7行目にある「On Error Goto ErrorEscapeステートメント」を無視してエラー発生時に停止します。

```
(General)                                                              ∨  配列の次元を取得す
  Option Explicit

  Sub 配列の次元を取得する()
      Dim Array2D(1 To 10, 1 To 10) As Variant  '配列の準備
      Dim Dimension                  As Long     '配列の次元を格納
      Dim MaxNum                     As Long     '特定の次元の要素数を格納

      Dimension = 1                             '配列の次元の最初は1と設定
      On Error GoTo ErrorEscape                 'エラーが生じたら「ErrorEscape」へジャンプする
      Do
⇨ |       MaxNum = UBound(Array2D, Dimension)   '次元(Dimension)での要素数を取得する。エラーならその次元は存在しない。
          Dimension = Dimension + 1             '配列の次元を1つ加算
      Loop

  ErrorEscape:
      MsgBox "配列の次元は" & Dimension - 1 & "です", vbInformation '確認メッセージ

  End Sub
```

［エラー発生時に中断（B）］に設定して実行するとここで停止する

ただし、同じコードでも［クラスモジュールで中断（R）］や［エラー処理対象外のエラーで中断（E）］をオンに設定している場合は、エラーが発生した2行上の「On Error Goto ErrorEscapeステートメント」を無視せずに、エラー発生時に「ErrorEscape:」のラベルへ飛んで、次のメッセージが表示されます。

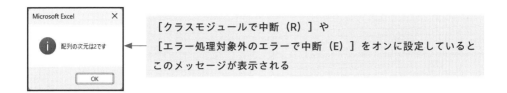

［クラスモジュールで中断（R）］や
［エラー処理対象外のエラーで中断（E）］をオンに設定していると
このメッセージが表示される

では、［クラスモジュールで中断（R）］と［エラー処理対象外のエラーで中断（E）］では、どのように違うのでしょう。2つのオプションボタンの違いを次のコードで説明します。

このコードでは、クラスモジュール「clsTest」を定義して、メソッド「エラー発生」内でLong型変数に文字列を代入して、意図的にエラーが発生するようにしています。

次の図で確認してください。

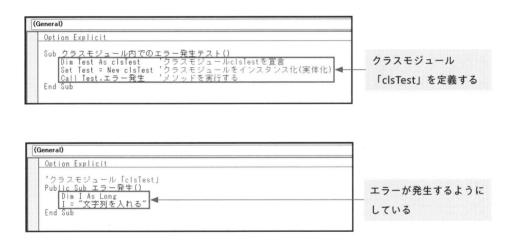

クラスモジュール
「clsTest」を定義する

エラーが発生するように
している

そして、［クラスモジュールで中断（R）］をオンに設定している場合には、まず次のエラーメッセージが表示されますので、ここで［デバッグ（D)］ボタンをクリックします。

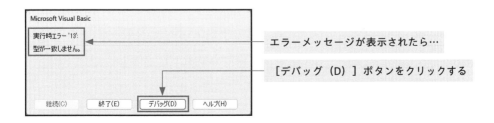

エラーメッセージが表示されたら…

［デバッグ（D)］ボタンをクリックする

第1章

基本設定

すると、次図のようにクラスモジュール内で停止します。

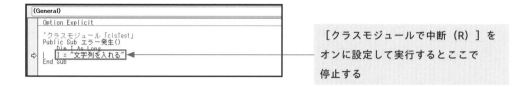

［クラスモジュールで中断（R）］を
オンに設定して実行するとここで
停止する

　また、［エラー処理対象外のエラーで中断（E）］をオンに設定している場合には、同様にまずエラーメッセージが表示されますので［デバッグ（D）］ボタンをクリックします。すると、次の図のように標準モジュールのプロシージャ内でメソッドを実行した地点で停止しますが、これだとクラスモジュール内のどこでエラーが起きたのかが分かりません。

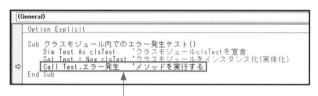

［エラー処理対象外のエラーで中断（E）］に設定して実行するとここで停止する

　上記の違いを踏まえて［クラスモジュールで中断（R）］をオンに設定するように推奨する理由は以下の2つとなります。

　1つ目はOn Errorステートメントは「あえてエラーを無視する目的で記述する」のが主流なので、せっかく無視したエラーで止まってしまった場合は意図した動きではなくなるという点です。そのため［エラー発生時に中断（E）］には設定しません。
　2つ目はデバッグ作業ではエラーが生じている箇所を正確に把握したいので、エラーが生じたときにしっかり止まってほしいという点です。そのために、エラーが発生しているクラスモジュール内で止まってくれる［クラスモジュールで中断（R）］に設定します。

Technique!

> **エラートラップは［クラスモジュールで中断（R）］をオンにする！**
> なぜなら、無視したエラーでは止まることがなく、デバッグ作業ではエラーの箇所を正確に把握できるから！

1-3 Visual Basic Editorの ツールバーを設定する

1-3-1 [標準][編集]ツールバーを表示する

VBEで非常によく使うのが[標準]ツールバーと[編集]ツールバーです。

[標準]と[編集]の2つのツールバーを表示する方法を解説します。

まずメニューバーの[表示(V)]をクリックします。クリックして表示されるメニューから[ツールバー(T)]をクリックするとさらにメニューが表示されますので、[標準]と[編集]をクリックしてチェックマークを入れます。

第1章

基本設定

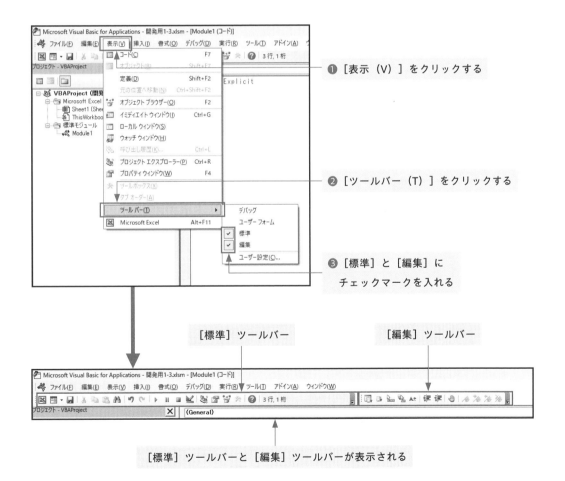

❶ [表示(V)]をクリックする

❷ [ツールバー(T)]をクリックする

❸ [標準]と[編集]に チェックマークを入れる

[標準]ツールバー　　　　　　[編集]ツールバー

[標準]ツールバーと[編集]ツールバーが表示される

1-3-2 コメントブロック、非コメントブロックのショートカットキーを設定する

　一度に複数行をコメント行にすることができるコメントブロックと、逆に複数行のコメントを一度に「非コメント」にできる非コメントブロックも、VBA開発を効率的に行う上でぜひとも覚えておきたい機能です。

　「コメントブロック」も「非コメントブロック」も［編集］ツールバーの中にそれに該当するツールバーボタンがあるのですが、ここではさらに効率性を高めるためにショートカットキーで利用できるようにします。

　ここでは、ショートカットキーは以下のように割り当てることとします。

●コメントブロック　　→　［Alt］+［C］キー
●非コメントブロック　→　［Alt］+［X］キー

　では、実際にショートカットキーの設定手順を解説します。

　まず、［編集］ツールバーの［▼］をクリックして［ボタンの表示/非表示（A）］をクリックします。表示されるメニューから［編集］をクリックして、さらに表示されるメニューから［コメントブロック］と［非コメントブロック］にチェックマークを入れます。

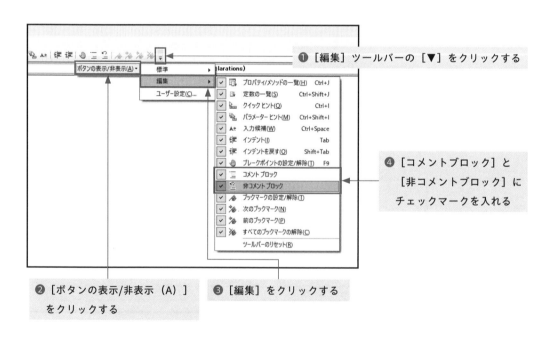

❶ ［編集］ツールバーの［▼］をクリックする

❹ ［コメントブロック］と
　［非コメントブロック］に
　チェックマークを入れる

❷ ［ボタンの表示/非表示（A）］
　をクリックする

❸ ［編集］をクリックする

ここまで作業したら、次にツールバー上のどこでも良いので任意の位置で右クリックしてショートカットメニューから［ユーザー設定］ダイアログボックスを表示させます。

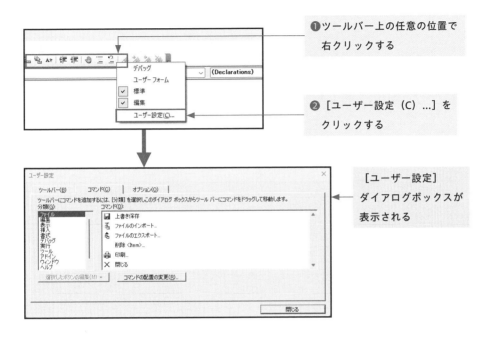

❶ ツールバー上の任意の位置で
右クリックする

❷ ［ユーザー設定（C）...］を
クリックする

［ユーザー設定］
ダイアログボックスが
表示される

次に、［ユーザー設定］ダイアログボックスが表示されている状態で［コメントブロック］ボタンをクリックすると、［ユーザー設定］ダイアログボックスの中の［選択したボタンの編集（M）］ボタンが押せる状態になりますのでクリックします。

❶ ［コメントブロック］
ボタンをクリックする

❷ ［選択したボタンの編集（M）］ボタンが
押せるようになるのでクリックする

　［選択したボタンの編集 (M)］ボタンをクリックすると表示されるメニューで、［名前 (N)］を「コメントブロック」から「(&C)」に変更し、［イメージとテキストを表示 (A)］にチェックマークを入れます。

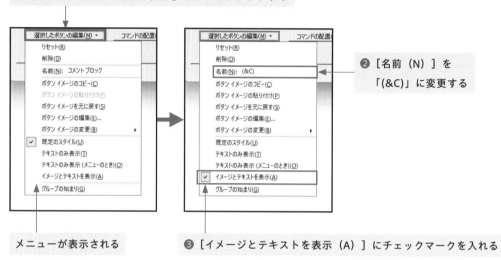

❶［選択したボタンの編集（M)］ボタンをクリックする

❷［名前（N)］を「(&C)」に変更する

メニューが表示される

❸［イメージとテキストを表示（A)］にチェックマークを入れる

　「非コメントブロック」の場合も同様の手順で、メニューを表示し、［名前 (N)］を「(&X)」に変更し、［イメージとテキストを表示 (A)］にチェックマークを入れます。

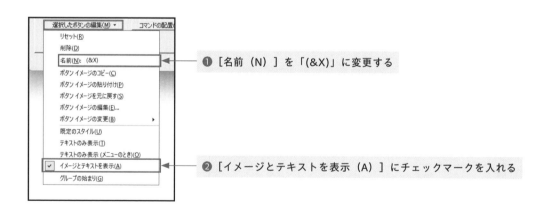

❶［名前（N)］を「(&X)」に変更する

❷［イメージとテキストを表示（A)］にチェックマークを入れる

すると、[編集] ツールバーの [コメントブロック] と [非コメントブロック] のボタンは、次のように表示されます。

[コメントブロック] ボタン   [非コメントブロック] ボタン

これでショートカットキーの設定は終了です。

今後は、[Alt] + [C] キーを押せばコメントブロック機能が、そして、[Alt] + [X] キーを押せば非コメントブロック機能が働くようになります。

attention!

ショートカットキーに [C] キーや [X] キー以外のキーを割り当てたい場合は、目的のキーを「名前」に入力すれば、その入力したキーがショートカットキーになります。

Technique!

コメントブロックと非コメントブロックはショートカットキーを設定する！
なぜなら、ツールバーにあるツールボタンを利用するよりも効率性を高めることができるから！

絶対知っておきたい VBA開発の 超効率化テクニック

第2章

ショートカットキー

本章では、VBA開発の基本的テクニックとして
VBAコーディングにおいて役に立つショートカットキーを紹介します。
ちなみに、2-1-2で紹介する[Alt]＋[L]＋[R]など、
タブやリボンなどを選択するキーボード操作は
「アクセスキー」と呼びますが、
本書では混乱を避けるため
すべて「ショートカットキー」と呼ぶことにします。

2-1 ワークシート上でよく使う ショートカットキー

2-1-1　[Alt] + [F11] キー／ [Windows] + [Shift] + [←] [→] キー

VBEの起動とワークシートの表示を切り替えるために使用するショートカットキーです。

ワークシートを表示している状態で [Alt] + [F11] キーを押すとVBEが起動します。また、VBE が起動している状態で [Alt] + [F11] キーを押すと、ワークシートに表示が切り替わります。

この処理は、ワークシート上で [開発] タブから [Visual Basic] ボタンをマウスでクリックする 処理と同じです。

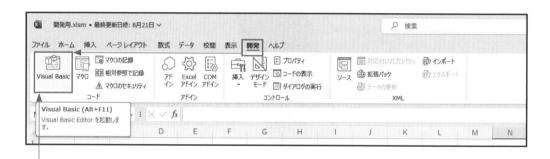

[開発] タブから [Visual Basic] ボタンをクリックするのと同じ処理

2画面以上で作業している場合は、VBEを別画面で表示したいケースも発生します。そのため にも [Windows] + [Shift] + [←] キーまたは [Windows] + [Shift] + [→] キーも同時に覚 えておくことを推奨します。

このショートカットキーで表示ウィンドウを別のモニターに移動しますので、VBEのウィンドウ を別のモニターにすぐに移動することができ、便利です。

- [Alt] + [F11] キー
  →VBEの起動とワークシートの表示を切り替える
- [Windows] + [Shift] + [←] キーまたは [Windows] + [Shift] + [→] キー
  →表示ウィンドウを別のモニターに移動する

2-1-2 ［Alt］+［L］+［R］キー

［マクロの記録］ダイアログボックスの呼び出しや［記録終了］コマンドを実行するためのショートカットキーは［Alt］+［L］+［R］キーになります。

［マクロの記録］は、VBAコーディングにおいて「書き方を思い出す」用途でよく使います。例えば「印刷時のプロパティ設定はどうだったっけ？」となったときは、印刷操作をマクロ記録して、その記録されたコードを読んで必要な部分だけを利用します。

同様に、「セルの罫線を設定するプロパティ」もセルの罫線設定をマクロ記録して、そのコードから必要な部分だけを利用したりします。

VBAにおける各オブジェクトのプロパティやメソッドはたとえ上級者でも1つ1つ覚えていたりはしません。その代わりどれだけ早く思い出せるかが重要です。そのためにも［マクロの記録］は上級者でも頻繁に活用します。

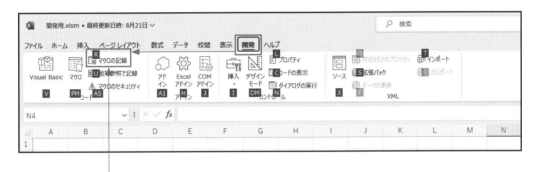

［開発］タブから［マクロの記録］ボタンをクリックするのと同じ処理

● ［Alt］+［L］+［R］キー
→ ［マクロの記録］ダイアログボックスを呼び出す

Technique!

［マクロの記録］機能を活用する！
なぜなら、書き方を思い出す手段として使うことができるから！上級者でもVBAすべてのことを覚えることはできないので、早く思い出すために［マクロの記録］を使う。

2-2 VBEでよく使うショートカットキー

2-2-1 [F5] キー／ [F8] キー／ [Ctrl] + [Shift] + [F8] キー

ここでは、デバッグ処理においてよく使用する3つのショートカットキーについて解説します。

まず最初に [F5] キーですが、これは**選択されているプロシージャを実行する**ものです。「選択されている」とは、そのプロシージャ内にカーソルが置かれているという意味です。すなわち、[F5] キーは「コードウィンドウにてカーソルが置かれているプロシージャ」を実行する処理となります。

[F5] キーでプロシージャを実行した場合の実行ルートは、次のようになります。

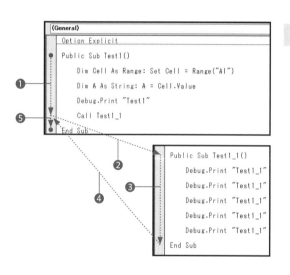

[F5] キーでの実行ルート

attention!

カーソル位置を確認せず [F5] キーを押すと、自分の意図と異なるプロシージャが実行されてしまいます。注意してください。

● [F5] キー → 選択されているプロシージャを実行する

次に [F8] キーですが、これは**ステップイン実行をする**ためのショートカットキーです。[F5] キーと同様に選択しているプロシージャを実行しますが、[F5] キーはプロシージャ全体を一気に実行するのに対して、[F8] キーは1行ずつ実行します。

そのため、[F8] キーによるステップイン実行は、プロシージャが正常に処理されているかを1行ずつ確認する際に効果を発揮します。

● [F8] キー → ステップイン実行をする

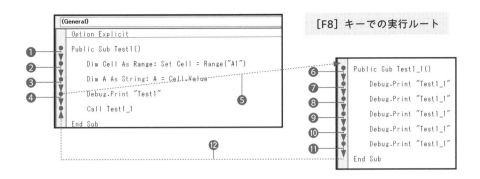

[F8] キーでの実行ルート

また、ステップイン実行に対して**ステップアウト実行**という実行方法もあります。このステップアウト実行のショートカットキーは [Ctrl] + [Shift] + [F8] キーになりますが、[F8] キーでステップイン実行をするとサブルーティン（プロシージャ内で別のプロシージャを実行すること）の場所でそのサブルーティンにジャンプします。そして、そのサブルーティンのプロシージャを最後まで実行したい場合には [Ctrl] + [Shift] + [F8] キーのステップアウト実行を行います。

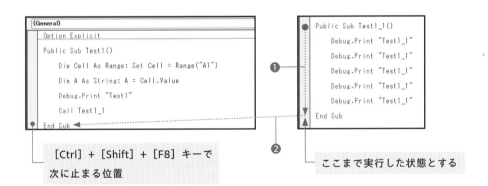

[Ctrl] + [Shift] + [F8] キーで
次に止まる位置

ここまで実行した状態とする

● [Ctrl] + [Shift] + [F8] キー　→　ステップアウト実行をする

Column　ステップオーバー実行

　ステップアウト実行に非常によく似たステップオーバー実行という実行方法もあり、このショートカットキーは [Shift] + [F8] キーになります。
　しかし、ステップオーバー実行はサブルーティンを飛ばして実行できる反面、内容を確認したいサブルーティンまで飛ばしてしまう恐れがあるので、筆者はステップオーバー実行はあまり利用しません。

第2章

ショートカットキー

2-2-2 ［Shift］+［F2］キー／［Ctrl］+［Shift］+［F2］キー

　［Shift］+［F2］キーを押すと、コード内の変数やプロシージャからその変数やプロシージャの定義位置へジャンプすることができます。また、定義位置へジャンプしたあとで［Ctrl］+［Shift］+［F2］キーを押すと元の位置に戻ることができます。

　この2つのショートカットキーは、コードウィンドウ内で離れた位置にある変数やプロシージャを確認する際に有効です。もしこの2つのショートカットキーを知らないと変数名や関数名で検索をするしかなく大変非効率です。

　［Shift］+［F2］キーと［Ctrl］+［Shift］+［F2］キーは、効率的にVBA開発を行うためには必ず知っておく必要があるショートカットキーです。

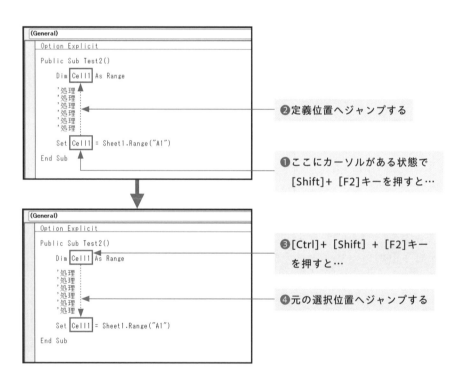

● ［Shift］+［F2］キー
　→コード内の変数やプロシージャからその変数やプロシージャの定義位置へジャンプする
● ［Ctrl］+［Shift］+［F2］キー
　→定義位置へジャンプしたあとで元の位置に戻る

　[Shift] + [F2] キーと [Ctrl] + [Shift] + [F2] キーと併せて覚えておきたいコーディングルールが変数への代入は宣言箇所に近いところですることです。

　もっとも、この説明だけでは今の段階では意味がわからないと思いますが、この点に関しては5-2 (76ページ参照) で極めて丁寧に解説しています。

　そして、5-2を読めば [Shift] + [F2] キーと [Ctrl] + [Shift] + [F2] キーがいかにVBA開発の効率化に役立つショートカットキーであるかが実感できるはずです。

Column 「Option Explicit」は必ず記述する

　VBAでは、「Option Explicit」を記述しなければ変数を宣言せずにコードを記述できますが、その場合は [Shift] + [F2] キーで変数の定義位置へジャンプし、[Ctrl] + [Shift] + [F2] キーで元の位置に戻るテクニックが使えなくなり、「変数の変化過程」を探ることが困難になるのは明白です。そうした理由からも「Option Explicit」は必ず記述して、変数を宣言したコードを書くようにしましょう。

2-2-3　[Ctrl] + [G] キー／ [F7] キー

　イミディエイトウィンドウは、コーディング中やデバッグの途中で「変数の値、オブジェクトのプロパティ」を確認したり、プロシージャのテスト実行で利用します。

　イミディエイトウィンドウは通常は元々表示されていますが、表示されていないときに表示するショートカットキーは [Ctrl] + [G] キーになります。

　また、この [Ctrl] + [G] キーでコードウィンドウからイミディエイトウィンドウにカーソルを移動することもできます。

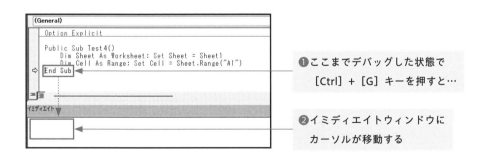

● [Ctrl] + [G] キー
　→イミディエイトウィンドウを表示する
　→コードウィンドウからイミディエイトウィンドウにカーソルを移動する

なお、イミディエイトウィンドウからカーソルをコードウィンドウに戻すときには [F7] キーを使用します。

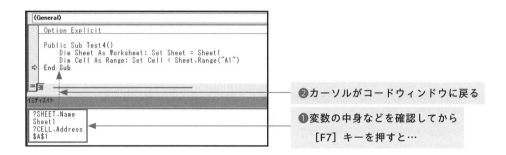

●[F7] キー　→　カーソルがイミディエイトウィンドウからコードウィンドウに戻る

2-2-4　[F4] + [F4] キー

[F4] キーを2回押すと、[プロパティ] ボックスで現在アクティブなモジュール名の編集ができますのでぜひ覚えてください。

なお、アクティブなモジュールを変更するときに [Ctrl] + [R] キーでプロジェクトエクスプローラーに移動して上下カーソルキー（[↑] キーと [↓] キー）で変更することもできますが、この場合はマウスで対象のモジュールを選択したほうが早い場合がありますので臨機応変に使い分けてください。

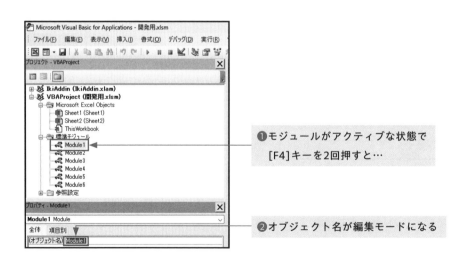

● [F4] + [F4] キー　→　アクティブなモジュール名の編集ができる

Column　モジュール名の命名規則

　モジュール名は、一定の命名規則を設けておくと可読性が上がり、あとで読み返したときに「どの処理をどこに書いたか」などがすぐに把握できるようになります。

　右の図は著者が開発したツールの実際の命名例です。詳細なルールは第4章「命名規則」で解説しますので、ここでは実例だけ提示しておきます。

2-2-5　[Alt] + [D] + [Enter] キー

　[Alt] + [D] + [Enter] キーを押すと、現在記述しているコードのコンパイルを行い、エラーが生じないかデバッグ前にチェックができます。このとき、チェックの範囲はアクティブなプロジェクト内になります。

　ちなみに、このショートカットキーは、[デバッグ (D)] メニューにある [VBAProjectのコンパイル] コマンドに相当します。

　以下の作業を行いたいときにキーボードに手を置いている場合には、ぜひとも [Alt] + [D] + [Enter] キーを活用してください。

●実行前の記述ミスを一括チェックする
●変数名などを一括で置換後に不具合はないかをチェックする

　ただし注意点として、コンパイルを行うと時々何も起きずにExcel自体が落ちてしまいそれまでの作業データが失われることがあります。ですから、コンパイルの前には必ず [Ctrl] + [S] キーで上書き保存をする習慣を身に付けておきましょう。

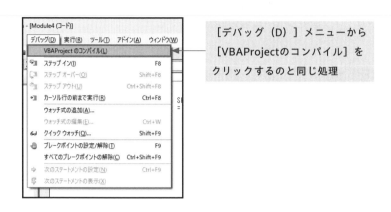

[デバッグ（D）] メニューから
[VBAProjectのコンパイル] を
クリックするのと同じ処理

● [Alt] + [D] + [Enter] キー　→　記述しているコードのコンパイルを実行する

2-2-6　[Ctrl] + [←] キー／ [Ctrl] + [→] キー

　コードの1行の中でカーソル位置を移動するときには、当然、左右カーソルキー（ [←] か [→] ）かマウスで対象箇所をクリックします。

　ただし、より早い方法として、[Ctrl] キーと一緒に左右カーソルキーを押すと単語ごとにカーソル位置を移動することができます。このテクニックを知らないと左右カーソルキーをひたすら連打して煩雑さを感じることになりますので、みなさんは [Ctrl] + [←] キーまたは [Ctrl] + [→] キーを活用して時短とストレスの軽減にぜひとも役立ててください。

● [Ctrl] + [←] キー／ [Ctrl] + [→] キー　→　単語ごとにカーソルの位置を移動する

❶ [Ctrl] キーと一緒に左右カーソルキーを押すと…

❷単語ごとにカーソル位置が移動する

2-2-7 ［Ctrl］＋［PageUp］キー／［Ctrl］＋［PageDown］キー

［Ctrl］＋［PageUp］キーは、選択中のプロシージャの先頭行へ移動し、［Ctrl］＋
［PageDown］キーは、選択中のプロシージャの次のプロシージャの先頭行（選択中のプロシージャが最後のプロシージャの場合はモジュールの最終行）へ移動します。

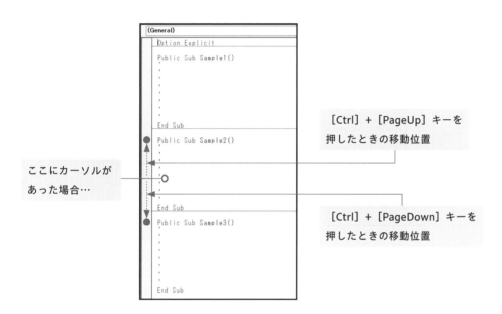

モジュール内に多くのプロシージャを記述しているときは、次項で紹介する［Ctrl］＋［End］キーでモジュールの終端まで移動してから、［Ctrl］＋［PageUp］キーで上方向に1つずつプロシージャを確認していくテクニックはチェック漏れがなくなる上に使い勝手がよいので実際に活用してみてください。

- ●［Ctrl］＋［PageUp］キー　　→　選択中のプロシージャの先頭行に移動する
- ●［Ctrl］＋［PageDown］キー　→　選択中のプロシージャの次のプロシージャの先頭行に移動する

2-2-8 ［Ctrl］＋［Home］キー／［Ctrl］＋［End］キー

モジュールの先頭行に即座に移動するときには［Ctrl］＋［Home］キーを使用します。
逆に、モジュールの終端行に即座に移動するときには［Ctrl］＋［End］キーを使用してください。

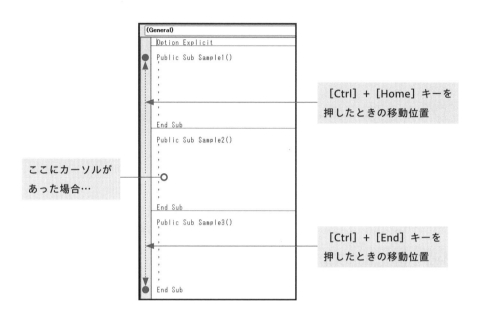

[Ctrl] + [Home] キーを
押したときの移動位置

ここにカーソルが
あった場合…

[Ctrl] + [End] キーを
押したときの移動位置

- [Ctrl] + [Home] キー → モジュールの先頭行に移動する
- [Ctrl] + [End] キー → モジュールの終端行に移動する

2-2-9 [Alt] + [I] + [M] キー

標準モジュールを新規作成するショートカットキーは [Alt] + [I] + [M] キーです。開発する
VBAの規模が大きくなるほど標準モジュールの数は増えていくので、そうしたケースでこのショー
トカットキーは重宝します。

ちなみに、このショートカットキーのマウス操作は、[挿入 (I)] メニューから [標準モジュール
(M)] コマンドを実行したことと同じです。

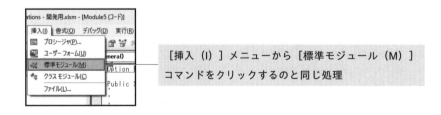

[挿入 (I)] メニューから [標準モジュール (M)]
コマンドをクリックするのと同じ処理

● [Alt] + [I] + [M] キー　→　標準モジュールを新規作成する

Column	標準モジュールを区分けする方法

　著者は、標準モジュールの区分けは「1機能1モジュール」を基本ルールとしています。「あとで確認がしやすいように整理する」のが一番の目的ですが、この目的を常に意識しつつ開発経験を積むことで自分なりのルールを固めるのが良いでしょう。
　なお、このルールの詳細に関しては第4章「命名規則」にて解説します。

2-2-10　[F9] キー

　[F9] キーを押すことでコードのブレークポイントの設定ができます。そして、もう1回同じ場所で [F9] キーを押すと、反対にブレークポイントの解除ができます。

● [F9] キー　→　ブレークポイントを設定または解除する

2-2-11　単語のダブルクリック

　単語の上でダブルクリックすると、その単語を選択した状態になります。この動作に続けて [Ctrl] + [C] キーで選択した単語をコピーできますので、ぜひとも活用してください。

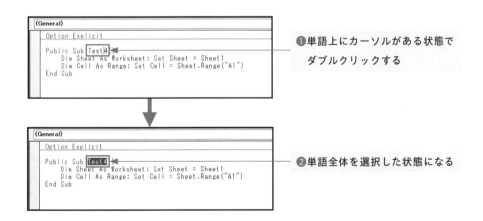

❶単語上にカーソルがある状態でダブルクリックする

❷単語全体を選択した状態になる

●単語上でダブルクリック → 単語を選択状態にする

2-2-12 ［Ctrl］+［Space］キー／［Ctrl］+［Enter］キー

単語を途中まで入力した状態で［Ctrl］+［Space］キーを押すと、リストボックス内に入力候補が表示され、上下カーソルキーで選択入力ができるようになります。

そして、入力したい単語を選択したら［Ctrl］+［Enter］キーで決定して入力できます。

ちなみに決定は［Enter］キーのみでもできますが、同時に改行されるので、改行されない［Ctrl］+［Enter］キーのほうが便利なケースが多いでしょう。また、［Tab］キーも［Ctrl］+［Enter］キーと同じ動作になりますが、すでに［Ctrl］キーに指を置いた状態であれば［Tab］キーよりも［Ctrl］+［Enter］キーのほうが利便性は高くなります。

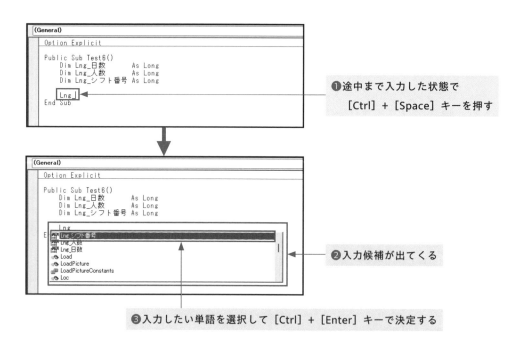

● ［Ctrl］+［Space］キー → 入力候補を表示する
● ［Ctrl］+［Enter］キー → 選択した入力候補を決定する

絶対知っておきたい
VBA開発の
超効率化テクニック

第3章

単語登録

本章では、VBA開発の基本的テクニックとして
VBAコーディングにおいて役に立つ単語登録を紹介します。
VBAコードで定型文として頻出のコードは
IME（Input Method Editor）に単語登録しておくことで
コーディングを効率化することができます。

3-1 IMEの操作

本書で使用するIMEはWindows標準搭載のMicrosoft IMEを対象としますが、単語登録の機能は他のIMEでも標準機能ですので、特にこだわる必要はありません。

単語登録を行う[単語の登録]ダイアログボックスは、タスクバーのIMEのアイコンを右クリックすると表示されるメニューから[単語の追加]をクリックすると表示されます。

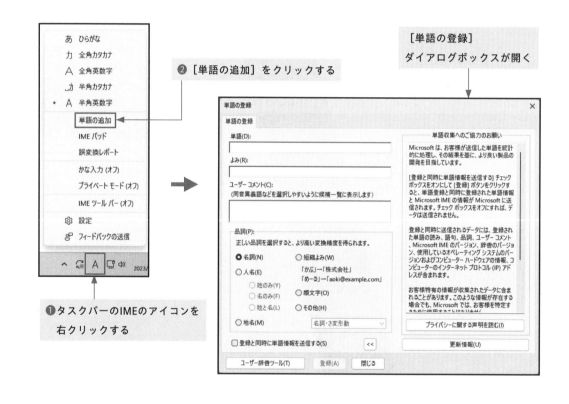

② [単語の追加] をクリックする

[単語の登録] ダイアログボックスが開く

❶ タスクバーのIMEのアイコンを右クリックする

[単語(D)]欄に登録しておきたい単語を入力し、[よみ(R)]欄に登録する単語をひらがな、または英数字で入力します。入力したら[登録(A)]ボタンをクリックして登録作業は終了です。

なお、[ユーザー辞書ツール(T)]ボタンをクリックすると登録した単語が一覧表示され、確認することができます。

単語登録のコツは、主に次の2点です。

● 「よみ」は思い出しやすいものにする
● 「よみ」は他の予測変換を邪魔しないようにする

Column　　マクロをリボンなどに登録する

　VBAを利用して単語登録を起動するには次のようなコードとなります。

　このマクロをリボンなどに登録しておけばすぐに単語登録を起動できるので、思い立った時に単語登録ができるようになります。

　マクロのリボン登録は第12章で詳しく解説します。

```
Public Sub Open_IME()
'Microsoft IMEの単語登録起動
    Shell "C:/Windows/System32/IME/IMEJP/IMJPDCT.EXE", vbNormalFocus
End Sub
```

第3章

単語登録

3-2 イテレーション（カウンター変数など）

　ループ内で使用されるカウンター変数などのイテレーションの変数定義は、ぜひとも単語登録をすることをおすすめします。

　筆者がよく利用するのは「I」「J」「K」「N」「M」で、次のように単語登録をしています。

よみ	単語
II	Dim I As Long
JJ	Dim J As Long
KK	Dim K As Long
NM	Dim N As Long
MM	Dim M As Long

　ここで「登録のコツ」の振り返りになりますが、変数「N」のみ「よみ」が「NN」ではなく「NM」となっています。これは「NN」だと「ん」に変換されてしまうので、これを回避する目的で「NM」としています。これで「予測変換を邪魔しない」をクリアしています。

　ちなみに各変数の役割は、次のようになっています。

- I ：通常ループでのイテレーション（一次イテレーション）
- J ：二重ループでの2番目のイテレーション（二次イテレーション）
- K ：ループ内でのカウンター用
- N ：一次元配列の要素数。二次元配列の一次元（縦方向）要素数
- M ：二次元配列の二次元（横方向）要素数

　ループ内のカウンター変数を「i」や「j」で定義しているコードを見ることがありますが、筆者は「I」「J」と大文字を使用します。

　これは、筆者はVBAコーディングを大文字入力（[Shift]＋[CapsLock] キーで切り替え）で行っているためです。

　一般的には小文字入力が主流ですが、VBAの場合は予約語が大文字を用いるものが多いので、大文字入力のほうが違和感なく作業ができると筆者は考えています。

　もっとも、これは好みの問題ですので「小文字ではいけない」というわけではありません。大文字でも小文字でも、「自分にフィットした方法を手に馴染ませる」ように経験を積んでください。

Technique!

VBAコーディングは大文字で行う！
なぜなら、VBAは予約語が大文字を用いるものが多いので、大文字入力のほうが違和感なく作業ができるから。

Column　イテレーションの種類

　VBAで用いるイテレーションには諸派があり、一次イテレーションは「R」、二次イテレーションは「C」と定義するなどのコーディングも主流です。

　これは二次元配列の縦方向のRow、横方向のColumnの頭文字で直観的な単語として使用されます。

　この「R」や「C」を用いる場合も「RR→Dim R As Long」「CC→Dim C As Long」などを登録するとよいでしょう。

第3章

単語登録

3-3 返り値

VBAにおいてFunctionプロシージャの返り値はプロシージャ名に格納しなければなりません。ほかの言語の仕様では「return 返り値」で返すことができるものもありますが、VBAの場合はこのような記述ができないため、結果的によく起きるミスが返り値忘れです。

この「返り値忘れ」を防止する目的として、筆者は必ず同じ名前の変数名「Output」に返り値を格納することを習慣としています。

そして、このOutputを以下のように単語登録しています。また、返り値の変数型は色々な場合があるので「As [半角スペース] 」で終わるようにしています。

よみ	単語
Out	Output As

```
    '処理
    Dim I      As Long
    Dim J      As Long
    Dim K      As Long
    Dim Output As Variant: ReDim Output(1 To N, 1 To M - 1)
    For I = 1 To N
        K = 0
        For J = 1 To M                         ←── 返り値の定義
            If J <> DeleteCol Then
                K = K + 1
                Output(I, K) = Array2D(I, J)
            End If
        Next J
    Next I

    '出力
    DeleteColArray2D = Output
End Function                                    ←── 返り値の出力
```

3 - 4　コメント

3-4-1 目印コメント

　VBA開発で今後変更される可能性が高い箇所には目印のコメントを入れるようにし、目印の
コメントとして以下を用いています。

'←←←←←←←←←←←←←←←←←←←←←←←←←←

　そして、この単語登録の「よみ」は「ひだりい（HIDARII）」としています。

よみ	単語
HIDARII	'←←←←←←←←←←←←←←←←←←←←←←←←

　目印のコメントをどのような箇所に用いるかですが、例えばセルの参照で「Range（"B3"）」の
ように記述した場合、セルアドレスの「B3」はセルの位置が移動した場合はコードを書き換えなけ
ればなりません。

　このような変更の可能性がある箇所はあらかじめ目印があると、コード全体で変更箇所に目星
を付けることが可能になります。

```
(General)                                                                    ∨  Sample
    Option Explicit

    Public Sub Sample()

        Dim Sheet     As Worksheet: Set Sheet = Sheet1
        Dim Cell_基準 As Range: Set Cell_基準 = Sheet.Range("B3")  '←←←←←←←←←←←←←←←←←←←←←←←

        '※※※※※※※※※※※※※※※※※※※※※※※※※※※※
        '処理
        '処理
        '処理
        '処理
        '処理
        '処理
        '処理
        '※※※※※※※※※※※※※※※※※※※※※※※※※※※※          変更の可能性があるところの目印

    End Sub
```

Technique!

変更の可能性がある箇所には目印のコメントを入れておく！
なぜなら、目印を付けることでコード全体で変更箇所が把握できるから。

Column ワークシートの参照

　上記のRange("セルアドレス")以外に、よく変更がある処理としてワークシートオブジェクトを参照する、Worksheets("シート名")があります。

　こちらは「シート名」が変更されるとその都度変更が必要ですので目印を付けておく必要があります。

　しかし、実際はこのようなワークシートの参照の記述方法は推奨しません。筆者は代わりにシートのオブジェクト名「Sheet1」、「Sheet2」などを用います。ワークシートをオブジェクト名で参照する理由は、シート名が変更された場合でもコードを変更する必要がないためです。

　このように、「シート名の変更に影響されない」ことでエラーの起きにくい信頼性の高いコードになります。

3-4-2 途中区切りコメント

　1つのプロシージャでコード行数が長い場合には処理の途中の区切りコメントを用います。可読性の観点から1つのプロシージャの行数は長くても100行以内にすることを推奨しますが、どうしても長くなる場合は途中の処理の区切りを明確にして読みやすいコードになるように心がけてください。

　筆者は、処理の途中の区切りのコメントには以下を用いています。

'※※※※※※※※※※※※※※※※※※※※※※※※※

　そして、単語登録での「よみ」は「こめえ(KOMEE)」としています。

よみ	単語
KOMEE	'※※※※※※※※※※※※※※※※※※※※※※※※※

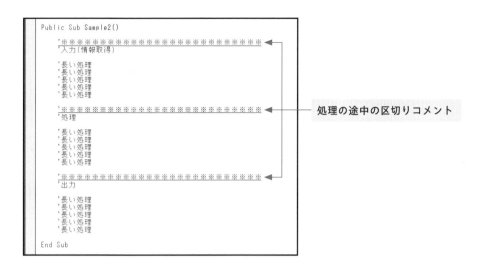

```
Public Sub Sample2()
    '※※※※※※※※※※※※※※※※※※※※※※       ◀────────┐
    '入力(情報取得)                                      │
                                                        │
    '長い処理                                            │
    '長い処理                                            │
    '長い処理                                            │
    '長い処理                                            │
    '長い処理                                            │
                                                        │
    '※※※※※※※※※※※※※※※※※※※※※※       ◀────────┤      処理の途中の区切りコメント
    '処理                                                │
                                                        │
    '長い処理                                            │
    '長い処理                                            │
    '長い処理                                            │
    '長い処理                                            │
    '長い処理                                            │
                                                        │
    '※※※※※※※※※※※※※※※※※※※※※※       ◀────────┘
    '出力
    
    '長い処理
    '長い処理
    '長い処理
    '長い処理
    '長い処理
    
End Sub
```

また、この区切りコメントは、1つのモジュール内で複数の処理を記述する場合にも用います。こちらはより規模の大きいシステムを構築する場合に必要となるでしょう。

次の図は実際の開発事例における区切りのコメントの例です。この開発事例では1つのモジュール内に30個ほどのプロシージャがあり、それぞれの機能別に並べてあります。その並びの区切り箇所でコメントを入れるようにしています。

```
'※※※※※※※※※※※※※※※※※※※※※※       ◀──────────┐
'請求年検索                                              │
Public Sub S_請求入金_請求年一覧表示()                   │
    Dim AllData As Variant: AllData = Get__請求入金用報酬表リスト取得
    Dim Output As Variant: Output = ExtractColArray2D(AllData, Enum_S請求入金管理.S08_請求日)
    Output = ConvFormatArray1D(Output, "YYYY")          │
    Output = UniqueArray1D(Output)                       │
                                                        │
    Dim I As Long                                       │
    For I = 1 To UBound(Output, 1)                       │
                                                        │
                                                        │
                                                        │
                                                        │      処理の途中の区切りコメント
```

```
        List = TransposeN1toArray1D(List)  'Nx1の二次元配列を一次元配列に変換
        Get__出力済み月一覧_入金 = List
End Function

'※※※※※※※※※※※※※※※※※※※※※※       ◀──────────┐
'ダブルクリックで年月を選択                              │
Public Sub Event_年一覧選択_請求入金(Target As Range, Cancel As Boolean)
    If Target.CountLarge > 1 Then Set Target = Target(1)
    Dim CellArea1 As Range: Set CellArea1 = Get__年一覧範囲
    Dim CellArea2 As Range: Set CellArea2 = Get__年一覧範囲_入金
    Dim Lng_年    As Long                               │
    If Not Intersect(CellArea1, Target) Is Nothing Then  │
                                                        │      処理の途中の区切りコメント
```

```
'   Call S__ファイル管理抽出出力
End Sub

'※※※※※※※※※※※※※※※※※※※※※※※※※※※ ◄
'検索機能
Private Function Get__請求入金用報酬表リスト取得()

    Dim HousyuList As Variant: HousyuList = 入力済み報酬表リスト取得
    Dim I As Long
    Dim N As Long: N = UBound(HousyuList, 1)

    Dim Output As Variant: ReDim Output(1 To N, 1 To 19)
    For I = 1 To N
```

処理の途中の区切りコメント

```
End Sub

'※※※※※※※※※※※※※※※※※※※※※※※※※※※ ◄
'選択抽出
Private Function Conv__請求入金年月抽出(List_検索対象 As Variant, Opt_請求 As Boolean)
    If IsEmpty(List_検索対象) = True Then Exit Function

    Dim Str_抽出年 As String
    Dim Str_抽出月 As String
    If Opt_請求 = True Then
        Str_抽出年 = Sh11_請求入金管理.Range("選択_年").Value 'D3
        Str_抽出月 = Sh11_請求入金管理.Range("選択_月").Value 'E3
```

処理の途中の区切りコメント

Technique!

コード行数が長い場合には区切りのコメントを入れておく！
なぜなら、区切りを明確にすることで可読性の高いコードになるから。

絶対知っておきたい
VBA開発の
超効率化テクニック

第4章

命名規則

本章では、VBA開発の基本的テクニックとして
命名規則を紹介します。
命名規則をしっかり決めておくことで
次のような利点があります。
- コーディングで関数名、変数名などを考える手間が省ける
- 一貫性のあるコードにすることができ、可読性・保守性が担保できる
- 入力候補を有効的に利用でき、効率的にコーディングができるようになる

4-1 モジュール

　モジュールとは、VBEのプロジェクトウィンドウに表示されるWorksheetオブジェクト、Workbookオブジェクト、ユーザーフォーム、標準モジュール、クラスモジュールの総称です。

　モジュールは、VBEでは次のように表示されます。

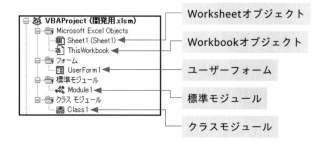

Worksheetオブジェクト
Workbookオブジェクト
ユーザーフォーム
標準モジュール
クラスモジュール

　これらのうち、「Worksheetオブジェクト」、「ユーザーフォーム」、「標準モジュール」、「クラスモジュール」には、命名規則を設けて、それぞれ設定します。

　次の表は、筆者が用いている命名規則です。

モジュール	命名規則	例
Worksheetオブジェクト	・接頭文字として「Sh」を付ける ・順番に番号を振る ・アンダーバーを入れる ・ワークシート名がわかる名前を設定する	Sh01_**,Sh02_**…
ユーザーフォーム	・接頭文字として「frm」を付ける ・機能がわかる名前を設定する	frm**
標準モジュール	・接頭文字として「Mod」を付ける ・順番に番号を振る ・アンダーバーを入れる ・機能がわかる名前を設定する	Mod01_**,Mod02_**…
クラスモジュール	・接頭文字として「cls」を付ける ・機能がわかる名前を設定する	cls**

　では、この命名規則の詳細について解説していきましょう。

第4章

命名規則

4-1-1 Worksheetオブジェクト

Worksheetオブジェクトのオブジェクト名は「Sh01_**」「Sh02_**」のように接頭文字として「Sh」を付けて、順番に番号を振り、アンダーバーを入れます。そのあとの「**」にはそのワークシートの名前がわかるようなものを設定します。

たとえば、「入力」「出力」「設定」の3つのワークシートがある場合は「Sh01_入力」「Sh02_出力」「Sh03_設定」という名前にします。

接頭文字として「Sh」を付けたオブジェクト名に変更する

Worksheetオブジェクトの新規追加時は「**Sheet1**」「**Sheet2**」という名前になっていますが、このオブジェクト名では「**どんなワークシートを指すのか**」が判断できません。

そこで、名前を変更する必要性について具体的にVBAコードでWorksheetオブジェクトを参照するケースを例に説明します。

たとえば、「Sheet1」というオブジェクト名の場合には一般的には以下のように記述します。

```
Dim Sheet As Worksheet
Set Sheet = Sheet1
```

これに対して、「Sh01_入力」というオブジェクト名であれば、次のようになります。

```
Dim Sheet As Worksheet
Set Sheet = Sh01_入力
```

いかがですか。これで参照しているワークシートが「何であるか」がすぐわかるようになり、コードの可読性を上げることができます。

ちなみに、ワークシートの参照方法には、次の3通りの方法があります。

まず1つ目は

```
Set Sheet = Worksheet(1)
```

のように、**ワークシートの順番 (インデックス番号)** で指定する方法です。

この方法だと、ワークシートの順番が変更された場合は正しく機能しなくなりますし、仮にワークシートの順番が変更されてしまった場合、元のワークシートの順番がわからず改修が困難になります。

次に2つ目は

```
Set Sheet = Worksheet("入力")
```

のように、**ワークシート名**で指定する方法です。

この方法であれば1つ目のワークシートの順番が変更になっても問題はありませんが、ワークシート名が変更されてしまった場合は機能しなくなります。

最後に3つ目は

```
Set Sheet = Sh01_入力
```

のように、今回紹介した**オブジェクト名**で参照する方法です。

オブジェクト名はVBE上でしか設定できないので、ワークシートの順番や、ワークシート名のように容易に変更はできないので、**最も変更に強いコード**にすることができます。

また、このオブジェクト名ならコーディングする際に「Sh0」まで入力すれば、リストボックス内に入力候補を表示するショートカットキーを押すことで、「Sh01_入力」「Sh02_出力」「Sh03_設定」が出てくるのでコーディングの高速化を図ることができます。

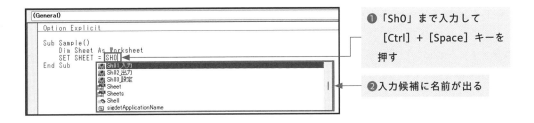

❶「Sh0」まで入力して
[Ctrl] + [Space] キーを
押す

❷入力候補に名前が出る

Column 格納と参照の違い

```
Dim Value As Long
Value = 1
```

のように変数に値を入れるときは「値の格納」と呼びますが、

```
Dim Sheet As Worksheet
Set Sheet = Sh01_入力
```

のように変数にオブジェクトを「入れる」場合は「オブジェクトの参照」と呼びます。
どちらも「格納」と表現しても差し支えありませんが、本書では「格納」と「参照」を使い分けています。

4-1-2 ユーザーフォーム

　ユーザーフォームの新規作成時は「UserForm1」「UserForm2」というオブジェクト名になります。ただし、このままだとどのような機能のユーザーフォームかがまったくわかりませんので、それがわかるようなオブジェクト名に変更します。

　そこで、ユーザーフォームには「frm＊＊」のように接頭文字として「frm」を付け、そのあとの「＊＊」には機能がわかる名前を設定するとよいでしょう。たとえば、従業員の情報を一覧で表示するものであれば「frm従業員情報」、顧客情報を入力するものであれば「frm顧客情報入力」などの名前となります。

　次の図は実際の開発事例で作成したユーザーフォームです。参考にしてください。

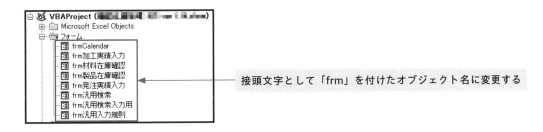

接頭文字として「frm」を付けたオブジェクト名に変更する

4-1-3 標準モジュール

　標準モジュールは、新規作成時に「Module1」「Module2」のようなオブジェクト名になります。これもそのままだとどのような役割の標準モジュールなのかがわかりません。

　もっとも、「標準モジュールは一つあれば十分」と考える人も多いでしょうし、実際にVBAにある程度慣れた人でも「標準モジュールを機能別に分ける」というのはなかなか難しいものです。

　しかし、プロシージャが数十個、コード行数が何千行のようにVBAの規模が大きくなると管理が追い付かず、一気に可読性の悪いコードになってしまいます。

　こうした事態を避けるためにも標準モジュールもしっかりとした命名規則を設けて、プロシージャを別々で記述して管理することが重要になります。

　では、その一例を示します。

　標準モジュールは「Mod01_**」「Mod02_**」のように接頭文字として「Mod」を付けて、連番を振り、アンダーバーを入れます。連番は追加した標準モジュールの順番で構いません。そのあとの「**」に設定する「機能に応じた名前」ですが、筆者が採用している方法は、以下のようになります。

●Mod01_情報取得
　→ワークシート上のテーブルやセルから値を取得する処理のプロシージャをまとめる
●Mod02_入力補助
　→イベント機能などを利用してワークシート上での操作を効率化する処理をまとめる
●Mod03_読込
　→テキストデータやCSV、xlsxなどの外部データから情報を読み込ませる処理をまとめる
●Mod91_一次処理
　→完成版には実装はしないが、開発時に手作業でやると大変な処理を一時的にVBAで実行
　　させたりする一時的な処理をまとめる
●Mod92_Enum
　→Enumをまとめる
●Mod99_アドインから
　→アドイン(xlam)にまとめてある汎用プロシージャを複製してまとめる

　上記では「情報取得」「入力補助」「読込」などがよくある具体例でしたが、ほかにも「請求書作成」「帳票作成」など追加される機能ごとに「Mod04_**」「Mod05_**」と後から追加していくようにしています。

　次の図は、実際の開発事例での標準モジュールの命名の例です。参考にしてください。

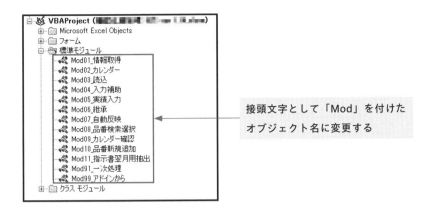

接頭文字として「Mod」を付けた
オブジェクト名に変更する

4-1-4 クラスモジュール

クラスモジュールは新規作成時は「Class1」「Class2」のようなオブジェクト名になりますが、このままだとユーザーフォームの「UserForm1」「UserForm2」と同様に、どのような役割のものかがわかりません。

そこで、クラスモジュールの場合はルールとして「cls＊＊」のように接頭に「cls」を付けるのがよいでしょう。

次の図は、実際の開発でのクラスモジュールの命名の例です。参考にしてください。

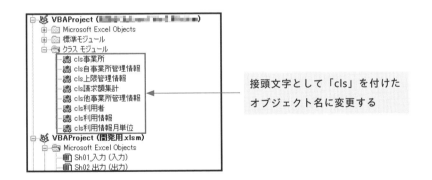

接頭文字として「cls」を付けた
オブジェクト名に変更する

Technique!

モジュールは分かりやすいオブジェクト名に変更しておく！
なぜなら、コード可読性が上げられる、内容がわかるようにできる、入力候補に表示させることができるというメリットがあるから。

第4章

命名規則

4-2 ユーザーフォームのコントロール

ユーザーフォームを構築する際には、配置するコントロールのオブジェクト名もしっかりと意味がわかるものにしておかないとコードの可読性を下げてしまいます。

たとえば、テキストボックスを配置した場合、デフォルトでは名前が「TextBox1」「TextBox2」のようになり、このままでは何を入力するテキストボックスかがわかりません。

そこでユーザーフォームの各コントロールには、接頭文字としてコントロールの種類の短縮名を付け、そのあとにそのコントロールの内容のわかる名前を設定するのがよいでしょう。

次の表は、頻出のコントロールで筆者が用いている各コントロールの接頭文字です。

コントロール	命名規則
ラベル	lbl
テキストボックス	txt
チェックボックス	chk
オプションボタン	opt
コマンドボタン	cmd
スピンボタン	spn

ちなみに、VBEで［ツールボックス］ボタンをクリックして表示される各コントロールのアイコンは、次のとおりです。よく使用するものだけを紹介します。

次の図は実際の開発でのコントロールの命名の例です。

ユーザーフォームの各コントロールに命名規則に従った接頭文字を付け、そのあとにそのコントロールの意味が分かる内容を付け足しています。

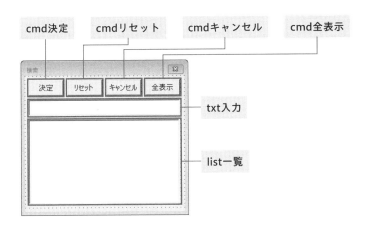

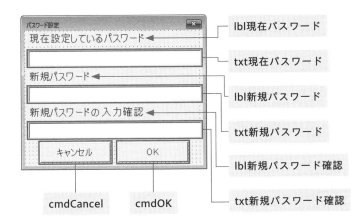

Technique!

ユーザーフォームのコントロールは分かりやすいオブジェクト名に変更しておく！
なぜなら、種類と意味のわかるものにすることでコードの可読性が上げられるから。

4-3 汎用プロシージャと開発用プロシージャ

　VBA開発において記述するプロシージャは汎用プロシージャと開発用プロシージャの2種類にわかれます。

　汎用プロシージャは、その都度開発するExcelツールにおいて汎用的に使い回すのが目的のプロシージャです。いわば「自分で用意する部品」であり、部品が増えるほど、最初からコードを記述する必要がなくなり、開発の効率化につながります。

　一方の開発用プロシージャは、開発するExcelツールで新規に記述するプロシージャです。

　VBA開発においては、できるだけ汎用プロシージャを使い回して、開発用プロシージャの記述を少なくして開発を効率化することが重要です。

4-3-1 汎用プロシージャ

　汎用プロシージャに命名する際に重要なのは、次の1点です。

●すぐに思い出せるようにする

　新規開発でコーディングしていく過程で、「この部分の処理は汎用プロシージャで代替できるな」となった場合に、「どんなプロシージャ名だっけ?」と思い返すのは時間と労力の無駄です。こうならないためにも命名する際には、次の点を意識してください。

●一貫したルールに基づく命名規則にする
●思い出しやすいような名前にする
●[Ctrl] + [Space] キーの入力候補のようなインテリセンスも考慮してコーディングしやすいものにする

　では、具体例を示しながら、汎用プロシージャの命名規則について解説します。

　VBAで汎用プロシージャの効果が特に発揮されるのが「配列処理」です。これはVBAが他言語に比べてライブラリが乏しいのが理由ですが、逆に汎用プロシージャで配列処理を効率化すれば他言語に劣らないほど開発の効率化ができるようになります。

　配列処理の場合に筆者が常備している汎用プロシージャは150個ほどありますが、その一部を抜粋します。

【抽出】
- ExtractArray2D　　　→　二次元配列の特定範囲を抽出する
- ExtractRowArray2D　→　二次元配列の特定行を抽出する
- ExtractColArray2D　→　二次元配列の特定列を抽出する
- ExtractArray1D　　　→　一次元配列の特定範囲を抽出する

【消去】
- DeleteRowArray2D　→　二次元配列の特定行を消去する
- DeleteColArray2D　→　二次元配列の特定列を消去する
- DeleteRowArray1D　→　一次元配列の特定行(要素番号)を消去する

【結合】
- UnionArray2D_UL　→　二次元配列同士を上下に結合する
- UnionArray2D_LR　→　二次元配列同士を左右に結合する
- UnionArray1D　　　→　一次元配列同士を縦に結合した、より長い一次元配列にする
- UnionArray1D_LR　→　一次元配列同士を左右に結合して2列の二次元配列にする

【フィルター】
- FilterArray2D　→　二次元配列の特定行をフィルター処理する
- FilterArray1D　→　一次元配列をフィルター処理する

　筆者は上記のように英語を用いるようにしていますが、汎用プロシージャを命名する際に英語を用いる理由として次のようなメリットがあるためです。

●日本語より表現の幅が狭いので、思い出す単語の種類を絞ることができる

　たとえば、「削除」の場合だと「DeleteRowArray2D」は日本語にすると「二次元配列の特定行を削除」となります。

　まず、処理内容の「削除」は英語では「Delete」が一番に思い浮かびますが、日本語だと「削除」のほかに「消去」「消す」「削る」「外す」など類語がたくさん頭をよぎります。すなわち、もしプロシージャ名に「削除」「消去」などの単語を使っている場合には、思い出すときに別々の単語で

検索する必要が発生してしまいます。

●**日本語だと助詞を入れないとわかりづらく、また類語も多いが、英語であればプロシージャ名がシンプル、かつ、わかりやすくなる**

　先ほど例に出した「DeleteRowArray2D」は日本語にすると「二次元配列の特定行を削除」ですが、ここから助詞を除くと、「二次元配列特定行削除」となり、意味が掴みづらくなります。対策として「二次元配列_特定行_削除」のようにアンダーバー（_）を入れることもできますが、その分入力が手間になることは明白です。

●**インテリセンスが効きやすいなどコーディングがしやすくなる**

　汎用プロシージャに命名する場合、入力候補のようなインテリセンスが効きやすいものにすることが肝要です。

　基本的にプロシージャの説明は「〜を〜する」なのですが、「〜を」と「〜する」のうち「〜する」を前にするとインテリセンスが効きやすくなります。

　たとえば、「DeleteRowArray2D」の場合、「〜する」が「Delete」、「〜を」の部分が「Row」「Array2D」です。

　そして、インテリセンスが効きやすいとは「部分的に単語を入力するだけで入力候補で簡単に抽出できる」と言い換えることができます。これを実現するためにも頻度の低い単語を前方に持ってくることが重要です。

　上記の例の中では、「Row」「Array2D」は他の汎用プロシージャ名でもよく用いる単語ですので、こちらを前方に持ってくるとなかなか候補が絞れませんが、消去を行うようなプロシージャは限られるのが一般的ですので、「Delete」を前方に持ってくることですぐに入力候補で絞ることが可能になります。

　以上のような命名規則を用いることで、「すぐに思い出すことができる」汎用プロシージャを増やすことができます。また、記述した汎用プロシージャはいつでも使い回せるように自分専用のアドイン（xlam）内にまとめて記述しますが、詳細は第6章「自分専用開発アドインの作成」で解説します。

Technique!

> 汎用プロシージャはすぐに思い出すことができるように命名しておく！
> なぜなら、汎用プロシージャを使い回すことで開発を効率化することができ、プロシージャ名を思い返すのは時間と労力の無駄だから。

第4章

命名規則

4-3-2 開発用プロシージャ

　開発用プロシージャは、新規にExcelツールの開発で記述するプロシージャです。汎用プロシージャと異なり、そのツールだけに必要な処理を別々に記述します。

　開発用プロシージャについては先に命名規則を説明した上で、実際の例を示し、なぜそのように命名をする必要があるのかを解説します。

　まず、開発用プロシージャでは、次のような命名規則を設けます。

- Subプロシージャでイベント処理については接頭文字として「Event」を付ける
- Subプロシージャで上記以外は接頭文字として「S」を付ける
- Functionプロシージャでワークシートのセル値や、外部ファイルなどから何か情報を取得するものは接頭文字として「Get」を付ける
- Functionプロシージャで引数として渡したものを違う形式に変換するものは接頭文字として「Conv」を付ける
- Functionプロシージャで上記以外は接頭文字として「F」を付ける
- スコープが「Public」のものは接頭文字の後にアンダーバーを1つ付ける
- スコープが「Private」のものは接頭文字の後にアンダーバーを2つ付ける
- アンダーバー以降の名前は基本的に日本語を用いる

　次に、上記の命名規則を利用した開発用プロシージャの実例です。
　次の図とともにご確認ください。

「Mod01_売上読込」モジュール内
- Get__売上データ
- Get__売上データ_貼り付けデータから
- S__売上データ反映
- S_売上データ反映
- S_売上データ反映_MAC用

「Mod02_情報取得」モジュール内
- Get_店舗件数
- Get_店舗情報
- Get_日付一覧
- Get_売上情報

「Mod03_出荷表作成」モジュール内
　・Event_出荷入力
　・Get__出荷種類
　・Get__出荷入力範囲
　・S_売上データ初期化

「Mod04_入力補助」モジュール内
　・Event_出荷入力
　・Get__出荷種類
　・Get__出荷入力範囲
　・S_売上データ初期化

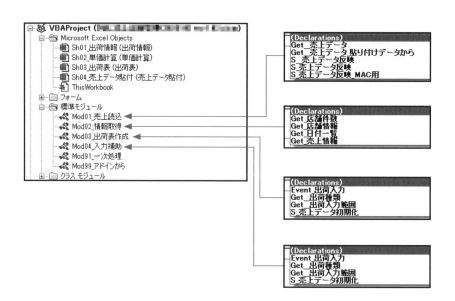

では、この命名規則を用いる理由を説明します。

　まず、接頭文字に英語を用いる理由はコーディングがしやすいからです。仮に接頭文字から日本語を用いた場合だと、逐一「日本語入力」「ローマ字入力」を切り替える手間が生じますが、接頭文字が英語であればそのままローマ字入力で「S_」「Get_」と入力して入力候補から絞れるので作業の効率化が図れます。

　次に、アンダーバーを接頭文字の後ろに付ける理由はインテリセンスが効きやすいためです。

　たとえば、アンダーバーなしの場合を考えてください。「Get」はアンダーバーがないと汎用プロシージャで用いている「Get**」と被ってしまい、入力候補が絞りづらくなります。

また、「S」はアンダーバーがないと「S」から始まる組み込み関数などが入力候補で大量に出てしまうので、これも入力候補を絞るのは面倒な作業になります。こうした煩雑さを回避するためにアンダーバーを接頭語の後ろに付けるわけです。

また、Publicはアンダーバーが1つ、Privateはアンダーバーが2つであるのは、Publicのプロシージャとプロシージャをインテリセンスで区別するためです。

最後に、アンダーバー以降に日本語を用いる理由はプロシージャがどんな処理かを把握しやすくするためです。すなわち、可読性を高めるのが目的です。

もっともこの点は、各自の英語力も関係してくるので「これが正解」と一概には言えませんが、日本語にせよ英語にせよ、プロシージャ名からその役割がすぐにわかるように命名しましょう。あくまでも筆者の場合は、「VBAは日本語でもコーディングができる」という長所を利用して日本語を使用するようにしています。

ただし、海外に提供するようなExcelツールを開発する場合は、環境によっては日本語のコードではエラーが発生するので、その点は留意してください。

第4章

Technique!

> 開発用プロシージャは接頭文字とアンダーバーを使って命名しておく！
> なぜなら、インテリセンスを効きやすくしておくことで開発を効率化することできるから。

命名規則

4-4 引数

ここでは、汎用プロシージャで用いる引数における命名規則を解説します。

筆者は次のような命名規則を設けています。

- 他のプロシージャで用いる引数名は同じものを用いる（一貫性を持たせる）
- 普段呼んでいる名前にする
- 極力単語を省略しない
- 一文字目は大文字とする

この命名規則に従って命名を行った実際の例は、次のとおりです。

- Worksheetオブジェクト → Sheet
- 列番号 → Col
- セルオブジェクト → Cell
- 一次元配列 → Array1D
- 行番号 → Row
- 二次元配列 → Array2D

「普段呼んでいる名前にする」「極力単語を省略しない」は、筆者の好みと慣例的な記述方法なので、あくまでも一例として覚えてもらえればよいのですが、「他のプロシージャで用いる引数名は同じものを用いる」という一貫性を持たせることは最も重要な規則です。

複数の汎用プロシージャを用意したときに、それぞれの汎用プロシージャで同じ意味合いの引数を渡しているのに、引数名が異なると混乱をきたすきっかけとなります。

また、一貫性を持たせることで、新しく汎用プロシージャで引数名を考える手間を省くことができるという利点もありますので、この一貫性は強く意識して開発してください。

一般的に見受けられる命名規則は、上記のルールと違って以下のようなものが多いようです。

- Worksheetオブジェクト → sht
- セルオブジェクト → rng
- 配列 → arr

しかし、上述の命名規則に対して筆者が主張する「極力単語を省略しない」もう一つの理由はタイピングがしやすいからです。

日本人は日本語入力に慣れているので、タイピングの途中に「a,i,u,e,o」の母音が入るほうがタイピングしやすく、かつ、ミスを犯しにくくなると筆者は考えます。

4-5 変数

ここでは、開発用プロシージャ内で記述する変数の命名規則について解説します。
筆者は次のような命名規則を設けています。

- 変数の型が連想できる略語を接頭文字として付ける
- 接頭文字の次にアンダーバーを1つ付ける
- アンダーバー以降は基本的に日本語とする

実際の例を示しながら理由を説明します。
まず、「変数の型が連想できる略語を接頭文字として付ける」例を表にしてみましょう。

データ型	接頭文字	具体例
Long型	Lng	Lng_件数、Lng_日数
Double型	Dbl	Dbl_消費税率
String型	Str	Str_店舗名、Str_住所
Range型	Cell	Cell_開始位置、Cell_入力範囲
Worksheet型	Sheet	Sheet_設定、Sheet_操作
Workbook型	Book	Book_売上データ
Variant型（配列）	List	List_ファイル一覧

4-3-2（63ページ参照）の開発用プロシージャでも説明したとおり、接頭文字に英語（ローマ字）を用いることでコーディングをしやすくしています。

たとえば、「件数」という日本語だけの変数名よりも、「Lng_件数」にしたほうがそのままローマ字入力で入力して入力候補から選択できます。

また、Variant型が配列の場合はイメージが湧きやすい理由で「List」を用いています。これは「Array」や「Arr」でも個人の好みでよいと思いますが、筆者はタイピングのしやすさから「List」を用いています。

そして、接頭文字の後にアンダーバーを付けるのはインテリセンスで変数を絞り込みやすくするのが目的です。特にString型の「Str」は組み込み関数の「Str関数」と被るのでアンダーバーが有効です。

最後に、アンダーバー以降を日本語にする理由は、4-3-2（63ページ参照）の開発用プロシージャでの説明と同様に変数の意味を把握しやすくするためですが、ここは各自の英語力との兼ね合いもありますので、筆者はあくまでも日本語にしているという認識で理解してください。

Technique!

> 開発用プロシージャ内で記述する変数名は接頭文字とアンダーバーを使って命名しておく！
>
> なぜなら、インテリセンスを効きやすくしておくことで開発を効率化することができるから。

絶対知っておきたい
VBA開発の
超効率化テクニック

第5章

コーディングの
基本ルール

本章では、コーディングする上での
基本的なルールを詳しく説明します。
本章で紹介するルールは
「可読性の向上」「コーディング時の迷いを減少」
「保守性の強化」「エラーの削減」
といったメリットを念頭に置いています。

5-1 プロシージャのスコープを明示する

最初にプロシージャのスコープ（Public、Private）について取り上げます。

このプロシージャのスコープは、以下で解説する理由から明示的に設定することが重要です。

では、それぞれのスコープについて具体的に説明します。

- ●Public → このスコープが設定されたプロシージャはプロジェクト全体から参照可能（外部のモジュールのプロシージャも参照できる）
- ●Private → このスコープが設定されたプロシージャは、定義されたモジュール内からのみ参照可能（外部のモジュールからは参照できない）

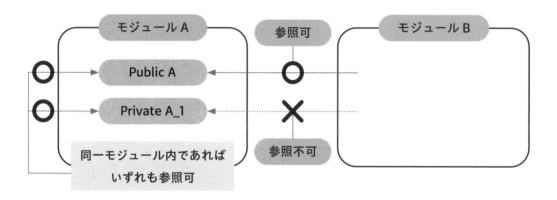

4-1-3（56ページ参照）の標準モジュールで説明したように、標準モジュールはVBAでの機能ごとに分けて実装するのが理想的です。ただし、一つの機能に関するコードが大きくなる場合、複数のプロシージャに分けて実装するケースも考えられます。その際、メインとなるプロシージャはPublicとし、補助的なプロシージャはPrivateと設定します。

では、このようにスコープを明確にするメリットを3つに分けて解説します。

5-1-1 プロシージャのスコープを明示するメリット①

1つ目のメリットは、コードからプロシージャのスコープがすぐ把握できるので、そのプロシージャの階層上での位置関係が掴みやすいことです。

第5章　コーディングの基本ルール

では、このメリットについて見てみましょう。

仮にすべてのプロシージャがPublicで宣言されたとします。わかりやすいように、例として次の図のように請求書を作成するマクロを1つ構築したとします。

このマクロはプロシージャのスコープをすべて省略していますので、結果的にすべてPublicで宣言されていることになります。

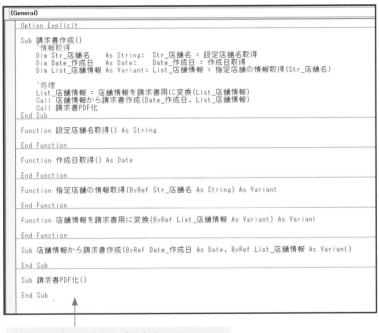

```
(General)

Option Explicit

Sub 請求書作成()
    '情報取得
    Dim Str_店舗名     As String:  Str_店舗名 = 設定店舗名取得
    Dim Date_作成日    As Date:    Date_作成日 = 作成日取得
    Dim List_店舗情報 As Variant: List_店舗情報 = 指定店舗の情報取得(Str_店舗名)

    '処理
    List_店舗情報 = 店舗情報を請求書用に変換(List_店舗情報)
    Call 店舗情報から請求書作成(Date_作成日,List_店舗情報)
    Call 請求書PDF化
End Sub

Function 設定店舗名取得() As String

End Function

Function 作成日取得() As Date

End Function

Function 指定店舗の情報取得(ByRef Str_店舗名 As String) As Variant

End Function

Function 店舗情報を請求書用に変換(ByRef List_店舗情報 As Variant) As Variant

End Function

Sub 店舗情報から請求書作成(ByRef Date_作成日 As Date,ByRef List_店舗情報 As Variant)

End Sub

Sub 請求書PDF化()

End Sub
```

プロシージャのスコープを省略しているので
Publicで宣言されていることになる

これをスコープまで明示して、次の図のように書き換えてみましょう。このときプロシージャ名は、第4章で解説した「命名規則」に従って次のようにします。

- Publicはアンダーバーを1つ付ける
- Privateはアンダーバーを2つ付ける
- Functionプロシージャで何かを取得する**場合は接頭文字として「Get」を付ける**
- Functionプロシージャで何かを変換する**場合は接頭文字として「Conv」を付ける**
- Subプロシージャは接頭文字として「S」を付ける

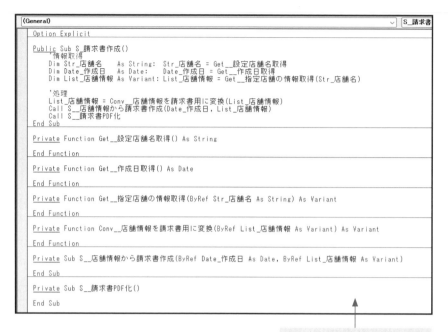

```
(General)                                                                    ∨   S_請求書
Option Explicit

Public Sub S_請求書作成()
    '情報取得
    Dim Str_店舗名    As String: Str_店舗名 = Get__設定店舗名取得
    Dim Date_作成日   As Date:    Date_作成日 = Get__作成日取得
    Dim List_店舗情報 As Variant: List_店舗情報 = Get__指定店舗の情報取得(Str_店舗名)

    '処理
    List_店舗情報 = Conv__店舗情報を請求書用に変換(List_店舗情報)
    Call S__店舗情報から請求書作成(Date_作成日, List_店舗情報)
    Call S__請求書PDF化
End Sub

Private Function Get__設定店舗名取得() As String

End Function

Private Function Get__作成日取得() As Date

End Function

Private Function Get__指定店舗の情報取得(ByRef Str_店舗名 As String) As Variant

End Function

Private Function Conv__店舗情報を請求書用に変換(ByRef List_店舗情報 As Variant) As Variant

End Function

Private Sub S__店舗情報から請求書作成(ByRef Date_作成日 As Date, ByRef List_店舗情報 As Variant)

End Sub

Private Sub S__請求書PDF化()

End Sub
```

PublicとPrivateを明記した例

このようにPublicとPrivateを明記することによって、モジュール内のプロシージャの階層構造がより明確にでき、可読性を上げることができます。

この例では「請求書作成」がメインのプロシージャで、それ以外のプロシージャが下の階層であることが容易に把握できますが、実際に構築するコードはそれぞれのプロシージャのコードが長いので、コードウィンドウでスクロールしながらどれがメインのプロシージャなのかを確認する必要があります。

その際に、メインのプロシージャだけPublicにしておけば、すぐにプロシージャの階層構造が確認できるというわけです。

5-1-2 プロシージャのスコープを明示するメリット②

2つ目のメリットは、コーディングにおいてプロシージャの呼び出しを記述するときのインテリセンスを最小限にできることです。

このメリットは、入力候補などのインテリセンスがテーマです。

仮に、先ほどの例でPrivateで定義したプロシージャをすべてPublicに変更してみます。

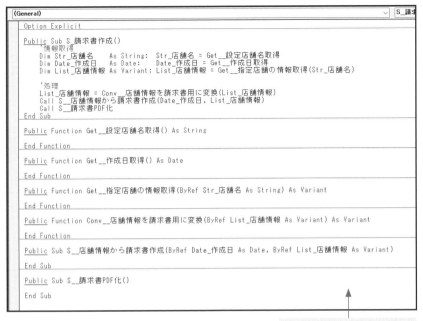

すべてPublicで宣言した例

次の図のように、別の標準モジュールにて「売上集計作成」のマクロを構築してみます。

この構築の過程でプロシージャの呼び出し部分をコーディングするときにインテリセンスを活用しようとすると、先に「請求書作成」のモジュールにて定義したプロシージャまで入力候補として出てきてしまいます。すなわち、必要な候補が絞りづらくなるのでコーディングの効率が落ちることになります。

```
Option Explicit

Public Sub S_売上集計作成()
    '情報取得
    Dim Date_集計開始日 As Date: Date_集計開始日 = GET__
    Dim Date_集計終了日 As Date: Date_集計終了日    Get_作成日取得
    Dim Str_店舗名      As String: Str_店舗名 =     Get_指定店舗の情報取得
    Dim List_店舗情報    As Variant: List_店舗情報 =  Get_指定店舗の情報取得_集計用
                                                Get_集計開始日取得
    '処理                                        Get_集計終了日取得
    List_店舗情報 = Conv__店舗情報を売上集計用に    Get_設定店舗名取得
    Call S__店舗情報から売上集計出力(List_店舗情報   Get_設定店舗名取得_集計用
    Call S__売上集計PDF化
End Sub
```

請求書作成のモジュールで定義したものまで候補に表示される

また、Publicなプロシージャは名前が被ってはいけないので、「Get__設定店舗名取得_集計用」「Get__指定店舗の情報取得_集計用」など区別が必要になり、これもコーディングにおいて手間になります。

5-1-3 プロシージャのスコープを明示するメリット③

最後のメリットは、**シート上のボタンにマクロを登録する際にはPublicなSubプロシージャだけ表示されるので、対象を絞れる**ことです。

このメリットは、「マクロの登録」にまつわる話になります。

シート上に配置したシェイプやコマンドボタンにマクロを登録するときに、[マクロの登録] ダイアログボックスに選択候補として表示されるプロシージャの条件は、次の3つです。

- **スコープがPublicである**
- **Subプロシージャ**
- **引数がない**

したがって、コマンドボタンなどに登録する必要のないプロシージャはPrivateで宣言しておけば、[マクロの登録] ダイアログボックスで選択候補として表示されませんので、登録するマクロを簡単に絞ることができます。

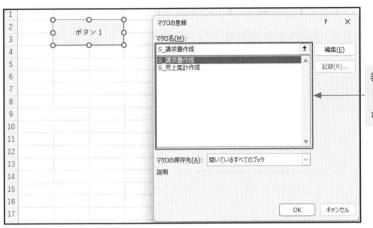

表示されるマクロが
「Publicで宣言したもの」
などに絞られる

逆に、すべてのプロシージャをPublicで宣言すると、マクロの登録時に候補となるプロシージャが大量になってしまい、選択に手間を要することになってしまいます。

Technique!

プロシージャのスコープは明示する！
なぜなら、スコープを明示することでプロシージャの位置関係が掴みやすく、インテリセンスを有効に活用でき、マクロをボタン登録する際の手間が省けるというメリットがあるから。

Column VBAは自由すぎる?

　VBAはVB（Visual Basic）をベースとしており、このVBはさらにBASICを基盤としています。BASICは「Beginner's All-purpose Symbolic Instruction Code」の略称であり、初心者向けの汎用プログラミング言語として設計されました。この言語の柔軟性から、初心者にとっては扱いやすい一方で、明確なコーディングルールの不足により、可読性の低いコードになりやすいという側面も持っています。
　また、VBAは多くの人が利用するExcelに組み込まれており、別途の環境構築が不要な点も、プログラミング言語としての敷居を低くしています。
　この「柔軟に記述できる」「敷居が低い」という特徴が、初心者による可読性の低いVBAコードが多く巷に溢れてしまう原因となっているのではないかと筆者は考えています。

5-2 変数は値を格納する直前に宣言する

　VBAにおけるコーディングでは、まず変数やオブジェクトをプロシージャタイトルの次行で宣言しておき、プロシージャ内のしかるべき場所で変数に値を格納するというプログラミングをよく目にすると思います。

　しかし実は、変数は最初に値を格納する直前に宣言することで変数の初期値の追跡がしやすく可読性が向上するというメリットがあります。

　次の図の記述は、変数やオブジェクトをプロシージャの冒頭でまとめて宣言して、変数の格納はプロシージャの途中で行う方法です。

　変数の値の確認のためショートカットキー［Shift］+［F2］キーを使って定義位置にジャンプしても、変数の値が格納されている位置が遠いので確認に時間がかかってしまいます。

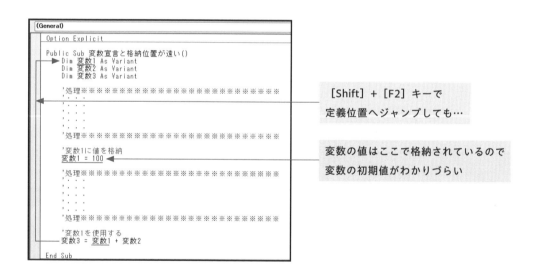

　これに対し、次の図は変数は最初に値を格納する直前に宣言するというコーディングです。

　［Shift］+［F2］キーを使って定義位置にジャンプすれば、そこで変数の値が格納されているので確認に時間がかかりません。

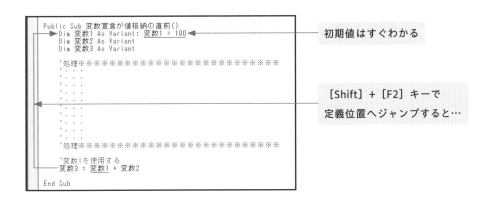

以上の2つの図を比較すると、「変数1」の宣言位置の直後に最初の値の格納を行ったほうが値の変化が追いやすいことがわかります。

コードの解読において、変数の値の変化を追う作業は頻繁に発生しますので、こうした工夫で開発効率は格段に向上します。

また、このテクニックは「1つのプロシージャのコードが長くなる」場合や「使用する変数が多くなる」場合ほど効果があります。

また、同じ理由で、グローバル変数（モジュール冒頭でPublic、Privateで宣言される変数）を多用するのもコードの可読性を下げてしまう原因になります。

グローバル変数が多用されているコードは、コード全体でいくつもの変数の値の変化を追う必要があるので解析に手間がかかります。こうした点から、グローバル変数の使用は最小限にとどめるのが合理的と言えるでしょう。

Technique!

変数は値を格納する直前に宣言する！
なぜなら、変数は最初に値を格納する直前に宣言すると変数の初期値の追跡がしやすくなるから。

第5章

コーディングの基本ルール

5 - 3 一部の構文やプロパティは省略しない

VBAのコーディングにおいて、一部の構文やプロパティを省略することは避けるべきです。その理由は、省略することでコードの意図が不明確になり、意図しない動作を引き起こすリスクが高まるためです。

具体的な例で説明します。

5-3-1 Rangeオブジェクトの親となるWorksheetオブジェクトの省略

Rangeオブジェクトの親のWorksheetオブジェクトを省略すると、アクティブなワークシート（ActiveSheet）のRangeオブジェクトが参照されます。

```
Range("A1").Value = 1
```

親のWorksheetオブジェクトが省略されている
（Activesheet.Range("A1")と処理される）

この場合、意図していないワークシートがアクティブな状態でコードを実行すると、ワークシートの内容が破壊されてしまう結果となり、コードの信頼性を損なうものになります。

また、どのワークシートのRangeオブジェクトなのかがわかりづらくなりますので、コードの可読性を下げてしまうことにもなります。

次のようにWorksheetオブジェクトをしっかりと明示するようにしてください。

```
Sheet1.Range("A1").Value = 1
```

Worksheetオブジェクトが明示されている

5-3-2 RangeオブジェクトのValueプロパティの省略

Valueプロパティは、セルの値を直接取得、または設定するためのものでRangeオブジェクトのデフォルトのプロパティになりますので、実は省略することができます。

しかし、このValueプロパティを省略すると、コードがセルの値を取得しているのか、Rangeオブジェクト自体を参照しているのかの区別がしにくくなります。

具体的な例としては以下のケースが考えられます。

```
Set Cell = Sheet1.Range("A1") ・・・①
X = Sheet1.Range("A1")        ・・・②
```

①はRangeオブジェクト自体を参照していますが、②はセルの値を取得するものです。しかし、②で本来記述すべきValueプロパティが省略されているので、一見すると開発した本人でも戸惑うステートメントになっています。

ですから、**Valueプロパティは絶対に省略せず**に以下のように記述してください。

```
Set Cell = Sheet1.Range("A1")
X = Sheet1.Range("A1").Value
```

Valueプロパティが明示されている

また、連想配列（Collection型やDictionary型）において、Addメソッドを使用してKeyとItemを追加する際にも、注意が必要です。

たとえば、セルの値を格納しようとして次のように記述した場合について解説します。

```
Dim Dict As New Dictionary
Dict.Add "A", Sheet1.Range("A1")
```

第5章

コーディングの基本ルール

Dictの「Key ＝ "A"」には、Sheet1シートのRange("A1")の値ではなく、Range("A1")オブジェクト自体が格納されてしまいます。これは、RangeオブジェクトのValueプロパティの省略により生じる典型的なミスです。

このようなミスを避けるためにも、Valueプロパティの明示的な使用が推奨されます。さらに言えば、**Valueプロパティを省略するのは厳禁**と考えてください。

ちなみに別の対応策の1つとして、次のようにセルの値を先に変数に格納してから、その変数をDictionaryに追加する方法が考えられます。

```
Dim A1Value As String
A1Value = Sheet1.Range("A1").Value
Dict.Add "A", A1Value
```

この手法を採用することで、変数名から「セルの値である」と容易に連想することができますのでコードの可読性が向上し、上記の意図しないミスを減少させることができます。

Technique!

一部の構文やプロパティは省略はしない！
なぜなら、省略することでコードの意図が不明確になり、意図しない動作を引き起こすリスクが高まるから。

5-4 Asを揃える

　複数行で変数を宣言する際、Asキーワードの位置を揃えることで、コードの可読性を高めることができます。

　まず、Asキーワードの位置が揃っていない場合のコード例です。

```
Dim I As Long
Dim N As Long
Dim Sheet As Worksheet
Dim Cell As Range
```

　これに対して、Asキーワードの位置を揃えた場合のコードは、以下のようになります。

```
Dim I      As Long
Dim N      As Long
Dim Sheet  As Worksheet
Dim Cell   As Range
```

Asキーワードの位置を揃えると読みやすい

　上記の2つのコードを比較すると、Asキーワードの位置を揃えた方が、変数名と変数の型の位置が整列しており、読みやすくなっています。特に、変数名が長く、さまざまなデータ型を利用する場合、Asキーワードの位置がバラバラだとコードが読みにくくなる可能性が高まります。

　そのため、Asキーワードの位置を揃える習慣を身につけることは、コードの可読性を保つために重要です。

　同様に、プロシージャの引数もAsを揃えると可読性を上げることができます。

　一例として、下記のコードは「二次元配列内の特定の範囲を取得する」汎用プロシージャですが、引数のAsを揃えて可読性を高めています。

```
Public Function ExtractArray2D(ByRef Array2D As Variant , _
                    Optional ByRef StartRow As Long = 1, _
                    Optional ByRef StartCol As Long = 1, _
                    Optional ByRef EndRow As Long = 0, _
                    Optional ByRef EndCol As Long = 0) _
                                        As Variant
```

Asキーワードの位置を揃えると読みやすい

　しかし、このように見た目を整える作業はカーソル移動を頻繁に行ったり、スペースキーを連打したりと大変手間な作業ですので、実際に手動でやろうとすると億劫に感じます。でも安心してください。そのような億劫を感じないような自動化テクニックを第11章で紹介します。

Technique!

Asキーワードの位置を揃える！
なぜなら、**Asキーワードの位置を揃える**ことで変数名と変数の型の位置が整列し、コードの可読性を高めることができるから。

さらに知っておきたい
VBA開発の
超効率化テクニック

第6章

自分専用の開発用
アドインの作成

本章ではコーディングにおける
使い回しの部品として作成する汎用プロシージャを
保管・管理するためアドイン（xlamファイル）の
作成方法を紹介します。
アドインにはCOMアドイン、Officeストアのアドインなどもありますが、
本書ではxlamファイルのことを指します。

6-1 アドイン（xlamファイル）の作成

アドイン（xlamファイル）は、4-3（60ページ参照）で触れたコードの部品である汎用プロシージャを保管するためのファイルです。汎用プロシージャの作り方や実例は第7章以降で解説しますが、本章ではまずアドインの準備方法を解説します。

では、アドインを作成するにあたって、まずは空のアドインを作成しましょう。

6-1-1 新規にアドインを保存する

まず最初に、新規ブックを起動して「名前を付けて保存」で保存します。このとき、保存する名前はわかりやすく「MyAddin」としてください。

［ファイルの種類（T）］から［Excelアドイン(*.xlam)］を選択すると、自動的に保存先フォルダが「C:¥Users¥[ユーザー名]¥AppData¥Roaming¥Microsoft¥AddIns」に設定されますのでそのまま保存してください。

なお、ここで設定される保存先のパスにある［ユーザー名］はそれぞれの操作環境によって異なります。また、この保存先のフォルダを今後は「アドインフォルダ」と呼ぶことにします。

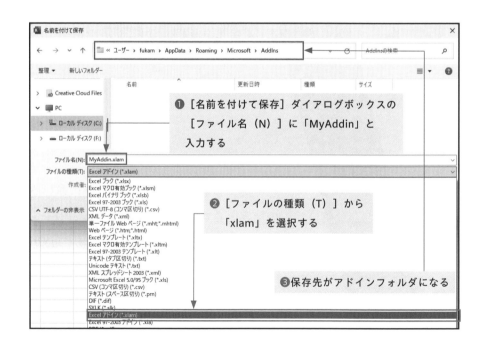

第6章　自分専用の開発用アドインの作成

6-1-2 アドインを開いてVBEを起動する

アドインフォルダを開き、作成した「MyAddin.xlam」を開きます。そして、「MyAddin.xlam」
を開いた状態で [Alt] + [F11] キーでVBEを起動します。

attention!

このとき、開いたアドインはワークシートには表示されませんので注意してください。

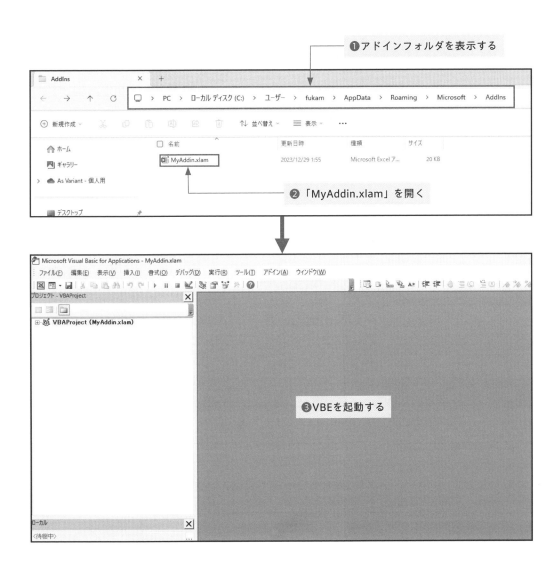

❶アドインフォルダを表示する

❷「MyAddin.xlam」を開く

❸VBEを起動する

第6章

自分専用の開発用アドインの作成

6-1-3 アドインのプロジェクト名を変更する

アドインのプロジェクト名（VBEのプロジェクトエクスプローラーに一覧で表示されるときの名前）は、デフォルトでは「VBAProject」という名前になっています。

このままだと新規で作成されるExcelブックのプロジェクト名と区別ができなくなるので、アドインのプロジェクト名は変更しておくのが望ましいでしょう。

次の手順でアドインのプロジェクト名を変更することができます。

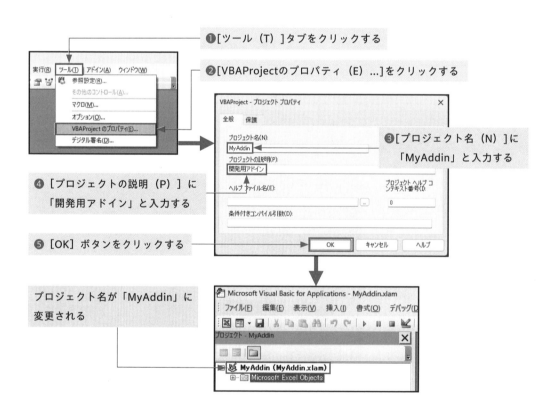

　以上の手順でプロジェクト名が「MyAddin」に設定されているのを確認したら、最後に［Ctrl］＋
［S］キーで保存して「MyAddin.xlam」を閉じてください。アドインは変更があっても保存時に
「保存しますか？」のような注意メッセージが表示されませんので、必ず［Ctrl］＋［S］キーで保
存することを忘れないようにしてください。

　とは言っても、いくら［Ctrl］＋［S］キーで保存を習慣化しても絶対に忘れてしまうことがありま
す。その対策として、次節6-2（89ページ参照）にて保存を自動化するテクニックを解説しますの
で、参考にしてください。

6-1-4 アドインをデフォルトで起動するように設定する

　では次に、アドインをデフォルトで起動するように設定をしましょう。

　この設定は［開発］タブの［Excelアドイン］ボタンをクリックして表示される［アドイン］ダイア
ログボックスから行います。

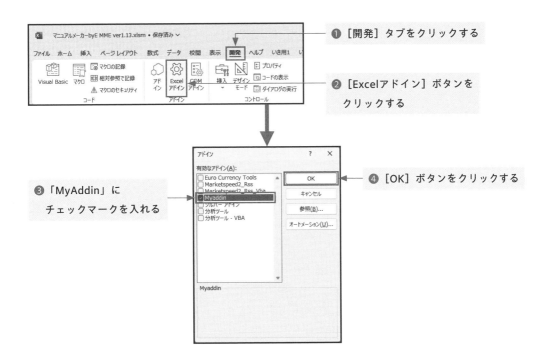

　以上の操作で、アドインがデフォルトで起動するように設定されます。

6-1-5 新規ブックを起動したら、同時にアドインが起動しているかを確認する

では、アドインがデフォルトで起動する設定になったことを実際に確認してみましょう。

新規ブックでもよいのでExcelを起動して［Alt］＋［F11］キーでVBEを起動します。起動したときにプロジェクトエクスプローラーに「MyAddin」が表示されていれば設定は完了です。

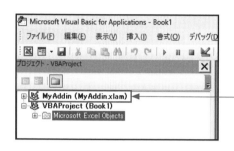

新規ブックを起動したとき、同時に
「MyAddin」が起動している

6-2 アドインの自動保存

6-1-3（87ページ参照）で触れたように、アドインは内容に変更があっても終了時に「保存しますか?」の注意メッセージは表示されません。

そこでここでは、誤って保存せずに終了してしまい変更が反映されない、ということがないように、アドインの終了時のイベントプロシージャに自動保存の処理を記述することにしましょう。

6-2-1 VBEを起動する

最初に、どのようなブックでもよいので、Excelを起動してVBEを起動します。

そして、プロジェクトエクスプローラーで「MyAddin」があることを確認してください。

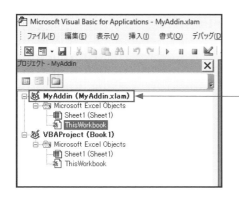

「MyAddin」が起動していることを確認する

6-2-2 「MyAddin」のThisWorkbookモジュールのコードウィンドウを表示する

プロジェクトエクスプローラーの「MyAddin」の「ThisWorkbook」をダブルクリック、もしくは選択状態で［F7］キーを押してコードウィンドウを表示します。

そして、コードウィンドウの左上のリストボックスの「(General)」を「Workbook」に変更してください。

すると、コードウィンドウには「Workbook_Open」というイベントプロシージャが自動的に作成されます。これは「ワークブックが起動したときに自動的に処理を行うイベントプロシージャ」ですが、今回は不要なものですので意識する必要はありません。

第6章

自分専用の開発用アドインの作成

今回作成するのは、あくまでも「ワークブックが終了するときに自動的に処理を実行するイベントプロシージャ」になります。

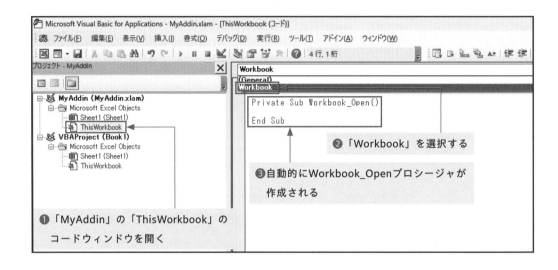

6-2-3 ワークブック終了時のイベントプロシージャを作成する

コードウィンドウの右上のリストボックスで「BeforeClose」を選択します。すると、コードウィンドウに「ワークブックが終了するときに自動的に処理を実行するイベントプロシージャ」である「Workbook_BeforeClose」プロシージャが自動的に追加されます。

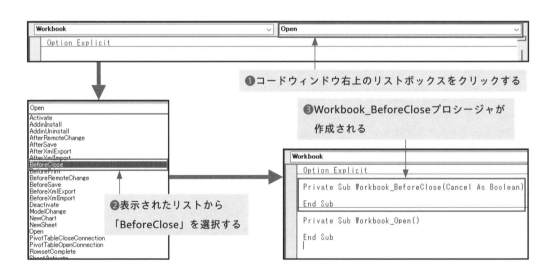

6-2-4 「Workbook_BeforeClose」プロシージャ内に自動保存の処理を記述する

　自動保存を行う処理は、次のステートメントになります。追加された「Workbook_BeforeClose」プロシージャに記述してください。

```
If ThisWorkbook.Saved = False Then
    ThisWorkbook.Save
End If
```

　この処理はアドインの保存が実行されているかを確認して、保存されていない場合（Savedプロパティが「False」の場合）は保存を実行しています。
　また、「Workbook_Open」プロシージャは現時点では不要なのであわせて消去しておきます。

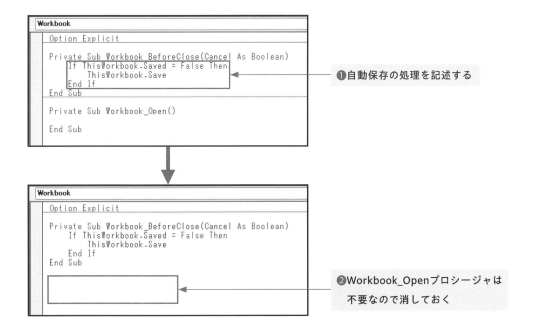

❶自動保存の処理を記述する

❷Workbook_Openプロシージャは
　不要なので消しておく

　本節では終了時の自動保存の設定を紹介しましたが、筆者のアドインではその他、次のようなイベント処理の設定を行っています。

●保存時のバックアップを取る

　同フォルダ上の「backup」フォルダに保存時の日付で「[ファイル名]_YYYYMMDD.xlam」で随時バックアップを取るようにしています。

　開発用アドインはVBA開発の根幹を支える非常に大切なファイルになります。そのため、データが失われることを極力回避する目的でバックアップを取っています。

　実際に筆者は、「OSのセキュリティ処理」「OneDriveの影響」「Excelのエラー」で勝手にアドインファイルが消去される事象を過去に経験しています。

●OneDrive上の共有フォルダにバックアップを取る

　アドインを保存する「アドイン」フォルダはPCのローカル上に配置されています。

　しかし筆者は、仕事用に在宅用のデスクトップPCと出張作業用のノートPCを2台併用しており、両方で最新のアドインを利用するようにしています。

　そのために、アドインの保存時にはOneDrive上の共有フォルダにも以下の手順でアドインを複製するようにしています。

①デスクトップPCでアドインに変更を加える。
②OneDrive上の共有フォルダに自動的にアドインの複製が保存される。
③出張先でノートPCを起動する。
④OneDrive上でファイルを同期し、共有フォルダに複製されたアドインを「アドイン」フォルダに上書きで複製する。

　この手順で、別のPCでも最新のアドインで作業ができるようになります。

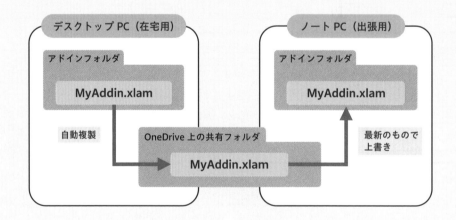

6-3 アドインの参照

アドインで記述した汎用プロシージャを新規開発ブックで使用できるようにするには、新規開発ブックでアドインを参照する必要があります。

ここでは、この設定方法を解説します。

6-3-1 アドインにサンプルのプロシージャを記述する

まず、新規にExcelブックを起動して［Alt］+［F11］キーでVBEを起動します。

次に、プロジェクトエクスプローラーで「MyAddin」に標準モジュールを追加します。このときのアクセスキーは［Alt］+［I］+［M］キーです。

標準モジュールが追加されたことを確認したら、追加された「Module1」にサンプルのSubプロシージャ「AddinSample」を記述します。

```
Public Sub AddinSample()
    MsgBox "アドイン参照成功"
End Sub
```

なおこのとき、「AddinSample」のスコープは「Public」に設定します。スコープを「Private」にすると別ブックから参照ができませんので、この点は注意してください。

6-3-2 新規ブックにて確認作業を行う

サンプルコードを記述したら、起動している新規ブック「Book1」に標準モジュール「Module1」を追加します。

そして、「Module1」内でサンプルのSubプロシージャ「Sample」を準備します。

最後に、この「Sample」に「MyAddin」で記述したプロシージャ「AddinSample」を実行する処理を記述します。

ただし、このまま「Sample」プロシージャを実行しても「AddinSample」は実行できずにエラーとなります。これは、「Book1」が「MyAddin」を参照できていないために発生するエラーです。

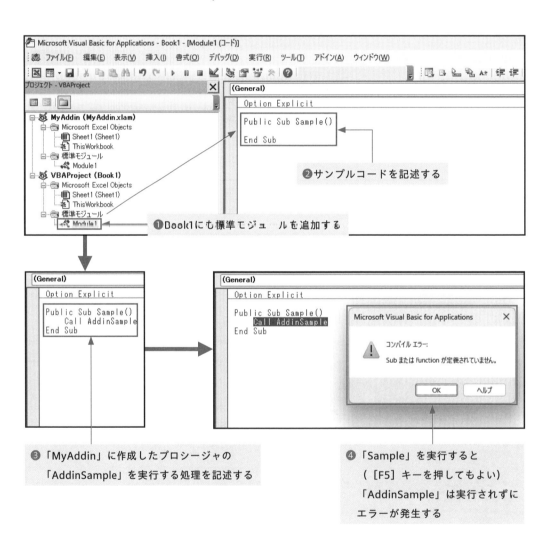

❸「MyAddin」に作成したプロシージャの「AddinSample」を実行する処理を記述する

❹「Sample」を実行すると（[F5] キーを押してもよい）「AddinSample」は実行されずにエラーが発生する

6-3-3 「MyAddin」を参照できるように設定する

これまでの手順だけでは「MyAddin」に作成した「AddinSample」を外部から実行することはできません。

そこで、次の手順で外部から実行できるようにします。

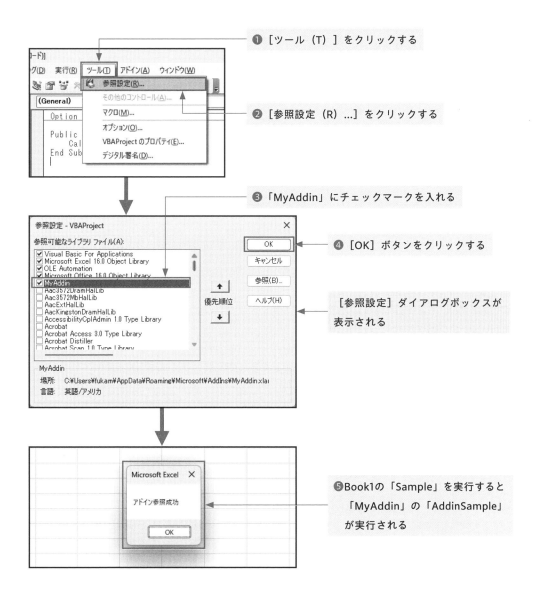

❶ ［ツール（T）］をクリックする

❷ ［参照設定（R）...］をクリックする

❸ 「MyAddin」にチェックマークを入れる

❹ ［OK］ボタンをクリックする

［参照設定］ダイアログボックスが
表示される

❺Book1の「Sample」を実行すると
「MyAddin」の「AddinSample」
が実行される

6-3-4 入力候補などのインテリセンスを確認する

以上の操作で、Book1の「Sample」プロシージャで「MyAddin」内のプロシージャがインテリセンス（入力候補など）として効くようになっていますので、この点を確認しておきましょう。

たとえば、「Sample」プロシージャ内で「ADD」まで入力して［Ctrl］+［Space］キーを押すと、入力候補の中に「AddinSample」が含まれているのが確認できます。

「MyAddin」がBook1から参照できている場合は、このようにインテリセンスが効くため開発の効率化が図れることも覚えておいてください。

なお、本節では、「MyAddin」の参照処理において次の手順を踏んでいました。

①VBEを起動する
②参照設定で「MyAddin」にチェックマークを入れる

しかし、この手順はやはり手間でVBA開発の効率化という観点からも問題があります。

そこで、この処理もワンステップでできるようにVBAで自動化する方法を12-7（363ページ参照）で解説します。

Column　　アドインが紐づいていると他者に渡せない

　新規開発するマクロ付きブック（開発ブック）がアドインに記述した汎用プロシージャなどを参照している場合、開発ブックはアドインを参照していないと動作しません。

　そのため、開発ブックが独立して動くようにするには、アドインで参照している汎用プロシージャなどは開発ブックの標準モジュール上に複製して、アドインとの参照は解除しないといけません。

　本書の特典としてダウンロードしてお使いいただける「階層化フォーム」では、このようにアドインで参照している汎用プロシージャを自動的にすべてコピーする処理（外部参照プロシージャ一括コピー）を実現できます。

　この処理が可能になることで、アドインに記述した汎用プロシージャを100％生かした開発が可能になり、また、開発ブックをアドインと分離して安心して他者に渡せるようになります。

さらに知っておきたい
VBA開発の
超効率化テクニック

汎用プロシージャの
作成ルール

汎用プロシージャはその名の通り
「VBA開発で汎用的に利用できるプロシージャ」です。
VBA開発では、様々な処理を「毎回最初から記述する」のではなく、
代わりに汎用プロシージャを用意して流用できれば
大幅な効率化が図れます。
では、この汎用プロシージャの「こうしたら使い回しやすくなる」という
ルールやテクニックについて解説します。

7-1 機能を盛り込みすぎない

7-1-1 1つの汎用プロシージャに実装する機能は実用上最小限とする

　汎用プロシージャを使おうと考えたときにまず陥りやすい罠は、1つの汎用プロシージャで開発時のあらゆる要望に応えようと機能を盛りだくさんにしてしまうことです。

　たとえば、「特定セルを左上基準にして、二次元配列を一括で出力する処理」の汎用プロシージャを作ってみます。

　もっとも簡単に記述すると次のようになります。

```
Public Sub OutputArray(Array2D As Variant, Cell As Range)
    Dim N As Long: N = UBound(Array2D, 1)      '一次元要素数
    Dim M As Long: M = UBound(Array2D, 2)      '二次元要素数
    Cell.Resize(N, M).Value = Array2D          'セル範囲に一括出力
End Sub
```

　このプロシージャの機能は、次の2つに絞られています。

●対象とする配列は二次元配列のみ
●二次元配列の開始要素番号は「1」のみとする

　では、このプロシージャに対して欲しいと思った機能を以下のように追加していきます。

追加①：出力する配列は一次元配列も対象としたい
追加②：配列の開始要素番号は「1」以外も対応したい
追加③：1つ前の出力結果が残らないように初期化したい

　すると、この3つの機能を実現するためだけに、以下のプロシージャのように一気に処理が複雑になります。

```
Public Sub OutputArray(Array_ As Variant, Cell As Range)

    '配列の次元を確認
    Dim RowStart As Long
    Dim RowEnd   As Long
    Dim ColStart As Long
    Dim ColEnd   As Long

    RowStart = LBound(Array_, 1)     '一次元要素の開始番号
    RowEnd = UBound(Array_, 1)       '一次元要素の終了番号
    On Error Resume Next
    ColStart = LBound(Array_, 2)     '二次元要素の開始番号
    ColEnd = UBound(Array_, 2)       '二次元要素の終了番号
    On Error GoTo 0

    Dim Dimension As Long
    If ColEnd = 0 Then
        Dimension = 1                '一次元配列と判定
    Else
        Dimension = 2                '二次元配列と判定
    End If

    '配列の一括出力
    If Dimension = 1 Then            '一次元配列の場合
        '出力範囲初期化
        Cell.Resize(Rows.Count - Cell.Row + 1, 1).Value = ""

        '転移して出力
        Cell.Resize(RowEnd - RowStart + 1, 1).Value = _
            WorksheetFunction.Transpose(Array_)

    ElseIf Dimension = 2 Then        '二次元配列の場合
        '出力範囲初期化
        Cell.Resize(Rows.Count - Cell.Row + 1, _
                ColEnd - ColStart + 1).Value = ""
        '配列を一括出力
        Cell.Resize(RowEnd - RowStart + 1, _
                ColEnd - ColStart + 1).Value = Array_
    End If
End Sub
```

しかし、話はこれで終わりません。さらに次のような機能が欲しくなってきます。

追加④：別ブックも指定できるようにしたい
追加⑤：引数で渡される配列は一次元、二次元配列以外（たとえばEmpty、もしくは三次元配列）の場合は警告を出す
追加⑥：出力のあとで「出力しました」というメッセージを表示したい
追加⑦：③の範囲初期は下端まで初期化するようになっているので、「初期化する／しない」を選びたい
追加⑧：出力範囲に数式が含まれている場合は警告で注意を促して停止する処理が欲しい
追加⑨：出力する配列の要素にオブジェクトが含まれるとエラーになるので、判定処理が欲しい
追加⑩：一次元配列の場合は出力方向を縦方向、横方向を選べるようにしたい

　いかがですか。ここでは、これらの機能を満たすようなコードは書きませんが、いずれも「あったら便利」と思う機能です。
　しかし、これらの機能をすべて盛り込もうとすると、1つのプロシージャでは処理が複雑になり過ぎて、可読性が悪くなるところかコードの役割すらわからなくなり、当然にして後々の保守もできません。その結果、むしろ使いものにならないものになってしまいます。
　そこで、このようなことにならないために、次のようなルールを設けます。

●1つの汎用プロシージャに実装する機能は実用上最小限とする
●欲しい機能は別のプロシージャに分ける

　実際に例で示した「配列の一括出力」を行っている前述のプロシージャ「OutputArray」については、筆者は次の3つを作成しています。

●一次元配列を縦方向に一括出力する（OutputCellArray1DVertical）
●一次元配列を横方向に一括出力する（OutputCellArray1DHorizontal）
●二次元配列を一括出力する（OutputCellArray2D）

　また、実用するうえで機能も次のように制限しています。

●対象とする配列の開始要素番号は「1」のみとする
●出力範囲の「初期化する／しない」を選ぶことができる

　では、以上を踏まえて、参考までに実際のコードを紹介します。

●一次元配列を縦方向に一括出力する (OutputCellArray1DVertical)

```
Public Sub OutputCellArray1DVertical(ByRef Array1D As Variant, _
                                     ByRef Cell As Range, _
                           Optional ByRef Clear As Boolean = True)
'一次元配列を基準セルから縦方向に出力する

'引数
'Array1D・・・出力する一次元配列
'Cell    ・・・出力基準位置のセル
'[Clear]・・・出力基準位置から下端までを初期化する／しない(省略ならする)

    'セル範囲取得
    Dim N As Long:  N = UBound(Array1D, 1) '要素数

    '出力範囲の初期化
    If Clear = True Then
        Cell.Resize(Rows.Count - Cell.Row + 1, 1).Value = ""
    End If

    '一次元配列を縦方向に一括出力
    Cell.Resize(N, 1).Value = WorksheetFunction.Transpose(Array1D)

End Sub
```

●一次元配列を横方向に一括出力する (OutputCellArray1DHorizontal)

```
Public Sub OutputCellArray1DHorizontal(ByRef Array1D As Variant, _
                                       ByRef Cell As Range, _
                             Optional ByRef Clear As Boolean = True)
'一次元配列を基準セルから横方向に出力する

'引数
'Array1D・・・出力する一次元配列
'Cell    ・・・出力基準位置のセル
'[Clear]・・・出力基準位置から下端までを初期化する／しない(省略ならする)
```

▼次ページへ

▼前ページから

```vba
'セル範囲取得
Dim N As Long:  N = UBound(Array1D, 1) '要素数

'出力範囲の初期化
If Clear = True Then
    Cell.Resize(1, Columns.Count - Cell.Column + 1).Value = ""
End If

'一次元配列を横方向に一括出力
Cell.Resize(1, N).Value = Array1D

End Sub
```

●二次元配列を一括出力する (OutputCellArray2D)

```vba
Public Sub OutputCellArray2D(ByRef Array2D As Variant, _
                             ByRef Cell As Range, _
                   Optional ByRef Clear As Boolean = True)
'二次元配列を基準セルを左上にして出力する

'引数
'Array2D・・・出力する二次元配列
'Cell   ・・・出力基準位置のセル(左上セル)
'[Clear]・・・出力基準位置から最終行まで値を初期化するかどうか

    'セル範囲取得
    Dim N As Long:  N = UBound(Array2D, 1) '一次元要素数
    Dim M As Long:  M = UBound(Array2D, 2) '二次元要素数

    '出力範囲の初期化
    If Clear = True Then
        Cell.Resize(Rows.Count - Cell.Row + 1, M).Value = ""
    End If

    '二次元配列を一括出力
    Cell.Resize(N, M).Value = Array2D

End Sub
```

第7章

汎用プロシージャの作成ルール

このように処理を最小限にすると、処理別でプロシージャを分けることでそれぞれのプロシージャの記述が簡潔にできます。

さらに汎用プロシージャを使用する際に、そのプロシージャの役割や内容がプロシージャ名を見るだけで把握しやすくなります。

Technique!

> 1つの汎用プロシージャに実装する機能は実用上最小限とする！
> なぜなら、処理を最小限にすることでそれぞれのプロシージャの記述が簡潔にでき、汎用プロシージャの使用時に役割や内容が把握しやすくなるから。

7-1-2 配列の開始要素番号は「1」を基本とする

一般的にプログラミングでは配列の開始要素番号は「0」とします。しかし、VBAでコーディングする場合は、開始要素番号は「1」としたほうが圧倒的にコーディングがしやすくなります。

その理由は下記の3つがあるのですが、それでは1つずつ解説していきましょう。

● 「セル範囲.Value」で取得できる配列の開始要素番号は「1」になる

「Range("A1:B3").Value」のような記述で取得した配列は二次元配列で縦（1〜3）、横（1〜2）の二次元配列となり、開始要素番号は「1」になります。セル範囲から値を取得する方法は基本的に「セル範囲.Value」とするので、作成される配列の開始要素番号に合わせるのが合理的です。

ちなみに、「どうしても開始要素番号『0』の配列にセルの値を格納したい」となったとき、下記のように単一セルから1つずつ値を取得して配列に格納する処理は速度が遅くなり、かつ、コードが長くなるので避けるべきです。

こちらの詳細は7-2（110ページ参照）にて解説します。

```
Dim I As Long
Dim List(0 to 9) As Variant
For I = 0 to 9
    List(I) = Cells(I + 1,1).Value
Next
```

●開始要素番号「0」から開始要素番号「1」への変換は容易だが、その逆は容易でない

　この点は次項7-1-3でも紹介しますが、開始要素番号を「0」から「1」に変換する際にはTranspose関数を用いれば一発で可能です。

　しかし、その逆となる開始要素番号を「1」から「0」に変換するのはそれ専用の処理を作成しなければならないので、手軽にできるものではありません。

　また、汎用プロシージャで扱う配列において開始要素番号は「0」か「1」のどちらかで限定しておかないと処理が複雑になります。

　前項7-1-1で紹介した「セルに配列を一括出力」する汎用プロシージャで「配列の開始要素番号は1」と限定しているのはそうした理由によるものです。

●人間が理解しやすいのは開始要素番号「1」の場合である

　仮に、開始要素番号が「0」からの場合「10番目の要素番号は11個目」になります。

　この説明では「○番目」と「○個目」は似たような日本語ですが、プログラミング的には両者は異なるものであり、開始要素番号が「0」であると、「X番目」ならば「X+1個目」と脳内で1つ加算しなければなりません。

　ところが、開始要素番号が「1」であれば「10番目の要素番号は10個目」と同じ数字が入るので考えやすくなります。

　この点は、配列の開始要素番号を「0」で扱う他言語に慣れている人からは異論が出そうですが、ことVBAの場合には開始要素番号を「0」にするのは混乱を招く元になりかねません。

　なぜなら、VBAを搭載しているExcel本体が、行番号は「1」から数えます。さらに言うと、VBAで扱うWorksheet型のCellsプロパティは「Cells(1,1)」のように行番号、列番号は「1」から数えます。

　こうした点を考慮すると、VBAのコードで開始要素番号を「0」から開始する配列を扱おうとすると、「配列は『0』から始まるけどExcelオブジェクトは『1』から始まる」のように一貫性が失われて、理解しづらいコードになってしまいます。

　こうした理由で、VBAでは開始要素番号は「1」から開始するように統一させるのが合理的なのです。

Technique!

配列の開始要素番号は「1」とする！
なぜなら、VBAの特性上、開始要素番号を「1」としたほうが圧倒的にコーディングがしやすくなるから。

7-1-3 Transpose関数の性質を理解する

Transpose関数は、配列を転移する組み込み関数です。

具体的には、縦（1～N）、横（1～M）の二次元配列を縦（1～M）、横（1～N）の二次元配列に変換することができます。

そして、一次元配列や、二次元配列（縦もしくは横の要素数が「1」の場合）に適用するときに知っておくべ4つの性質があります。

性質①：「0」開始の配列を「1」開始に変換する
性質②：要素数Nの一次元配列を縦（1～N）、横（1～1）の二次元配列に変換する
性質③：縦（1～N）、横（1～1）の二次元配列を要素（1～N）の一次元配列に変換する
性質④：縦（1～1）、横（1～M）の二次元配列を縦（1～M）、横（1～1）の二次元配列に変換する

では、上記の性質を1つずつ確認していきます。

●性質①：「0」開始の配列を「1」開始に変換する

ここでは、実際に「0」開始の二次元配列List1を定義して、Transpose関数で転移してList2を作成します。

```
Private Sub 性質1確認()
    '開始要素番号0の二次元配列を作成
    Dim List1 As Variant
    ReDim List1(0 To 10, 0 To 20)

    '転移する
    Dim List2 As Variant
    List2 = WorksheetFunction.Transpose(List1)

    Stop 'マクロの実行を中断する
End Sub
```

このプロシージャの実行結果をローカルウィンドウで確認すると、List1は縦（0～10）、横（0～20）の二次元配列で、List2は縦（1～21）、横（1～11）の二次元配列に変換されています。

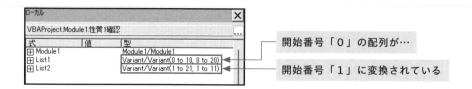

開始番号「0」の配列が…

開始番号「1」に変換されている

●性質②：要素数Nの一次元配列を縦（1〜N）、横（1〜1）の二次元配列に変換する

今度は、「0」開始の一次元配列List1を定義して、Transpose関数で転移してList2を作成します。

```
Private Sub 性質2確認()
    '開始要素番号0の一次元配列を作成
    Dim List1 As Variant
    ReDim List1(0 To 10)

    '転移する
    Dim List2 As Variant
    List2 = WorksheetFunction.Transpose(List1)

    Stop 'マクロの実行を中断する
End Sub
```

このプロシージャの実行結果をローカルウィンドウで確認すると、List1は（0〜10）の一次元配列で、List2は縦（1〜11）、横（1〜1）の二次元配列に変換されています。

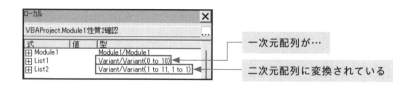

一次元配列が…

二次元配列に変換されている

なお、この処理は、先に紹介した「OutputCellArray1DVertical」プロシージャ（101ページ参照）で一次元配列を縦方向に一括出力するときに利用したテクニックになります。

●性質③：縦（1〜N）、横（1〜1）の二次元配列を要素（1〜N）の一次元配列に変換する

　次に、縦（1〜10）、横（1〜1）の二次元配列List 1を定義して、Transpose関数で転移して List 2を作成します。

```
Private Sub 性質3確認()
    '縦(1〜10)、横(1〜1)の二次元配列を作成
    Dim List1 As Variant
    ReDim List1(1 To 10, 1 To 1)

    '転移する
    Dim List2 As Variant
    List2 = WorksheetFunction.Transpose(List1)

    Stop 'マクロの実行を中断する
End Sub
```

　このプロシージャの実行結果をローカルウィンドウで確認すると、List 1は縦（1〜10）、横（1〜 1）の二次元配列で、List 2は（1〜10）の一次元配列に変換されています。

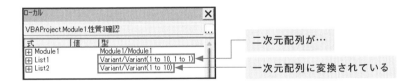

　この処理は、「Range（"A1:A10"）.Value」のように、セル範囲から一列だけ取得してきた二次元配列を一次元配列に変換するのに役立ちます。

●性質④：縦（1〜1）、横（1〜M）の二次元配列を縦（1〜M）、横（1〜1）の二次元配列に変 換する

　最後に、縦（1〜1）、横（1〜10）の二次元配列List 1を定義して、Transpose関数で転移して List 2を作成します。

```
Private Sub 性質4確認()
    '縦(1~1)、横(1~10)の二次元配列を作成
    Dim List1 As Variant
    ReDim List1(1 To 1, 1 To 10)

    '転移する
    Dim List2 As Variant
    List2 = WorksheetFunction.Transpose(List1)

    Stop 'マクロの実行を中断する
End Sub
```

このプロシージャの実行結果をローカルウィンドウで確認すると、List1は縦（1~1）、横（1~10）の二次元配列で、List2は縦（1~10）、横（1~1）の二次元配列に変換されています。

これは、二次元配列の通常通りの転移になっています。

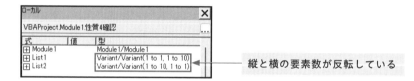

縦と横の要素数が反転している

上記の性質のように、「一次元配列」「開始要素番号は『0』」「縦横の要素数は『1』」の3つのケースでは、結果が直感的ではなくなりますので注意が必要です。

これまで見てきた通り、Transpose関数は配列を転移する関数ですが、2点だけ注意点を紹介します。もっとも、2つとも経験豊富なVBA開発者でも滅多に影響を受けないエラーですので、あくまでも豆知識として覚えてください。

1つ目の注意点は、Transpose関数は日付型（Date型）の要素は文字列型（String型）に変換してしまうことです。そのため、配列を利用して「日付型の演算」を行う場合は、注意が必要になります。

2つ目の注意点は、Transpose関数は扱える配列の要素数に上限がある点です。

この上限は65536(=2^16)で、これを超えると正しく変換できませんので注意してください。

Column 説明をしっかり記載する

作成する汎用プロシージャは、後で思い出しやすいようにするために、説明もしっかりと記載するようにしてください。

説明として記載する内容は次のとおりです。

● 処理内容の説明
● 作成した日付（本書で紹介する汎用プロシージャでは省略している）
● 参考にしたURLや情報源（ある場合）
● 引数の説明
● 返り値の説明（Functionプロシージャの場合）

具体例として二次元配列の指定列を消去する汎用プロシージャ「DeleteColArray2D」の説明を紹介します。

```
Public Function DeleteColArray2D(ByRef Array2D As Variant, _
                                 ByRef DeleteCol As Long) _
                                                As Variant
'二次元配列の指定列を消去した二次元配列を出力する

'引数
'Array2D   ・・・二次元配列
'DeleteCol・・・消去する列番号

'返り値
'指定列が消去された二次元配列
```

なお、説明は処理内容が理解できれば十分ですので、くどい説明は避けて最小限の内容にするのが望ましいでしょう。

また、本書ではプロシージャの説明はプロシージャヘッダー（Public Sub ***　などプロシージャを宣言している行）の下側に記載するようにしていますが、これはプロシージャヘッダーの上側に記載してもなんら問題はありません。

ただし、コーディングにおいて大切なのは一貫性ですので、汎用プロシージャを追加していくときに、上下どちらに説明を記載するかだけはしっかりと自身のルールを決めてください。

そして、筆者は慣例的に下側に記載するようにしています。

7-2 入力、処理、出力のルール

プロシージャ内の処理は「入力」「処理」「出力」の3段階のタスクが基本となります。そして、それぞれのタスクにおいて「処理内容をまとめる」ことが重要です。

本節では、この「入力」「処理」「出力」の3段階のルールを汎用プロシージャの例と、一般的なプログラミングに分けて説明します。

7-2-1 汎用プロシージャにおけるルール

ここでは、実際に汎用プロシージャ「DeleteColArray2D」のコード全体を確認しながら説明します。

●入力
引数で「Array2D」と「DeleteCol」が渡されてくるのと、この引数が正しく処理できるものかをチェックする処理です。

●処理
実際に指定列を消去された二次元配列を作成する処理です。

●出力
返り値を格納する処理です。

```
Public Function DeleteColArray2D(ByRef Array2D As Variant, _
                        ByRef DeleteCol As Long) _
                                    As Variant
'二次元配列の指定列を消去した二次元配列を出力する

'引数
'Array2D  ・・・二次元配列
'DeleteCol・・・消去する列番号

'返り値
'指定列が消去された二次元配列
```
▼次ページへ

▼前ページから

```
'入力(引数チェック)
Call CheckArray2D(Array2D)
Call CheckArray2DStart1(Array2D)

Dim N As Long: N = UBound(Array2D, 1) '行数
Dim M As Long: M = UBound(Array2D, 2) '列数

If DeleteCol < 1 Then
    MsgBox "削除する列番号は1以上の値を入れてください", _
            vbExclamation
    Stop
    Exit Function
ElseIf DeleteCol > M Then
    MsgBox "削除する列番号は元の二次元配列の列数" &_
            M & "以下の値を入れてください", _
            vbExclamation
    Stop
    Exit Function
End If

'処理
Dim I       As Long
Dim J       As Long
Dim K       As Long
Dim Output As Variant: ReDim Output(1 To N, 1 To M - 1)
For I = 1 To N
    K = 0
    For J = 1 To M
        If J <> DeleteCol Then
            K = K + 1
            Output(I, K) = Array2D(I, J)
        End If
    Next J
Next I

'出力
DeleteColArray2D = Output

End Function
```

入力

処理

出力

上記のように「入力」「処理」「出力」の3段階で汎用プロシージャを構築するようにすれば、一貫性のあるコードにすることができます。

この例はFunctionプロシージャの場合でしたが、返り値がないSubプロシージャでは「入力」「処理」のみの場合もあります。

7-2-2 プログラミング全般におけるルール（その1）

この「入力」「処理」「出力」の3段階のルールは、汎用プロシージャに限らず、プログラミング全体において基本的なルールとして覚えておく必要があります。

簡単な例で、C列に「A列の値+B列の値」を出力する処理を記述します。ワークシート上では次の図のような処理になります。

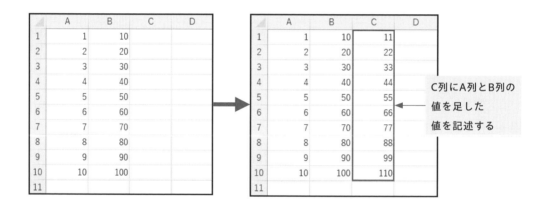

次の「入力処理出力がバラバラの例」プロシージャを見てください。

```
Private Sub 入力処理出力がバラバラの例()
'C列に(A列の値)+(B列の値)を出力する

    Dim I As Long
    For I = 1 To 10
        Cells(I, 3).Value = Cells(I, 1).Value + Cells(I, 2).Value
    Next I
End Sub
```

「入力処理出力がバラバラの例」プロシージャでは次の1行で「入力」「処理」「出力」を行っています。

```
Cells(I, 3).Value = Cells(I, 1).Value + Cells(I, 2).Value
```

この1行を10回ループしているので、この「入力」「処理」「出力」を10回繰り返していることになります。

この記述はVBAの教科書では初心者向けとして頻繁に登場するコードです。理由としては初心者にわかりやすいからです。

このような処理を、本書では区別するために「セルtoセル」と呼ぶようにします。

「セルtoセル」コードは、ワークシートを眺めながらデバッグすれば随時変化が確認できるので、その点でも初心者にはわかりやすいというメリットがあります。

しかし、このような単純な表なら問題ないのですが、注文書、請求書などのように、出力先の帳票がバラバラに配置されると複雑な処理が要求され、途端に可読性が落ちてしまいます。

では、次に「入力」「処理」「出力」のルールに沿ったコードを紹介します。

以下の「入力処理出力がしっかりしている場合」プロシージャでは、次のようにコーディングされています。

● **入力**

A,B列を配列に格納する処理です。

● **処理**

出力する配列の各要素にA,B列の配列の各要素から計算したものを格納する処理です。

● **出力**

C列に出力する配列を一括で出力する処理です。

```
Private Sub 入力処理出力がしっかりしている場合()
'C列に(A列の値)+(B列の値)を出力する

                                        ▼次ページへ
```

```vba
'入力                                           ▼前ページから
Dim N As Long: N = 10 '行数を指定
Dim ListA As Variant
ListA = Range("A1").Resize(N, 1).Value 'セル範囲から値取得
Dim ListB As Variant
ListB = Range("B1").Resize(N, 1).Value 'セル範囲から値取得       入力

'二次元配列から一次元配列に変換
ListA = WorksheetFunction.Transpose(ListA)
ListB = WorksheetFunction.Transpose(ListB)

'処理
Dim Output As Variant: ReDim Output(1 To N)
Dim I       As Long
For I = 1 To N                                                処理
    Output(I) = ListA(I) + ListB(I)
Next

'出力
'C1基準に一括出力                                              出力
Call OutputCellArray1DVertical(Output, Range("C1"))

'もしくは
'Range("C1").Resize(N, 1).Value = _
WorksheetFunction.Transpose(Output)
End Sub
```

この処理は、長くて初心者には敷居が高いかもしれませんが、次のようなメリットがあります。

メリット①：各段階で処理を分割できるので部品化しやすい
メリット②：デバッグ時にローカルウィンドウでまとめて値を確認しやすい
メリット③：処理が高速化できる

では、さらに踏み込んで各メリットの詳細について説明しましょう。

●メリット①：各段階で処理を分割できるので部品化しやすい

実際に「入力処理出力がしっかりしている場合」プロシージャでは、出力時に7-1（101ページ

参照）で紹介した「OutputCellArray1DVertical」プロシージャを利用しています。

　また、よく観察すると「処理」の部分も部品化して汎用プロシージャにまとめられそうです。

　そこで、実際に2つの一次元配列の各要素を加算した一次元配列を生成する「MultArray1D」という汎用プロシージャを作ってみます。

```vba
Public Function MultArray1D(ByRef Array1D1 As Variant, _
                            ByRef Array1D2 As Variant) _
                            As Variant
'2つの一次元配列の各要素を加算する

'引数
'Array1D1・・・一次元配列
'Array1D2・・・一次元配列

'出力
'2つの一次元配列の各要素を加算した値が格納された一次元配列

    '入力(引数チェック)
    If UBound(Array1D1, 1) <> UBound(Array1D2, 1) Then
        MsgBox "入力する2つの一次元配列の要素数は一致させてください", _
               vbExclamation
        Stop
        Exit Function
    End If

    '処理
    Dim N      As Long: N = UBound(Array1D1, 1)
    Dim Output As Variant: ReDim Output(1 To N)
    Dim I      As Long
    For I = 1 To N
        Output(I) = Array1D1(I) + Array1D2(I)
    Next I

    '出力
    MultArray1D = Output

End Function
```

入力

処理

出力

この「MultArray1D」プロシージャを利用すれば、「入力処理出力がしっかりしている場合」プロシージャは次のようにコードを変更できます。

```
Private Sub 入力処理出力がしっかりしている場合()
'C列に(A列の値)+(B列の値)を出力する

    '入力
    Dim N As Long: N = 10 '行数を指定
    Dim ListA As Variant
    ListA = Range("A1").Resize(N, 1).Value 'セル範囲から値取得
    Dim ListB As Variant                                          入力
    ListB = Range("B1").Resize(N, 1).Value 'セル範囲から値取得

    '二次元配列から一次元配列に変換
    ListA = WorksheetFunction.Transpose(ListA)
    ListB = WorksheetFunction.Transpose(ListB)

    '処理                                                          処理
    Dim Output As Variant: Output = MultArray1D(ListA, ListB)

    '出力                                                          出力
    Call OutputCellArray1DVertical(Output, Range("C1")) 'C1基準に一括出力

    'もしくは
    'Range("C1").Resize(N, 1).Value = _
    WorksheetFunction.Transpose(Output)
End Sub
```

このように、部品化した汎用プロシージャは、また別の開発で利用できるようになります。こうやって「部品を増やしやすく」、また、「部品を利用しやすく」するのがコツです。

●メリット②：デバッグ時にローカルウィンドウでまとめて値を確認しやすい

「入力処理出力がしっかりしている場合」プロシージャの

```
    For I = 1 To N
```

をブレークポイント（[F9]キー）で止めてデバッグさせたとき、ローカルウィンドウを見ると「ListA」「ListB」の要素が一気に確認できます。

　「処理」の段階に入る前、もしくはその過程で値の確認ができるので、デバッグがしやすいという利点があります。

　ただし、この利点は一次元配列の場合であって、二次元配列や連想配列は中身の確認がローカルウィンドウでは表示しづらいので、別に中身確認用の汎用プロシージャを用意する必要があります。実際に用意している汎用プロシージャ「DPA」を第10章で紹介します。

```
Private Sub 入力処理出力がしっかりしている場合()
'C列に(A列の値)+(B列の値)を出力する

    '入力
    Dim N As Long: N = 10 '行数を指定
    Dim ListA As Variant
    ListA = Range("A1").Resize(N, 1).Value 'セル範囲から値取得      入力
    Dim ListB As Variant
    ListB = Range("B1").Resize(N, 1).Value 'セル範囲から値取得

    '二次元配列から一次元配列に変換
    ListA = WorksheetFunction.Transpose(ListA)
    ListB = WorksheetFunction.Transpose(ListB)

    '処理
    Dim Output As Variant: ReDim Output(1 To N)
    Dim I       As Long        ここでマクロを止めてローカルウィンドウで確認する
    Stop                                  （次ページの図参照）          処理
    For I = 1 To N
        Output(I) = ListA(I) + ListB(I)
    Next

    '出力
    Call OutputCellArray1DVertical(Output, Range("C1")) 'C1基準に一括出力   出力

    'もしくは
    'Range("C1").Resize(N, 1).Value = _
    WorksheetFunction.Transpose(Output)
End Sub
```

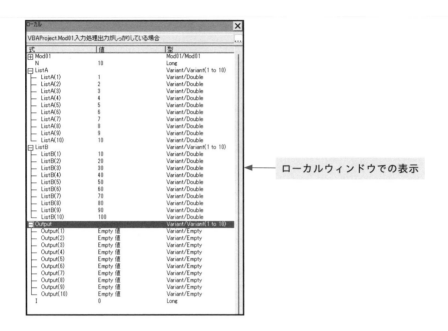

ローカルウィンドウでの表示

●メリット③：処理が高速化できる

　VBAの処理において「セルとVBA間」の情報の入出力は時間を要する処理になります。そこで、この時間がわかりやすいように、「入力処理出力がバラバラの例」プロシージャと「入力処理出力がしっかりしている場合」プロシージャで処理件数（行数）を10,000件まで増やして時間を計測して検証してみます。

　それぞれのプロシージャの実行開始時に変数「StartTime」に時間を格納して、実行終了時に現在時刻と「StartTime」から時間（秒数）を計算して、イミディエイトウィンドウに処理時間を表示しています。

```
Private Sub 入力処理出力がバラバラの例()
'C列に(A列の値)+(B列の値)を出力する

    Dim StartTime As Double: StartTime = Timer

    Dim I As Long
    For I = 1 To 10000
        Cells(I, 3).Value = Cells(I, 1).Value + Cells(I, 2).Value
    Next I                                                    ▼次ページへ
```

▼前ページから

```
    Debug.Print "処理時間(入力処理出力がバラバラの例):" & Timer - StartTime
End Sub
```

```
Private Sub 入力処理出力がしっかりしている場合()
'C列に(A列の値)+(B列の値)を出力する

    Dim StartTime As Double: StartTime = Timer

    '入力
    Dim N As Long: N = 10000 '行数を指定
    Dim ListA As Variant
    ListA = Range("A1").Resize(N, 1).Value 'セル範囲から値取得
    Dim ListB As Variant
    ListB = Range("B1").Resize(N, 1).Value 'セル範囲から値取得

    '二次元配列から一次元配列に変換
    ListA = WorksheetFunction.Transpose(ListA)
    ListB = WorksheetFunction.Transpose(ListB)

    '処理
    Dim Output As Variant: ReDim Output(1 To N)
    Dim I        As Long
    For I = 1 To N
        Output(I) = ListA(I) + ListB(I)
    Next

    '出力
    Call OutputCellArray1DVertical(Output, Range("C1")) 'C1基準に一括出力

    'もしくは
    'Range("C1").Resize(N, 1).Value = _
     WorksheetFunction.Transpose(Output)

    Debug.Print "処理時間(入力処理出力がしっかりしている場合):" & _
                Timer - StartTime
End Sub
```

入力

処理

出力

それぞれのプロシージャのイミディエイトウィンドウへの出力結果は次のようになります。

```
イミディエイト
処理時間(入力処理出力がバラバラの例):1.1328125
処理時間(入力処理出力がしっかりしている場合):0.0234375
```

「入力処理出力がバラバラの例」プロシージャでは約1.13秒、「入力処理出力がしっかりしている場合」プロシージャでは約0.02秒で、その差は50倍ほどになります。PCのスペックなどで結果は変わりますが、概ねこの差の傾向は変わりません。

このように差が生じるのは「入力処理出力がバラバラの例」プロシージャでは「セルtoセル」コードでセルとVBA間の入出力処理を頻繁に行っているためです。

具体的に、以下の処理で3回分の「セルとVBA間」の入出力を10,000回繰り返しているので合計30,000回行っていることになります。

```
For I = 1 To 10000
    Cells(I, 3).Value = Cells(I, 1).Value + Cells(I, 2).Value
Next I
```

対して、「入力処理出力がしっかりしている場合」プロシージャでは、「セルとVBA間」の「入力」においては

```
ListA = Range("A1").Resize(N, 1).Value
ListB = Range("B1").Resize(N, 1).Value
```

の2回、「出力」は

```
Call OutputCellArray1DVertical(Output, Range("C1"))
```

の1回のみに抑えています。

この「セルとVBA間」の入出力の回数を減らすことが処理速度の高速化に繋がっています。

この例では数秒以内の違いでしたが、処理がもっと複雑になると1つの処理に数分かかってしまうマクロを開発してしまう原因になります。

また、マクロの動作が遅くなるだけでなく、時間を要するマクロはデバッグや動作確認に時間を要してしまうので、結果的に非効率な開発に繋がってしまいます。

7-2-3 プログラミング全般におけるルール (その2)

では、前項7-2-2に続いて、もう一つ実務に近い内容で例を示します。

ここでは、注文データから、対象の会社名での請求書を自動作成する処理をVBAで記述してみましょう。

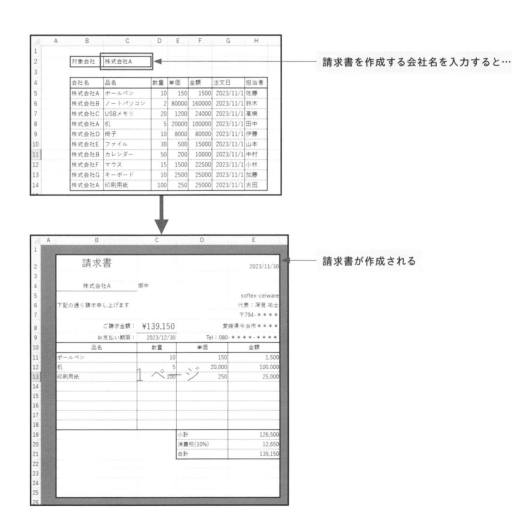

請求書を作成する会社名を入力すると…

請求書が作成される

こうしたケースで、まずは「入力」「処理」「出力」のルールを無視して「セルtoセル」で記述した場合を見てみましょう。

次の「**請求書作成_ルール無視**」プロシージャです。

```
Public Sub 請求書作成_ルール無視()
    '会社名の転記
    Sh02_請求書.Range("B4").Value = Sh01_注文データ.Range("C2").Value


    '品名、数量、単価、金額の転記
    Dim I As Long
    Dim K As Long: K = 0
    For I = 1 To 10
        If Sh01_注文データ.Cells(4 + I, 2).Value = _
        Sh01_注文データ.Range("C2").Value Then
        K = K + 1
        Sh02_請求書.Cells(10 + K, 2).Value = _
        Sh01_注文データ.Cells(4 + I, 3).Value '品名

        Sh02_請求書.Cells(10 + K, 3).Value = _
        Sh01_注文データ.Cells(4 + I, 4).Value '数量

        Sh02_請求書.Cells(10 + K, 4).Value = _
        Sh01_注文データ.Cells(4 + I, 5).Value '単価

        Sh02_請求書.Cells(10 + K, 5).Value = _
        Sh01_注文データ.Cells(4 + I, 6).Value '金額
        End If
    Next I
End Sub
```

一方で、「入力」「処理」「出力」のルール通りに記述した場合が、次の「**請求書作成_ルール通り**」プロシージャです。

```
Public Sub 請求書作成_ルール通り()
    '入力
    Dim Str_対象会社名   As String
    Str_対象会社名 = Sh01_注文データ.Range("C2").Value
    Dim List_注文データ As Variant
    List_注文データ = Sh01_注文データ.Range("B5:H14").Value

    '処理
    Dim Output As Variant: ReDim Output(1 To 8, 1 To 4)
    Dim I       As Long
    Dim K       As Long: K = 0
    For I = 1 To UBound(List_注文データ, 1)
        If List_注文データ(I, 1) = Str_対象会社名 Then
            K = K + 1
            Output(K, 1) = List_注文データ(I, 2) '品名
            Output(K, 2) = List_注文データ(I, 3) '数量
            Output(K, 3) = List_注文データ(I, 4) '単価
            Output(K, 4) = List_注文データ(I, 5) '金額
        End If
    Next I

    '出力
    Sh02_請求書.Range("B4").Value = Str_対象会社名
    Call OutputCellArray2D(Output, Sh02_請求書.Range("B11"), False)
End Sub
```

入力

処理

出力

　この2つのプロシージャを比較すると、「ルール通り」は「ルール無視」に比べて次のようなメリットがあります。

メリット①：可読性が高い
メリット②：柔軟性が高い（シートのフォーマット変更に対応しやすい）
メリット③：部品化しやすい

以下、これらのメリットについて詳しく説明します。

●メリット①：可読性が高い

「ルール無視」ではセル値の参照でCellsプロパティを利用していますが、

```
Sh01_注文データ.Cells(4 + I, 2)
Sh02_請求書.Cells(11 + K, 2)
```

などは、「I」「K」などの変数が変化したときにどのセルに当たるのかを考えながら追うのが大変になります。

対して「ルール通り」ではCellsプロパティは利用しておらず、セルの参照はRangeプロパティのみなので、どのセルを参照しているのかがわかりやすくなっています。

●メリット②：柔軟性が高い（シートのフォーマット変更に対応しやすい）

たとえば、次のように請求書のフォーマットが変更されたとします。

Mailの行が追加された

第7章

汎用プロシージャの作成ルール

このケースでは、「ルール無視」の場合はCellsプロパティで参照している4か所を変更する必要性が出てきます。

```
Public Sub 請求書作成_ルール無視()
    '会社名の転記
    Sh02_請求書.Range("B4").Value = Sh01_注文データ.Range("C2").Value

    '品名、数量、単価、金額の転記
    Dim I As Long
    Dim K As Long: K = 0
    For I = 1 To 10
        If Sh01_注文データ.Cells(4 + I, 2).Value = _
            Sh01_注文データ.Range("C2").Value Then
            K = K + 1
            Sh02_請求書.Cells(11 + K, 2).Value = _
            Sh01_注文データ.Cells(4 + I, 3).Value  '品名

            Sh02_請求書.Cells(11 + K, 3).Value = _
            Sh01_注文データ.Cells(4 + I, 4).Value  '数量

            Sh02_請求書.Cells(11 + K, 4).Value = _
            Sh01_注文データ.Cells(4 + I, 5).Value  '単価

            Sh02_請求書.Cells(11 + K, 5).Value = _
            Sh01_注文データ.Cells(4 + I, 6).Value  '金額
        End If
    Next I
End Sub
```

変更箇所が4つある

対して「ルール通り」の場合は、出力において1セルだけ基準を指定しているので、次のように変更箇所は1つで済みます（入力と処理を行っているコードはまったく変更がないので掲載は省略します）。

```
Public Sub 請求書作成_ルール通り()

    'ここに「入力」と「処理」を行うコードを記述する

    '出力
    Sh02_請求書.Range("B4").Value = Str_対象会社名
    Call OutputCellArray2D(Output, Sh02_請求書.Range("B12"), False)
End Sub
```

変更箇所はこの１つだけ

　以上は簡単なフォーマットの変更を例に採りましたが、現実はもっと複雑な変更が生じる場合も多々あります。

　また、「ルール無視」の場合は「セルを参照しているステートメント」が点在しているため、参照先のセルが変わった場合は変更箇所を探す手間が発生します。

　対して、「ルール通り」であればセルを参照しているのは「入力」「出力」の段階に限られるので、変更箇所を探すのが容易になります。

●メリット③：部品化しやすい

　前項7-2-2でも解説しましたが、今回の場合でも部品化を考えてみます。

　ということで、部品化できそうなところに目星を付けてみます。

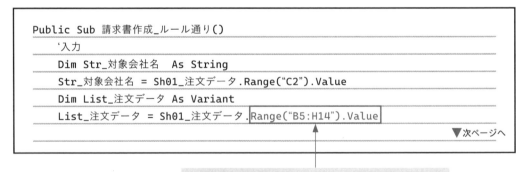

```
Public Sub 請求書作成_ルール通り()
    '入力
    Dim Str_対象会社名  As String
    Str_対象会社名 = Sh01_注文データ.Range("C2").Value
    Dim List_注文データ As Variant
    List_注文データ = Sh01_注文データ.Range("B5:H14").Value
                                                    ▼次ページへ
```

注文データの件数が変わっても対応できるようにする

```
'処理
Dim Output As Variant: ReDim Output(1 To 8, 1 To 4)
Dim I        As Long
Dim K        As Long: K = 0
For I = 1 To UBound(List_注文データ, 1)
    If List_注文データ(I, 1) = Str_対象会社名 Then
        K = K + 1
        Output(K, 1) = List_注文データ(I, 2) '品名
        Output(K, 2) = List_注文データ(I, 3) '数量
        Output(K, 3) = List_注文データ(I, 4) '単価
        Output(K, 4) = List_注文データ(I, 5) '金額
    End If
Next I

'出力
Sh02_請求書.Range("B4").Value = Str_対象会社名
Call OutputCellArray2D(Output, Sh02_請求書.Range("B12"), False)
End Sub
```

▼前ページから

会社名で抽出する
「品名」～「金額」

「List_注文データ」の取得は、「B5:H14」の範囲で件数は10件と固定しています。しかし、実務ではこの件数が変動するという修正はたびたび発生します。そこで、この変動に対応する処理に変更しつつ部品化します。

もう一つ、「処理」の段階は「List_注文データ」の二次元配列を会社名で抽出して、列を2行目の品名から5行目の金額までで抽出していますが、この処理も部品化すると次の「請求書作成_ルール通り_部品化」プロシージャのようになります。

ちなみに、「請求書作成_ルール通り_部品化」プロシージャでは、「GetCellArea」「FilterArray2D」「ExtractArray2D」の3つの汎用プロシージャを使用していますが、この3つのFunctionプロシージャの内容は第8章で解説しますので、ここでは「部品化すると開発効率が大幅に上がる」ことが実感できればそれで十分です。

では、「請求書作成_ルール通り_部品化」プロシージャを見てください。

第7章

汎用プロシージャの作成ルール

```
Public Sub 請求書作成_ルール通り_部品化()
    '入力
    Dim Str_対象会社名  As String
    Str_対象会社名 = Sh01_注文データ.Range("C2").Value

    Dim Cell_注文データ As Range
    Set Cell_注文データ = _
        GetCellArea(StartCell:=Sh01_注文データ.Range("B5"), _
                    ColCount:=7, _
                    StartRow:=2)
    Dim List_注文データ As Variant
    List_注文データ = Cell_注文データ.Value

    '処理
    Dim Output As Variant
    '会社名で抽出
    Output = FilterArray2D(Array2D:=List_注文データ, _
                    Filter_:=Str_対象会社名, _
                    Col:=1, _
                    Condition:=vbと等しい)

    '品名～金額の列を抽出
    Output = ExtractArray2D(Array2D:=Output, _
                    StartCol:=2, _
                    EndCol:=5)

    '出力
    Sh02_請求書.Range("B4").Value = Str_対象会社名
    Dim OutCell As Range: Set OutCell = Sh02_請求書.Range("B12")
    OutCell.Resize(8, 4).Value = "" '出力前の初期化
    Call OutputCellArray2D(Output, OutCell, False)
End Sub
```

> この部分を部品化している

このような部品化されたプロシージャを開発するためには、当然ですが各Functionプロシージャを先に作成しなければなりません。そして、この「先に作成する」という作業を億劫に感じて、「毎回一から開発する億劫な作業」をするVBA開発者は数多くいます。

しかし、同じく「億劫」なのであれば、「一度だけ先に作成し、あとはその部品化プロシージャを毎回呼び出すだけ」という開発のほうが効率的であることは論をまちません。

さらに知っておきたい
VBA開発の
超効率化テクニック

第8章

汎用プロシージャの紹介

本章では、筆者が実際にVBA開発のために用意している
1800個ほどの汎用プロシージャの中から
特に重用するものを紹介します。
8-1で開発用アドイン（第6章参照）の実際の構成を解説し、
8-2以降でその中に用意している汎用プロシージャの中で
特に便利なものを抜粋して紹介します。

8-1 開発用アドインのモジュール分類の例

　実際の汎用プロシージャを紹介する前に、筆者がどのように大量の汎用プロシージャを整理しているかを説明します。

　第4章の命名規則でも少し触れましたが、開発用アドイン内の汎用プロシージャは、種類別に標準モジュール内に記述し、それぞれの標準モジュールは「Mod＊＊＊」の名前にします。

　筆者が実際に開発用アドインで用意している標準モジュール一覧は、次のようになっています。それぞれの標準モジュールの役割についての説明は割愛しますが実際の命名の例として参考にしてください。

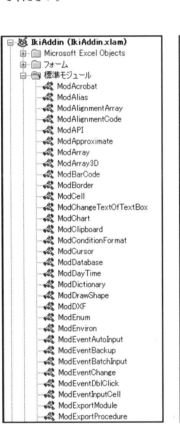
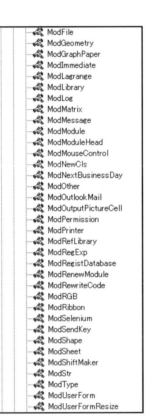

ModVBIDE	
ModWebAPI	
ModWord	
ModWSFunction	
ModWSOpen	

　なお、第6章では「アドイン」と呼んでいたものは、これ以降「開発用アドイン」と呼ぶことにします。

では、この中から代表的なものに絞って説明します。実際にみなさんが開発用アドインに汎用プロシージャを構築していくときの分類の例として参考にしてください。

ModArray	配列の処理関連（8-2で紹介）
ModBorder	罫線の処理関連
ModCell	セルの処理関連（8-3で紹介）
ModChart	グラフの処理関連
ModClipboard	クリップボード操作関連
ModConditionFormat	条件付き書式の操作関連
ModDayTime	日付操作関連
ModDictionary	連想配列処理関連
ModDrawShape	図形描画関連
ModFile	ファイル操作関連（8-4で紹介）
ModImmediate	イミディエイトウィンドウ活用関連
ModOutlookMail	Outlookの自動操作関連
ModRGB	色操作関連
ModRibbon	リボン登録マクロ
ModSelenium	Selenium操作関連
ModShape	図形操作関連
ModSheet	シート操作関連
ModStr	文字列操作関連
ModUserForm	ユーザーフォーム操作関連
ModWord	Word操作関連

なお、次節8-2以降、数多くのプロシージャが登場しますが、中にはあらかじめ「ライブラリの参照設定」をしておかなければ動作しないものもあります。

「ライブラリの参照設定」については9-1（250ページ参照）で詳しく解説していますので、必要に応じて第9章を読んでから本章のプロシージャの理解に努めてください。

同様に、次節8-2以降のプロシージャの一部で登場する「Enum」「ParamArray」「Static」についても第9章で補足解説をしています。

8-2 配列処理関係汎用プロシージャ

　ここでは、前節8-1で紹介した標準モジュールの中の配列処理関係「ModArray」の中に用意している汎用プロシージャを紹介します。

　前提として認識していただきたいのは、**VBAは他言語に比べて配列処理関係のライブラリが非常に乏しい**という点です。たとえば、pythonでは配列型（List型）はオブジェクトとして要素追加、抽出、並び替えなどが容易に記述できますし、統計用のライブラリとしてnumpyを利用することもできます。

　一方のVBAは、ワークシート関数（WorksheetFunctionオブジェクト）が使えますが、渡せる引数はRange型のみで配列が使えないものもあり、VBAだけで配列処理を行うのは心もとないのが実情です。

　しかし、7-2-2（112ページ参照）で説明したとおり、配列処理を行うためにVBAとワークシート間で値の往来を繰り返すと処理が遅くなり、またコードの可読性が下がります。

　また、ワークシート上に値を出力した時点でセルの表示形式に影響されて要素の型の保持が保証されないリスクも伴います。

　こうした点を考慮して**配列処理をVBAでも行えるようにライブラリを用意しておく**と、可読性の向上と開発の効率化に繋がります。

　次表は、筆者が実際に配列処理用で用意している汎用プロシージャの一覧です。すべてを把握する必要はありませんが、第4章の命名規則の実際の例として参考にしてください。

　なお、8-2-1以降に特に使用頻度が高いものだけを紹介します。

名前	説明	紹介
AddNumColForArray2D	二次元配列に連番の列を追加する	
AddStrArray1D	一次元配列の各要素に文字列を結合する	
AddStrArray2D	二次元配列の指定列の各要素に文字列を結合する	
AddValueArray1D	一次元配列の各要素に数値を加算する	
AddValueArray2D	二次元配列の各要素に数値を加算する	
ArrayStart1	Array関数は0開始になってしまうので、1開始の一次元配列を作成するための代替関数	
CalAveArray2D_UD	二次元配列を上下方向に平均を計算して一次元配列を返す	
ChangeStartIndexArray2D	二次元配列の開始要素番号を変更する	
CheckArray1D	引数が一次元配列かどうかチェックする	○
CheckArray1DStart1	引数の一次元配列の開始要素番号が1かチェックする	○
CheckArray2D	引数が二次元配列かどうかチェックする	○

第8章　汎用プロシージャの紹介

CheckArray2DStart1	引数の二次元配列の開始要素番号が1かチェックする	○
ClipCopyArray1D	一次元配列をワークシート上に貼り付けられるようにクリップボードに格納する	
ClipCopyArray2D	二次元配列をワークシート上に貼り付けられるようにクリップボードに格納する	
ConcatArray1D	一次元配列の中の要素を結合する	
ConcatValueLR_Array2D	二次元配列の各要素を左右方向に結合して一次元配列として出力する	
ConvArray1D_Start1	一次元配列の開始要素番号を1に変換する	
ConvArray1DtoStr	一次元配列の各要素を改行で結合して文字列に変換する	
ConvErrorToBlankArray1D	一次元配列の中にエラー値が含まれていた場合に空白に変換する	
ConvErrorToBlankArray2D	二次元配列の中にエラー値が含まれていた場合に空白に変換する	
ConvFormatArray1D	一次元配列の各要素の表示形式を変更する	
ConvFormatArray2D	二次元配列の各要素の表示形式を変更する	
ConvFormatArray2D_Col	二次元配列の特定列の各要素の表示形式を変更する	
ConvStrArray1D	一次元配列の文字列を指定された変換タイプで変換する	
ConvStrArray2D	二次元配列の文字列を指定された変換タイプで変換する	
ConvValueArray1D	1変数を要素数1の一次元配列に変換する	
ConvValueArray2D	1変数を要素数(1,1)の一次元配列に変換する	
ConvVarTypeArray1D	一次元配列の各要素の型を変換する	○
ConvVarTypeArray2D	二次元配列の各要素の型を変換する	
ConvVarTypeArray2D_Col	二次元配列の指定列の各要素の型を変換する	○
CountIfArray	WorksheetFunction.CountIfが引数にセルオブジェクトしか使えないので、配列が代入できるように代替関数	
DeleteColArray2D	二次元配列の特定列を消去する	○
DeleteConsecutiveValuesArray2D	二次元配列で連続する値の列を消去する	
DeleteRowArray1D	一次元配列の特定要素番号を消去する	○
DeleteRowArray2D	二次元配列の特定行を消去する	○
DimArray1DCollection	各要素にCollection型が入った一次元配列を定義する	
DimArray1DNumbers	連番の一次元配列を作成する	○
DimArray1DSameValue	同じ値の要素が入った一次元配列を生成する	
DimArray2DSameValue	同じ値の要素が入った二次元配列を生成する	
DivideArray1DbyCount	一次元配列の特定個数を指定して分割した一次元配列を作成する	
DivideArray2DCol	二次元配列を各列で分割して、列数分の一次元配列を作成する	
DivideArray2DRow	二次元配列を各行で分割して、行数分の一次元配列を作成する	
DivideArray2DRowbyCount	二次元配列の特定行数を指定して分割した二次元配列を作成する	

第8章

汎用プロシージャの紹介

ExpandArray1D	一次元配列の要素数を拡張する	
ExpandArray2DCol	二次元配列を列方向に拡張する	○
ExpandArray2DRow	二次元配列を行方向に拡張する	○
ExtractArray1D	一次元配列の特定範囲を一次元配列として抽出する	
ExtractArray2D	二次元配列の特定範囲を二次元配列として抽出する	○
ExtractColArray2D	二次元配列の特定列を一次元配列として抽出する	○
ExtractColsArray2D	二次元配列の指定された複数の列番号に従って、新しい二次元配列を作成するプロシージャ	
ExtractRowArray2D	二次元配列の特定行を一次元配列として抽出する	○
F_Max	WorksheetFunction.Maxでは日付型が正しく処理できないので代替	
FillValueArray1DBlank	一次元配列の空白の要素を特定の値で埋める	
FillValueArray2DBlank	二次元配列の空白の要素を特定の値で埋める	
FillValueArray2DLower	二次元配列の空白の要素を1つ上の要素と同じにする	
FillValueArray2DRight	二次元配列の空白の要素を1つ左の要素と同じにする	
FilterArray1D	一次元配列をフィルター処理する	
FilterArray2D	二次元配列を特定列でフィルター処理する	○
FilterDeleteArray2D	二次元配列の特定列をフィルター処理して、該当した列を消去する	
FilterUniqueArray2D	二次元配列の特定列で重複を消去する	
FindRowArray2D	二次元配列の指定列において文字列を探索して、見つかった行番号を出力する	
FindTextInColOfArray2D	二次元配列の1行目で特定文字を探索して、見つかった行番号を返す	
FindValueFromArray1D_ByKeys	一次元配列の中の文字を複数の文字の連続を条件として探索して、連続した文字の最後の文字のインデックス番号を取得する	
FlattenArray2D	二次元配列を平滑化して一次元配列にする	
GetArray1DFromArray1DAndDict	Array1Dの各要素がDictのKeyに含まれていたらそのItemを取得し、それぞれのItemが格納された一次元配列を出力する	
GetArray1DFromCollectionItem	Collection型変数の各Itemを一次元配列に格納して返す	
GetDimensionArray	配列の次元を計算する	○※第10章
GetEndValueOfArray1D	一次元配列の最後の要素の値を返す	
GetRandValueFromArray	入力した配列から、その中の要素をランダムに返す	
GetRandValueFromArray1DByRatio	一次元配列の要素を出現割合に基づいてランダムに返す	
GetRankArray1D	一次元配列を並び替えた場合の順番を取得する	
GetRankArray1DByBubbleSort	バブルソートで一次元配列を並び替えたときの順番を取得する	
GetRankByTable	ランク基準テーブルをもとにValueをもとにランクを計算する	
InsertArray1D	一次元配列の指定列に空の要素を挿入する	

InsertColArray2D	二次元配列の指定列の後ろに1列の空を挿入する	○
InsertColsArray2D	二次元配列の各列に指定列数の列を挿入する	
InsertRowArray2D	二次元配列の指定行の後ろに1行の空を挿入する	○
InsertRowsArray1D	一次元配列の各行に指定行数の行を挿入する	
InsertRowsArray2D	二次元配列の各行に指定行数の行を挿入する	
JudgeDiffArray1D	一次元配列同士を比較してすべての要素が等しい場合はTrue、一つでも要素が異なる場合はFalseを返す	
JudgeDiffArray2D	二次元配列同士を比較してすべての要素が等しい場合はTrue、一つでも要素が異なる場合はFalseを返す	
MakeCountTableBy2Array1D	2つの一次元配列より個数の集計表を作成する	
MakeCountTableByGroupArray2D	二次元配列と一次元配列から個数の集計表を作成する	
MakeRand123Array1D	要素数に合わせて1,2,3の連番がランダムに配置された一次元配列を作成する	
MakeSumTableBy2Array1D	2つの一次元配列より合計の集計表を作成する	
MakeSumTableByGroupArray2D	二次元配列と一次元配列から合計の集計表を作成する	
MoveColArray2D	二次元配列の特定列を特定列へ移動する	
MoveRowArray1D	一次元配列の特定要素番号を特定の要素番号へ移動する	
MoveRowArray2D	二次元配列の特定行を特定行へ移動する	
MultValueArray1D	一次元配列の各要素に数値を乗算する	
MultValueArray2D	二次元配列の各要素に数値を乗算する	
OverwriteArray1D	一次元配列の指定位置を基準に別の一次元配列で上書きする	
OverwriteArray2D	二次元配列の指定位置を基準に別の二次元配列で上書きする	○
OverwriteArray2DSameValue	二次元配列の指定範囲を同じ要素で上書きする	
ReplaceArray1D	一次元配列の特定要素番号と特定要素番号を入れ替える	
ReplaceColArray2D	二次元配列の特定列と特定列を入れ替える	
ReplaceRowArray2D	二次元配列の特定行と特定行を入れ替える	
ReplaceValue1D	一次元配列の各要素を特定の値で置換する	○
ReplaceValue2D	二次元配列の各要素を特定の値で置換する	○
ReplaceValue2DCol	二次元配列の特定列を対象に各要素の特定の値で置換する	○
ReverseArray1D	一次元配列を逆順にする	
ReverseArray2D_LR	二次元配列を左右方向に逆順にする	
ReverseArray2D_UD	二次元配列を上下方向に逆順にする	
SortArray1D	一次元配列を並び替える	○
SortArray1D_Merge	一次元配列をマージソートで並び替える	
SortArray1D_Quick	一次元配列をクイックソートで並び替える	
SortArray2D	二次元配列を特定の列で並び替える	○
SortArray2D_Merge	二次元配列をマージソートで並び替える	
SortArray2D_Quick	二次元配列の特定列をクイックソートで並び替える	
SortArray2Dby1D	二次元配列を別の一次元配列をもとに並び替える	

第8章

汎用プロシージャの紹介

SortBubbleArray1D	バブルソートで一次元配列を並び替える	
SortBubbleArray2D	二次元配列をバブルソートで特定列を基準に並び替える	
Split_Start1	組み込み関数のSplitは開始要素番号が0になるので、その代替で開始要素番号が1になるようなSplit関数	
SumArray2D_LR	二次元配列を左右方向に合計する	
SumArray2D_UD	二次元配列を上下方向に合計する	
Transpose1NtoArray1D	(1,N)の二次元配列を要素数Nの一次元配列に転移する	
TransposeArray1Dto1N	一次元配列を1,Nの要素の二次元配列に転移する	
TransposeArray1DtoN1	一次元配列を(N,1)の二次元配列に転移する	
TransposeArray2D	二次元配列を転移する	
TransposeN1toArray1D	(N,1)の二次元配列を要素数Nの一次元配列に転移する	○※第12章
UnionArray1D	一次元配列を結合する	
UnionArray1D_LR	同じ要素数の一次元配列を左右に結合する	○
UnionArray1D_LR_Param	2個以上の同じ要素数の一次元配列を左右に結合する	
UnionArray1D_Param	2個以上の一次元配列を結合する	
UnionArray2D_LR	同じ縦要素数の二次元配列を左右に結合する	○
UnionArray2D_UL	同じ横要素数の二次元配列を上下に結合する	○
UnionSandWichRowArray2D	二次元配列同士を挟み込むように結合する	
UniqueArray	配列の要素の重複を消去した一次元配列を返す	
UniqueArray1D	一次元配列の重複を消去する	○
UniqueArray1D_Delete Count1	一次元配列のユニーク値の一次元配列を返す個数が1個しかないものを省く	
ValueCountOfArray	配列の要素の個数を数える	

　なお、ここで紹介する各プロシージャを体験していただくための「サンプルファイル」をダウンロードしてご利用いただけます。また、本書特典の開発用アドイン「IkiKaiso.xlam」にも実装されていますので、すぐに利用するにはそちらをダウンロードしてください。

8-2-1 引数チェック用

　配列処理用の汎用プロシージャで処理対象とする配列は、一次元配列、二次元配列のみで、開始要素番号は「1」に限定しています。そして、この条件を満たしているかをチェックするための処理を汎用プロシージャにしています。

　これは、汎用プロシージャに条件を満たしていない引数が渡されたときに、すぐにエラーに気付けるようにするのが目的です。

　こうした処理は、8-2-2以降で紹介する汎用プロシージャにおいて引数チェックをする際に頻繁に使用しています。

ここで紹介する汎用プロシージャは、次のとおりです。

- ●CheckArray1D ： 配列が一次元配列かチェックする
- ●CheckArray2D ： 配列が二次元配列かチェックする
- ●CheckArray1DStart1 ： 一次元配列の開始要素番号が「1」かチェックする
- ●CheckArray2DStart1 ： 二次元配列の開始要素番号が「1」かチェックする

では、実際にコードを見てください。

●CheckArray1D ： 配列が一次元配列かチェックする

FILE 8-2-1 CheckArray.xlsm

```vba
Public Sub CheckArray1D(ByRef Array1D As Variant, _
            Optional ByRef ArrayName As String = "Array1D")
'入力配列が一次元配列かどうかチェックする

'引数
'Array1D    ・・・チェックする配列
'[ArrayName]・・・エラーメッセージで表示する時の名前

    On Error Resume Next
    Dim Dummy As Long: Dummy = UBound(Array1D, 2)
    On Error GoTo 0
    If Dummy <> 0 Then
        MsgBox ArrayName & _
            "は一次元配列を入力してください", vbExclamation
        Stop
        Exit Sub '入力元のプロシージャを確認するために抜ける
    End If

End Sub
```

●CheckArray2D ： 配列が二次元配列かチェックする

FILE 8-2-1 CheckArray.xlsm

```vba
Public Sub CheckArray2D(ByRef Array2D As Variant, _
            Optional ByRef ArrayName As String = "Array2D")
'入力配列が二次元配列かどうかチェックする
```

▼次ページへ

▼前ページから

```
'引数
'Array2D     ・・・チェックする配列
'[ArrayName]・・・エラーメッセージで表示する時の名前


    On Error Resume Next
    Dim Dummy2 As Long: Dummy2 = UBound(Array2D, 2)
    Dim Dummy3 As Long: Dummy3 = UBound(Array2D, 3)
    On Error GoTo 0
    If Dummy2 = 0 Or Dummy3 <> 0 Then
        MsgBox ArrayName & _
            “は二次元配列を入力してください”, vbExclamation
        Stop
        Exit Sub '入力元のプロシージャを確認するために抜ける
    End If

End Sub
```

●CheckArray1DStart1 ： 一次元配列の開始要素番号が「1」かチェックする

FILE 8-2-1 CheckArray.xlsm

```
Public Sub CheckArray1DStart1(ByRef Array1D As Variant, _
            Optional ByRef ArrayName As String = “Array1D”)
'入力一次元配列の開始番号が1かどうかチェックする


'引数
'Array1D     ・・・チェックする一次元配列
'[ArrayName]・・・エラーメッセージで表示する時の名前


    If LBound(Array1D, 1) <> 1 Then
        MsgBox ArrayName & _
            “の開始要素番号は1にしてください”, vbExclamation
        Stop
        Exit Sub '入力元のプロシージャを確認するために抜ける
    End If


End Sub
```

●**CheckArray2DStart1 ： 二次元配列の開始要素番号が「1」かチェックする**

FILE 8-2-1 CheckArray.xlsm

```
Public Sub CheckArray2DStart1(ByRef Array2D As Variant, _
                    Optional ByRef ArrayName As String = "Array2D")
'入力二次元配列の開始番号が1かどうかチェックする


'引数
'Array2D     ・・・チェックする二次元配列
'[ArrayName]・・・エラーメッセージで表示する時の名前


    If LBound(Array2D, 1) <> 1 Or LBound(Array2D, 2) <> 1 Then
        MsgBox ArrayName & _
            "の開始要素番号は1にしてください", vbExclamation
        Stop
        Exit Sub '入力元のプロシージャを確認するために抜ける
    End If


End Sub
```

8-2-2 要素の型変換

　ここでは、配列の各要素の変数型を一括で変換する処理を紹介します。これらは、8-2-10 (172ページ参照) で紹介する並び替え処理に関連して役に立つ汎用プロシージャです。

　文字列単体の型変換は「CStr」、「CLng」、「CDbl」、「CDate」などの組み込み関数が利用できますが、ここでは同様の処理を配列に適用します。

　紹介する汎用プロシージャは、次のとおりです。

●**ConvVarTypeArray1D ： 一次元配列の各要素の型を一括変換する**
●**ConvVarTypeArray2D_Col ： 二次元配列の指定列の各要素の型を一括変換する**

　なお、ConvVarTypeArray1Dにならって二次元配列の全要素の型を一括で変換するケースも考えられますが、実用上、二次元配列は特定列のみ変換することがほとんどですので、割愛します。

　ここでは、引数「VarType」に「EnumVarType」を利用しています。その理由については、後ほど説明します。

```
Public Enum EnumVarType '変数型のEnum
    vbString_ = 1
    vbLong_ = 2
    vbDouble_ = 3
    vbDate_ = 4
End Enum
```

● ConvVarTypeArray1D ： 一次元配列の各要素の変数型を変換する

FILE 8-2-2 ConvVarType.xlsm

```
Public Function ConvVarTypeArray1D(ByRef Array1D As Variant, _
                                   ByRef VarType_ As EnumVarType) _
                                   As Variant
'一次元配列の各要素の変数型を変換する

'引数
'Array1D ・・・一次元配列
'VarType_・・・変換後の変数型

    '引数チェック
    Call CheckArray1D(Array1D)
    Call CheckArray1DStart1(Array1D)

    '処理
    Dim I       As Long
    Dim N       As Long: N = UBound(Array1D, 1)
    Dim Value   As Variant
    Dim Output As Variant: ReDim Output(1 To N)

    For I = 1 To N
        Value = Array1D(I)
        Select Case VarType_
            Case EnumVarType.vbString_
                'String型に変換
                Output(I) = CStr(Value)

            Case EnumVarType.vbLong_
                'Long型に変換
```

▼次ページへ

```
                                                           ▼前ページから
                Output(I) = CLng(Value)

            Case EnumVarType.vbDouble_
                'Doubleに変換
                Output(I) = CDbl(Value)

            Case EnumVarType.vbDate_
                'Date型に変換
                Output(I) = CDate(Value)

        End Select
    Next

    '出力
    ConvVarTypeArray1D = Output

End Function
```

● **ConvVarTypeArray2D_Col ： 二次元配列の指定列の各要素の変数型を変換する**

FILE 8-2-2 ConvVarType.xlsm

```
Public Function ConvVarTypeArray2D_Col(ByRef Array2D As Variant, _
                            ByRef VarType_ As EnumVarType, _
                            ByRef Col As Long) _
                                As Variant
'二次元配列の指定列の各要素の変数型を変換する

'引数
'Array2D ・・・二次元配列
'VarType_・・・変換後の変数型
'Col      ・・・指定する列番号

    '引数チェック
    Call CheckArray2D(Array2D)
    Call CheckArray2DStart1(Array2D)

    If Col > UBound(Array2D, 2) Then
        MsgBox "指定列番号が二次元配列の列数を超えます", _
                                                    ▼次ページへ
```

▼前ページから

```vba
                vbExclamation
        Stop
        Exit Function
    End If

    '処理
    Dim I       As Long
    Dim J       As Long
    Dim N       As Long: N = UBound(Array2D, 1)
    Dim Value   As Variant
    Dim Output As Variant: Output = Array2D

    For I = 1 To N
        Value = Array2D(I, Col)
        Select Case VarType_
            Case EnumVarType.vbString_
                'String型に変換
                Output(I, Col) = CStr(Value)

            Case EnumVarType.vbLong_
                'Long型に変換
                Output(I, Col) = CLng(Value)

            Case EnumVarType.vbDouble_
                'Doubleに変換
                Output(I, Col) = CDbl(Value)

            Case EnumVarType.vbDate_
                'Date型に変換
                Output(I, Col) = CDate(Value)

        End Select
    Next

    '出力
    ConvVarTypeArray2D_Col = Output

End Function
```

第
8
章

汎
用
プ
ロ
シ
ー
ジ
ャ
の
紹
介

　ここで紹介したプロシージャ「ConvVarTypeArray1D」、「ConvVarTypeArray2D_Col」では、引数「VarType_」に「EnumVarType」を利用していますが、その理由を解説します。なお、引数の型でEnumを利用するテクニックは9-2（256ページ参照）にて解説します。

　VBAでは変数型を表す列挙体として、もともと「VbVarType」が用意されています。

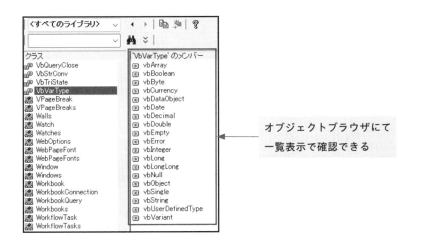

オブジェクトブラウザにて
一覧表示で確認できる

　ここで紹介した汎用プロシージャでも変換後の変数型を指定する場合に、もともと用意されている「VbVarType」を利用するほうが手間が省けて合理的に思うかもしれません。

　しかし、「VbVarType」を利用すると入力候補一覧を表示したときに20種類もある候補から選ぶ必要がありますが、そもそも今回の型変換で対象とする変数型は実用上、String型、Long型、Double型、Date型の4つで十分です。

　実際に、プロシージャ「ConvVarTypeArray1D」を使用してコーディングしているときの状態が次の図ですが、第2引数（VarType_）を指定するときに入力候補としてこの4つだけが選択肢として出てきます。

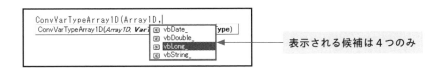

表示される候補は4つのみ

　もし、第2引数の変数型を「VbVarType」にしてしまうと、候補がたくさん出てきて、かつ、実用上必要とされる4つの変数型以外が選ばれた際の例外処理まで汎用プロシージャ内に記述しなければならなくなります。

　これが、引数「VarType_」に「EnumVarType」を指定する主な理由です。

Column エラーで止まったら呼び出し履歴で確認（[Ctrl]+[L]キー）

8-2-1で紹介した引数チェック用の汎用プロシージャに関連しますが、コードがエラーで止まってしまったときに原因を特定するために「呼び出し履歴を探る」という方法があります。

実際に、8-2-2で紹介したプロシージャ「ConvVarTypeArray1D」を使用して方法を説明します。

まず、次のようなコードを用意します。「ConvVarTypeArray1D」は、開始要素番号「1」の一次元配列に対応しているところを、あえて開始要素番号「0」の一次元配列を引数で渡しています。

```vba
Private Sub 呼び出し履歴サンプル()
    '開始要素番号0の一次元配列を生成
    Dim Array1D As Variant
    Array1D = Array(0, 1, 2, 3, 4)

    '対応していない一次元配列を引数で渡す
    Array1D = ConvVarTypeArray1D(Array1D, vbDouble_)
End Sub
```

そして、このプロシージャを実行すると、次の図のようなメッセージが表示されて処理が停止します。

そこで、このメッセージボックスで [OK] ボタンを押すと、「CheckArray1DStart1」の途中で処理が停止していることがわかります。

```vba
Public Sub CheckArray1DStart1(ByRef Array1D As Variant, _
            Optional ByRef ArrayName As String = "Array1D")
'入力一次元配列の開始番号が1かどうかチェックする

'引数
'Array1D    ・・・チェックする一次元配列
'[ArrayName]・・・エラーメッセージで表示する時の名前

    If LBound(Array1D, 1) <> 1 Then
        MsgBox ArrayName & _
            "の開始要素番号は1にしてください", vbExclamation
        Stop
        Exit Sub '入力元のプロシージャを確認するために抜ける
    End If

End Sub
```

ここで処理が停止する

では、この停止した状態で [Ctrl] + [L] キーを押してみましょう。

すると、次の図のような [呼び出し履歴] ダイアログボックスが表示されます。この [呼び出し履歴] ダイアログボックスには、現在停止しているプロシージャまで、順次実行されたプロシージャが一覧で表示されています。

さらに、この [呼び出し履歴] ダイアログボックスでそれぞれのプロシージャをダブルクリック、もしく

はプロシージャを選択して［表示 (S)］ボタンを押すと、そのプロシージャでの停止位置が表示され、各プロシージャでの変数の中身などをローカルウィンドウで確認できるようになります。

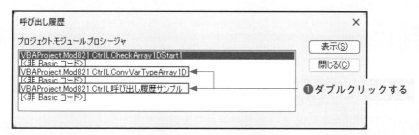

①ダブルクリックする

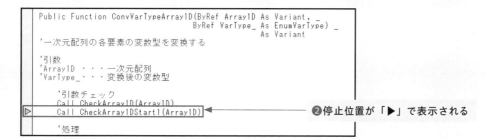

②停止位置が「▶」で表示される

③停止位置が「▶」で表示される

このように呼び出し履歴をたどることで「なぜエラーで止まったのか」の原因を探ることができます。
実際に今回の実行例の場合だと「開始要素番号が『1』でない一次元配列が渡された」のが原因ですが、呼び出し履歴をもとに探ると次のような手順で原因究明ができます。

①CheckArray1DStart1にてArray1Dが開始要素番号「1」以外だと判明する
②呼び出し履歴からArray1Dが渡される手順を探る
③「呼び出し履歴サンプル」を見ると、開始要素番号「0」のArray1Dが生成されているのが特定できる

ちなみに、呼び出し履歴は［Ctrl］＋［L］キーのショートカットキーだけでなく、ローカルウィンドウの［…］ボタンでも表示できます。

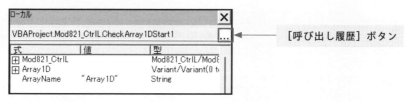

［呼び出し履歴］ボタン

第8章

汎用プロシージャの紹介

8-2-3 行・列の消去

第7章で一部を紹介しましたが、ここでは配列の特定の行・列を消去する以下の汎用プロシージャについて解説します。これらのうち、二次元配列の指定列を消去する「DeleteColArray2D」がもっとも使用頻度が高いものです。

- ●DeleteColArray2D ： 二次元配列の指定列を消去する
- ●DeleteRowArray2D ： 二次元配列の指定行を消去する
- ●DeleteRowArray1D ： 一次元配列の指定要素番号を消去する

- ●DeleteColArray2D ： 二次元配列の指定列を消去する

FILE 8-2-3 DeleteRow.xlsm

```vba
Public Function DeleteColArray2D(ByRef Array2D As Variant, _
                                ByRef DeleteCol As Long) _
                                              As Variant
'二次元配列の指定列を消去した二次元配列を出力する

'引数
'Array2D   ・・・二次元配列
'DeleteCol・・・消去する列番号

'返り値
'指定列が消去された二次元配列

    '入力(引数チェック)
    Call CheckArray2D(Array2D)
    Call CheckArray2DStart1(Array2D)

    Dim N As Long: N = UBound(Array2D, 1) '行数
    Dim M As Long: M = UBound(Array2D, 2) '列数

    If DeleteCol < 1 Then
        MsgBox "削除する列番号は1以上の値を入れてください", _
                vbExclamation
        Stop
        Exit Function
    ElseIf DeleteCol > M Then
        MsgBox "削除する列番号は元の二次元配列の列数" & _
```

▼次ページへ

第
8
章

汎
用
プ
ロ
シ
ー
ジ
ャ
の
紹
介

▼前ページから

```
                M & "以下の値を入れてください", vbExclamation
        Stop
        Exit Function
    End If

    '処理
    Dim I       As Long
    Dim J       As Long
    Dim K       As Long
    Dim Output As Variant: ReDim Output(1 To N, 1 To M - 1)
    For I = 1 To N
        K = 0
        For J = 1 To M
            If J <> DeleteCol Then
                K = K + 1
                Output(I, K) = Array2D(I, J)
            End If
        Next J
    Next I

    '出力
    DeleteColArray2D = Output

End Function
```

● **DeleteRowArray2D ： 二次元配列の指定行を消去する**

FILE 8-2-3 DeleteRow.xlsm

```
Public Function DeleteRowArray2D(ByRef Array2D As Variant, _
                        ByRef DeleteRow As Long) _
                                        As Variant

'二次元配列の指定行を消去した配列を出力する

'引数
'Array2D   ・・・二次元配列
'DeleteRow・・・消去する行番号

'返り値
```

▼次ページへ

```
'指定行が削除された二次元配列                                    ▼前ページから

    '引数チェック
    Call CheckArray2D(Array2D)          '二次元配列かチェック
    Call CheckArray2DStart1(Array2D) '開始要素番号が1かチェック

    Dim N As Long: N = UBound(Array2D, 1) '行数
    Dim M As Long: M = UBound(Array2D, 2) '列数

    If DeleteRow < 1 Then
        MsgBox "削除する行番号は1以上の値を入れてください", _
                vbExclamation
        Stop
        Exit Function
    ElseIf DeleteRow > N Then
        MsgBox "削除する行番号は元の二次元配列の行数" & _
                N & "以下の値を入れてください", vbExclamation
        Stop
        Exit Function
    End If

    '処理
    Dim I       As Long
    Dim J       As Long
    Dim K       As Long
    Dim Output As Variant: ReDim Output(1 To N - 1, 1 To M)
    K = 0
    For I = 1 To N
        If I <> DeleteRow Then
            K = K + 1
            For J = 1 To M
                Output(K, J) = Array2D(I, J)
            Next J
        End If
    Next I

    '出力
    DeleteRowArray2D = Output

End Function
```

第8章

汎用プロシージャの紹介

●DeleteRowArray1D ： 一次元配列の指定要素番号を消去する

FILE 8-2-3 DeleteRow.xlsm

```
Public Function DeleteRowArray1D(ByRef Array1D As Variant, _
                                ByRef DeleteRow As Long) _
                                            As Variant
'一次元配列の指定行を消去した配列を出力する

'引数
'Array1D  ・・・一次元配列
'DeleteRow・・・消去する行番号

'返り値
'指定行が消去された一次元配列

    '引数チェック
    Call CheckArray1D(Array1D)        '一次元配列かチェック
    Call CheckArray1DStart1(Array1D) '開始要素番号が1かチェック

    Dim N As Long: N = UBound(Array1D, 1) '行数

    If DeleteRow < 1 Then
        MsgBox "削除する行番号は1以上の値を入れてください", _
                vbExclamation
        Stop
        Exit Function
    ElseIf DeleteRow > N Then
        MsgBox "削除する行番号は元の一次元配列の行数" & _
                N & "以下の値を入れてください", vbExclamation
        Stop
        Exit Function
    End If

    '処理
    Dim I      As Long
    Dim J      As Long
    Dim K      As Long
    Dim Output As Variant: ReDim Output(1 To N - 1)
    K = 0
    For I = 1 To N
```

▼次ページへ

```
            If I <> DeleteRow Then                      ▼前ページから
                K = K + 1
                Output(K) = Array1D(I)
            End If
        Next I


        '出力
        DeleteRowArray1D = Output


End Function
```

8-2-4 要素数の拡張

ここでは配列の要素数の拡張処理をする汎用プロシージャを紹介します。

VBAでは「Redim Preserve」の処理で一次元配列の要素数、二次元配列の列数の拡張は可能ですが、二次元配列の行数においては同様の処理はなく、元の要素数を調べる必要があるというデメリットを補うためのプロシージャになります。

紹介する汎用プロシージャは、次のとおりです。

- ●ExpandArray2DCol ： 二次元配列を列方向に拡張する
- ●ExpandArray2DRow ： 二次元配列を行方向に拡張する
- ●ExpandArray1D ： 一次元配列の要素数を拡張する

- ●ExpandArray2DCol ： 二次元配列を列方向に拡張する

FILE 8-2-4 Expand.xlsm

```
Public Function ExpandArray2DCol(ByRef Array2D As Variant, _
                       Optional ByRef AddCol As Long = 1) _
                                           As Variant
'二次元配列の最終列の後ろに列を追加する。


'引数
'Array2D ・・・二次元配列
'[AddCol]・・・追加する列の個数/省略なら1

                                              ▼次ページへ
```

▼前ページから

```
'返り値
'二次元配列の最終列の後ろに列が追加された二次元配列

    '引数チェック
    Call CheckArray2D(Array2D)          '二次元配列かチェック
    Call CheckArray2DStart1(Array2D)  '開始要素番号が1かチェック

    If AddCol ≦ 0 Then
        MsgBox "AddColは1以上の値を入力してください", vbExclamation
        Stop
        Exit Function
    End If

    '処理
    Dim I       As Long
    Dim J       As Long
    Dim N       As Long: N = UBound(Array2D, 1)'縦要素数
    Dim M       As Long: M = UBound(Array2D, 2)'横要素数
    Dim Output As Variant
    ReDim Output(1 To N, 1 To M + AddCol) '出力する二次元配列
    For I = 1 To N
        For J = 1 To M
            Output(I, J) = Array2D(I, J)
        Next J
    Next I

    '出力
    ExpandArray2DCol = Output

End Function
```

●ExpandArray2DRow ： 二次元配列を行方向に拡張する

FILE 8-2-4 Expand.xlsm

```
Public Function ExpandArray2DRow(ByRef Array2D As Variant, _
                    Optional ByRef AddRow As Long = 1) _
                                        As Variant
'二次元配列の最終行の後ろに行を追加する。
```

▼次ページへ

▼前ページから

```
'引数
'Array2D ・・・二次元配列
'[AddRow]・・・追加する行の個数/省略なら1

'返り値
'二次元配列の最終行の後ろに行が追加された二次元配列

    '引数チェック
    Call CheckArray2D(Array2D)          '二次元配列かチェック
    Call CheckArray2DStart1(Array2D)    '開始要素番号が1かチェック

    If AddRow ≦ 0 Then
        MsgBox "AddRowは1以上の値を入力してください", vbExclamation
        Stop
        Exit Function
    End If

    '処理
    Dim I       As Long
    Dim J       As Long
    Dim N       As Long: N = UBound(Array2D, 1)'縦要素数
    Dim M       As Long: M = UBound(Array2D, 2)'横要素数
    Dim Output As Variant
    ReDim Output(1 To N + AddRow, 1 To M) '出力する二次元配列
    For I = 1 To N
        For J = 1 To M
            Output(I, J) = Array2D(I, J)
        Next J
    Next I

    '出力
    ExpandArray2DRow = Output

End Function
```

第8章

汎用プロシージャの紹介

●ExpandArray1D ： 一次元配列の要素数を拡張する

```
Public Function ExpandArray1D(ByRef Array1D As Variant, _
                    Optional ByRef AddRow As Long = 1) _
                                        As Variant
'一次元配列の最終行(最終要素番号)の後ろに行を追加する。


'引数
'Array1D ・・・一次元配列
'[AddRow]・・・追加する行の個数/省略なら1


'返り値
'一次元配列の最終行(最終要素番号)の後ろに行が追加された一次元配列。


    '引数チェック
    Call CheckArray1D(Array1D)          '一次元配列かチェック
    Call CheckArray1DStart1(Array1D) '開始要素番号が1かチェック


    If AddRow ≤ 0 Then
        MsgBox "AddRowは1以上の値を入力してください", vbExclamation
        Stop
        Exit Function
    End If


    '処理
    Dim I       As Long
    Dim N       As Long:N = UBound(Array1D, 1)'要素数
    Dim Output As Variant
    ReDim Output(1 To N + AddRow) '出力する一次元配列
    For I = 1 To N
        Output(I) = Array1D(I)
    Next I


    '出力
    ExpandArray1D = Output


End Function
```

8-2-5 行・列、および範囲抽出

　ここで紹介するのは、特定列や特定行を一次元配列として抽出したり、特定範囲を二次元配列として抽出する汎用プロシージャです。

- **ExtractColArray2D** ： 二次元配列の特定列を一次元配列として抽出する
- **ExtractRowArray2D** ： 二次元配列の特定行を一次元配列として抽出する
- **ExtractArray2D** ： 二次元配列の特定範囲を二次元配列として抽出する

- **ExtractColArray2D** ： 二次元配列の特定列を一次元配列として抽出する

FILE 8-2-5 Extract.xlsm

```vba
Public Function ExtractColArray2D(ByRef Array2D As Variant, _
                                  ByRef Col As Long) _
                                  As Variant
'二次元配列の指定列を一次元配列で抽出する
'引数
'Array2D・・・二次元配列
'Col     ・・・抽出する対象の列番号

'返り値
'抽出された列の値が入った一次元配列

    '引数チェック
    Call CheckArray2D(Array2D)          '二次元配列かチェック
    Call CheckArray2DStart1(Array2D) '開始要素番号が1かチェック

    Dim I As Long
    Dim N As Long: N = UBound(Array2D, 1) '行数
    Dim M As Long: M = UBound(Array2D, 2) '列数

    If Col < 1 Then
        MsgBox "抽出する列番号は1以上の値を入れてください", vbExclamation
        Stop
        Exit Function
    ElseIf Col > M Then
        MsgBox "抽出する行番号は1以上の値を入れてください", _
            vbExclamation
```

▼次ページへ

▼前ページから

```
        Stop
        Exit Function
    End If

    '処理
    Dim Output As Variant: ReDim Output(1 To N)
    For I = 1 To N
        Output(I) = Array2D(I, Col)
    Next I

    '出力
    ExtractColArray2D = Output

End Function
```

●ExtractRowArray2D ： 二次元配列の特定行を一次元配列として抽出する

```
Public Function ExtractRowArray2D(ByRef Array2D As Variant, _
                                  ByRef Row As Long) _
                                  As Variant
'二次元配列の指定行を一次元配列で抽出する

'引数
'Array2D ・・・二次元配列
'Row    ・・・抽出する対象の行番号

'返り値
'抽出された1行の値が入った一次元配列

    '引数チェック
    Call CheckArray2D(Array2D)          '二次元配列かチェック
    Call CheckArray2DStart1(Array2D) '開始要素番号が1かチェック

    Dim I As Long
    Dim N As Long: N = UBound(Array2D, 1) '行数
    Dim M As Long: M = UBound(Array2D, 2) '列数
```

▼次ページへ

```
                                                    ▼前ページから
    If Row < 1 Then
        MsgBox "抽出する行番号は1以上の値を入れてください", _
                vbExclamation
        Stop
        Exit Function
    ElseIf Row > N Then
        MsgBox "抽出する行番号は元の二次元配列の行数" & _
                N & "以下の値を入れてください", vbExclamation
        Stop
        Exit Function
    End If

    '処理
    Dim Output As Variant: ReDim Output(1 To M)
    For I = 1 To M
        Output(I) = Array2D(Row, I)
    Next I

    '出力
    ExtractRowArray2D = Output

End Function
```

●ExtractArray2D ： 二次元配列の特定範囲を二次元配列として抽出する

FILE 8-2-5 Extract.xlsm

```
Public Function ExtractArray2D(ByRef Array2D As Variant, _
                    Optional ByRef StartRow As Long = 1, _
                    Optional ByRef StartCol As Long = 1, _
                    Optional ByRef EndRow As Long = 0, _
                    Optional ByRef EndCol As Long = 0) _
                                    As Variant

'二次元配列の指定範囲を配列として抽出する

'引数
'Array2D    ・・・二次元配列
'[StartRow]・・・抽出範囲の開始行番号/省略なら1
                                                    ▼次ページへ
```

```
'[StartCol]・・・抽出範囲の開始列番号/省略なら1
'[EndRow] ・・・抽出範囲の終了行番号/省略なら最大行番号
'[EndCol] ・・・抽出範囲の終了列番号/省略なら最大列番号


'返り値
'指定の範囲が抽出された二次元配列


    '引数チェック
    Call CheckArray2D(Array2D)          '二次元配列かチェック
    Call CheckArray2DStart1(Array2D) '開始要素番号が1かチェック


    Dim I As Long
    Dim J As Long
    Dim N As Long: N = UBound(Array2D, 1) '行数
    Dim M As Long: M = UBound(Array2D, 2) '列数


    '終了行、列の設定
    If EndRow = 0 Then
        EndRow = N
    End If


    If EndCol = 0 Then
        EndCol = M
    End If


    If StartRow > EndRow Then
        MsgBox "抽出範囲の開始行「StartRow」は、" & _
            "終了行「EndRow」以下でなければなりません", _
                vbExclamation
        Stop
        Exit Function
    ElseIf StartCol > EndCol Then
        MsgBox "抽出範囲の開始列「StartCol」は、" & _
            "終了列「EndCol」以下でなければなりません", _
                vbExclamation
        Stop
        Exit Function
    ElseIf StartRow < 1 Then
        MsgBox "抽出範囲の開始行「StartRow」は" & _
```

▼次ページへ

第8章 汎用プロシージャの紹介

▼前ページから

```
                        "1以上の値を入れてください", vbExclamation
            Stop
            Exit Function
        ElseIf StartCol < 1 Then
            MsgBox "抽出範囲の開始列「StartCol」は" & _
                        "1以上の値を入れてください", vbExclamation
            Stop
            Exit Function
        ElseIf EndRow > N Then
            MsgBox "抽出範囲の終了行「StartRow」は" & _
                        "抽出元の二次元配列の行数" & N & _
                        "以下の値を入れてください", vbExclamation
            Stop
            Exit Function
        ElseIf EndCol > M Then
            MsgBox "抽出範囲の終了列「StartCol」は" & _
                        "抽出元の二次元配列の列数" & M & _
                        "以下の値を入れてください", vbExclamation
            Stop
            Exit Function
        End If

        '処理
        Dim Output As Variant
        ReDim Output(1 To EndRow - StartRow + 1, _
                        1 To EndCol - StartCol + 1)

        For I = StartRow To EndRow
            For J = StartCol To EndCol
                Output(I - StartRow + 1, J - StartCol + 1) = Array2D(I, J)
            Next J
        Next I

        '出力
        ExtractArray2D = Output

End Function
```

第8章

汎用プロシージャの紹介

8-2-6 配列のフィルター処理

ここでは、ワークシート上でのオートフィルターと同様の処理をVBAの二次元配列で行います。

7-2-3（128ページ参照）でも登場した汎用プロシージャですが、第4引数の「Condition」の型は、Enumで定義しているため、使用時に条件の選択が容易になっています。

配列のフィルター処理は配列処理の中でも頻出のテクニックですので、筆者にとっても特に役に立っている汎用プロシージャの1つです。

```
Public Enum Enumフィルタ条件
        vbと等しい
        vbと等しくない
        vbを含む
        vbを含まない
        vbより大きい
        vb以上
        vbより小さい
        vb以下
End Enum
```

● **FilterArray2D ： 二次元配列をフィルター処理する**

FILE 8-2-6 Filter.xlsm

```
Public Function FilterArray2D(ByRef Array2D As Variant, _
                         ByVal Filter_ As Variant, _
                          ByRef Col As Long, _
            Optional ByRef Condition As Enumフィルタ条件 = 0) _
                               As Variant
'二次元配列を指定列でフィルターした配列を出力する。

'引数
'Array2D     ・・・二次元配列
'Filter_     ・・・フィルターする文字もしくは数値
'Col         ・・・フィルターする列
'[Condition]・・・抽出条件(省略なら条件は「等しい」)

'返り値
'フィルタ処理された二次元配列

                                              ▼次ページへ
```

第
8
章

汎用プロシージャの紹介

▼前ページから

```vba
'引数チェック
Call CheckArray2D(Array2D)          '二次元配列かチェック
Call CheckArray2DStart1(Array2D) '開始要素番号が1かチェック
If UBound(Array2D, 2) < Col Then
    MsgBox "指定行番号は二次元配列の列数以内を入力してください", _
            vbExclamation
    Stop
    Exit Function
End If

'フィルターする値を文字列型に変換する
Filter_ = CStr(Filter_)

'フィルター件数、フィルターで引っかかる行番号取得
Dim I As Long
Dim J As Long
Dim K As Long: K = 0 'フィルターに引っかかる件数数え上げ
Dim N As Long: N = UBound(Array2D, 1) '縦要素数
Dim M As Long: M = UBound(Array2D, 2) '横要素数

Dim Value As Variant '条件で判定する文字列または数値
Dim Judge As Boolean 'フィルターで引っかかるかの判定

'フィルターで引っかかった各行の行番号を格納
Dim FilterRowList As Variant
ReDim FilterRowList(1 To 1)

For I = 1 To N
    Value = CStr(Array2D(I, Col)) '文字列型に揃える
    Judge = False
    Select Case Condition 'それぞれのフィルターの条件で条件処理
    Case Enumフィルタ条件.vbと等しい
        If Value = Filter_ Then Judge = True

    Case Enumフィルタ条件.vbと等しくない
        If Value <> Filter_ Then Judge = True

    Case Enumフィルタ条件.vbを含む
        If InStr(Value, Filter_) > 0 Then Judge = True
```

▼次ページへ

▼前ページから

```
        Case Enumフィルタ条件.vbを含まない
            If InStr(Value, Filter_) = 0 Then Judge = True


        Case Enumフィルタ条件.vb以上
            If IsNumeric(Value) = True And _
                IsNumeric(Filter_) = True Then
                If Val(Value) ≧ Val(Filter_) Then Judge = True


            ElseIf IsDate(Value) = True And _
                    IsDate(Filter_) = True Then
                If Value ≧ Filter_ Then Judge = True


            End If


        Case Enumフィルタ条件.vbより大きい
            If IsNumeric(Value) = True And _
                IsNumeric(Filter_) = True Then
                If Val(Value) > Val(Filter_) Then Judge = True


            ElseIf IsDate(Value) = True And _
                    IsDate(Filter_) = True Then
                If Value > Filter_ Then Judge = True


            End If


        Case Enumフィルタ条件.vb以下
            If IsNumeric(Value) = True And _
                IsNumeric(Filter_) = True Then
                If Val(Value) ≦ Val(Filter_) Then Judge = True


            ElseIf IsDate(Value) = True And _
                    IsDate(Filter_) = True Then
                If Value ≦ Filter_ Then Judge = True


            End If


        Case Enumフィルタ条件.vbより小さい
            If IsNumeric(Value) = True And _
                IsNumeric(Filter_) = True Then
                If Val(Value) < Val(Filter_) Then Judge = True
```

▼次ページへ

第8章

汎用プロシージャの紹介

▼前ページから

```
                ElseIf IsDate(Value) = True And _
                        IsDate(Filter_) = True Then
                    If Value < Filter_ Then Judge = True

                End If
        End Select

        'フィルターの条件に引っかかる場合
        If Judge = True Then
            K = K + 1
            ReDim Preserve FilterRowList(1 To K)
            FilterRowList(K) = I '行番号を格納
        End If
    Next I

    Dim FilterCount As Long
    FilterCount = K 'フィルターで引っかかった件数を格納

    If FilterCount = 0 Then
        'フィルターで何もかからなかった場合はEmptyを返す
        FilterArray2D = Empty
        Exit Function
    End If

    '出力する配列の作成
    Dim Row     As Long
    Dim Output As Variant
    ReDim Output(1 To FilterCount, 1 To M)

    For I = 1 To FilterCount
        Row = FilterRowList(I)
        For J = 1 To M
            Output(I, J) = Array2D(Row, J)
        Next J
    Next I

    '出力
    FilterArray2D = Output

End Function
```

8-2-7 列・行の挿入

ここで紹介する汎用プロシージャは、二次元配列に行や列を挿入するものです。

- **InsertColArray2D** ： 二次元配列の指定列の後ろに1列挿入する
- **InsertRowArray2D** ： 二次元配列の指定行の後ろに1行挿入する

- **InsertColArray2D** ： 二次元配列の指定列の後ろに1列挿入する

FILE 8-2-7 Insert.xlsm

```vba
Public Function InsertColArray2D(ByRef Array2D As Variant, _
                    Optional ByRef InsertCol As Long = -1) _
                                        As Variant
'二次元配列の指定列の後ろに列を挿入する。
'InsertCol=0を入力すると先頭に1行追加

'引数
'Array2D    ・・・二次元配列
'[InsertCol]・・・挿入する列位置。デフォルトでは最終列

'返り値
'指定列の後ろに列が挿入された二次元配列

    '引数チェック
    Call CheckArray2D(Array2D)          '二次元配列かチェック
    Call CheckArray2DStart1(Array2D) '開始要素番号が1かチェック

    'デフォルト値の設定
    Dim N As Long: N = UBound(Array2D, 1)
    Dim M As Long: M = UBound(Array2D, 2)
    If InsertCol < 0 Then '列挿入位置がマイナスの場合
        InsertCol = M '最終列にする
    End If

    '処理
    Dim I       As Long
    Dim J       As Long
    Dim K       As Long: K = 0
    Dim Output As Variant
```

▼次ページへ

第8章

汎用プロシージャの紹介

```
        ReDim Output(1 To N, 1 To M + 1)                    ▼前ページから


    For J = 1 To M
        If J - 1 <> InsertCol Then
            K = K + 1
            For I = 1 To N
                Output(I, K) = Array2D(I, J)
            Next I
        Else
            K = K + 2 'その列を飛ばす
            For I = 1 To N
                Output(I, K) = Array2D(I, J)
            Next I
        End If
    Next J


    '出力
    InsertColArray2D = Output


End Function
```

● **InsertRowArray2D ： 二次元配列の指定行の後ろに1列挿入する**

FILE 8-2-7 Insert.xlsm

```
Public Function InsertRowArray2D(ByRef Array2D As Variant, _
                    Optional ByRef InsertRow As Long = -1) _
                                        As Variant
'二次元配列の指定行の後ろに行を挿入する。
'InsertRow=0を入力すると先頭に1行追加

'引数
'Array2D    ・・・二次元配列
'[InsertRow]・・・挿入する行位置。デフォルトでは最終行

'返り値
'指定行の後ろに行が挿入された二次元配列

    '引数チェック
                                        ▼次ページへ
```

▼前ページから

```
    Call CheckArray2D(Array2D)        '二次元配列かチェック
    Call CheckArray2DStart1(Array2D) '開始要素番号が1かチェック

    'デフォルト値の設定
    Dim N As Long: N = UBound(Array2D, 1)
    If InsertRow < 0 Then '行挿入位置がマイナスの場合
        InsertRow = N '最終行にする
    End If

    '処理
    Dim M       As Long: M = UBound(Array2D, 2)
    Dim I       As Long
    Dim J       As Long
    Dim K       As Long: K = 0
    Dim Output As Variant
    ReDim Output(1 To N + 1, 1 To M)

    For I = 1 To N
        If I - 1 <> InsertRow Then
            K = K + 1
            For J = 1 To M
                Output(K, J) = Array2D(I, J)
            Next J
        Else
            K = K + 2 'その行を飛ばす
            For J = 1 To M
                Output(K, J) = Array2D(I, J)
            Next J
        End If
    Next I

    '出力
    InsertRowArray2D = Output

End Function
```

8-2-8 二次元配列を別の二次元配列で上書き

今度は、二次元配列に別の二次元配列を指定した行列番号を基準に上書きする処理です。

あらかじめ大きめの要素数の二次元配列に処理された二次元配列を1つずつ追加していくような場面で有効なプロシージャです。

●OverwriteArray2D ： 二次元配列の指定範囲を二次元配列の値で置き換える

FILE 8-2-8 Overwritexlsm.xlsm

```vba
Public Function OverwriteArray2D(ByRef Array2D As Variant, _
                          ByRef OverwriteArray2D_ As Variant, _
                                 ByRef Row As Long, _
                                 ByRef Col As Long) _
                                             As Variant
'二次元配列の指定範囲を二次元配列の値で置き換える

'引数
'Array2D          ・・・置き換えられる二次元配列
'OverwriteArray2D_・・・置き換える値が入った二次元配列
'Row              ・・・置換位置基準（左上）の行番号
'Col              ・・・置換位置基準（左上）の列番号

'返り値
'指定範囲が二次元配列で置き換えられた二次元配列

    '引数チェック
    Call CheckArray2D(Array2D)
    Call CheckArray2DStart1(Array2D)
    Call CheckArray2D(OverwriteArray2D_, "OverwriteArray2D_")
    Call CheckArray2DStart1(OverwriteArray2D_, "OverwriteArray2D_")

    If UBound(Array2D, 1) < Row Or Row ≦ 0 Then
        MsgBox "置換位置基準の行位置が要素範囲外です", _
                vbExclamation
        Stop
        Exit Function
    End If

    If UBound(Array2D, 2) < Col Or Col ≦ 0 Then
        MsgBox "置換位置基準の列位置が要素範囲外です", _
```

▼次ページへ

▼前ページから

```
                vbExclamation
        Stop
        Exit Function
    End If

    If UBound(Array2D, 1) _
        < Row - 1 + UBound(OverwriteArray2D_, 1) Then
        MsgBox "縦方向で置換対象範囲が" & _
            "置き換えられる配列の範囲を超えます", _
                vbExclamation
        Stop
        Exit Function
    End If

    If UBound(Array2D, 2) _
        < Col - 1 + UBound(OverwriteArray2D_, 2) Then
        MsgBox "横方向で置換対象範囲が" & _
            "置き換えられる配列の範囲を超えます", _
                vbExclamation
        Stop
        Exit Function
    End If

    '置換処理
    Dim Output As Variant: Output = Array2D
    Dim I       As Long
    Dim J       As Long
    Dim N       As Long: N = UBound(OverwriteArray2D_, 1)
    Dim M       As Long: M = UBound(OverwriteArray2D_, 2)
    For I = 1 To N
        For J = 1 To M
            Output(Row + I - 1, Col + J - 1) _
            = OverwriteArray2D_(I, J)
        Next J
    Next I

    '出力
    OverwriteArray2D = Output

End Function
```

8-2-9 配列の要素の文字列一括置換

次に、配列の各要素を一括で置換できる処理です。

文字列単体の置換であればReplace関数が使用できますが、紹介する汎用プロシージャでは引数で渡した配列の配列内の要素の文字列を一括で置換ができます。

- **ReplaceValue1D ： 一次元配列の各要素を一括で文字列置換する**
- **ReplaceValue2DCol ： 二次元配列の指定列の各要素を一括で文字列置換する**

「ReplaceValue1D」は一次元配列が対象ですが、同様に二次元配列の全要素を一括置換する処理も考えられます。しかし、実務上よく使用するのは特定列の置換が大半ですので、ここでは「ReplaceValue2DCol」もあわせて紹介します。

- **ReplaceValue1D ： 一次元配列の各要素を一括で文字列置換する**

FILE 8-2-9 ReplaceValue.xlsm

```
Public Function ReplaceValue1D(ByRef Array1D As Variant, _
                               ByRef Find As Variant, _
                               ByRef Replace_ As Variant, _
                               Optional ByRef Partially As Boolean = True, _
                               Optional ByRef WideNarrow As Boolean = False) _
                               As Variant
'一次元配列の特定の値を指定の文字で置き換える


'引数
'Array1D      ・・・一次元配列
'Find         ・・・置換対象の文字列
'Replace_     ・・・置換文字列
'[Partially] ・・・True：文字列に置換文字列が含まれていたら置換(デフォルト)
'              False：文字列が置換文字列と完全一致なら置換
'[WideNarrow]・・・True：全角半角を区別する
'              False：全角半角を区別しない(デフォルト)


    '引数チェック
    Call CheckArray1D(Array1D)
    Call CheckArray1DStart1(Array1D)


    '処理
```
▼次ページへ

▼前ページから

```
Dim I        As Long
Dim N        As Long: N = UBound(Array1D, 1)
Dim Dummy   As Variant
Dim Output As Variant: Output = Array1D
For I = 1 To N
    Dummy = Array1D(I)
    If Partially = False Then
        '完全一致の場合
        If WideNarrow = True Then
            '全角半角区別する
            If Dummy = Find Then
                Output(I) = Replace_
            End If
        Else
            '全角半角区別しない
            If StrConv(Dummy, vbNarrow) = _
                StrConv(Find, vbNarrow) Then
                Output(I) = Replace_
            End If
        End If
    Else
        '部分一致の場合
        If WideNarrow = True Then
            '全角半角区別する
            If InStr(Dummy, Find) > 0 Then
                Output(I) = Replace(Dummy, Find, Replace_)
            End If
        Else
            '全角半角区しない
            If InStr(StrConv(Dummy, vbNarrow), _
                StrConv(Find, vbNarrow)) > 0 Then
                Output(I) = Replace(StrConv(Dummy, vbNarrow), _
                    StrConv(Find, vbNarrow), _
                    Replace_)
            End If
        End If
    End If
Next
```

▼次ページへ

第
8
章

汎用プロシージャの紹介

```
'出力                                          ▼前ページから
ReplaceValue1D = Output


End Function
```

●ReplaceValue2DCol ： 二次元配列の指定列の各要素を一括で文字列置換する

FILE 8-2-9 ReplaceValue.xlsm

```
Public Function ReplaceValue2DCol(ByRef Array2D As Variant, _
                                  ByRef Find As Variant, _
                                  ByRef Replace_ As Variant, _
                                  ByRef Col As Long, _
                        Optional ByRef Partially As Boolean = True, _
                        Optional ByRef WideNarrow As Boolean = False) _
                                            As Variant
'二次元配列の指定列の各要素を一括で文字列置換

'引数
'Array2D        ・・・二次元配列
'Find           ・・・置換対象の文字列
'Replace_       ・・・置換後の文字列
'Col            ・・・置き換え対象の列番号
'[Partially] ・・・True：文字列に置換文字列が含まれていたら置換(デフォルト)
'               　　False：文字列が置換文字列と完全一致なら置換
'[WideNarrow]・・・True：全角半角を区別する
'               　　False：全角半角を区別しない(デフォルト)


    '引数チェック
    Call CheckArray2D(Array2D)
    Call CheckArray2DStart1(Array2D)


    '処理
    Dim I      As Long
    Dim J      As Long
    Dim N      As Long: N = UBound(Array2D, 1)
    Dim Dummy  As Variant
    Dim Output As Variant: Output = Array2D
```

▼次ページへ

▼前ページから

```
    For I = 1 To N
        Dummy = Array2D(I, Col)
        If Partially = False Then
            '完全一致の場合
            If WideNarrow = True Then
                '全角半角区別する
                If Dummy = Find Then
                    Output(I, Col) = Replace_
                End If
            Else
                '全角半角区別しない
                If StrConv(Dummy, vbNarrow) = _
                    StrConv(Find, vbNarrow) Then
                    Output(I, Col) = Replace_
                End If
            End If
        Else
            '部分一致の場合
            If WideNarrow = True Then
                '全角半角区別する
                If InStr(Dummy, Find) > 0 Then
                    Output(I, Col) = Replace(Dummy, Find, Replace_)
                End If
            Else
                '全角半角区しない
                If InStr(StrConv(Dummy, vbNarrow), _
                    StrConv(Find, vbNarrow)) > 0 Then
                    Output(I, Col) = Replace( _
                                    StrConv(Dummy, vbNarrow), _
                                    StrConv(Find, vbNarrow), _
                                    Replace_)
                End If
            End If
        End If
    Next

    '出力
    ReplaceValue2DCol = Output
End Function
```

8-2-10 配列の並び替え

今度は、配列の並び替えを行う汎用プロシージャを2つ紹介します。

- **SortArray1D** ： 一次元配列を並び替える
- **SortArray2D** ： 二元配列の指定列を基準に並び替える

配列の並び替えは、組み込み関数のSort関数が使用できますが、この関数には次のようなデメリットがあります。

- **二次元配列しか処理できない**
- **使用時に引数がわかりづらい**

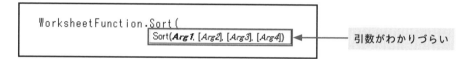

そのため、ここではこれらのデメリットを部品化を利用して解消しています。

- **SortArray1D** ： 一次元配列を並び替える

FILE 8-2-10 Sort.xlsm

```
Public Function SortArray1D(ByRef Array1D As Variant, _
                    Optional ByRef Order As XlSortOrder = xlAscending) _
                                              As Variant
'一次元配列を並び替える
'WorksheetFunction.Sort関数を利用する

'引数
'Array1D    ・・・一次元配列
'[Order]    ・・・xlAscending→昇順(デフォルト)
'               xlDescending→降順


    '※※※※※※※※※※※※※※※※※※※※※※※※※
    '引数チェック
    Call CheckArray1D(Array1D)
    Call CheckArray1DStart1(Array1D)
```

▼次ページへ

▼前ページから

```
'※※※※※※※※※※※※※※※※※※※※※※※※※
'処理
'番号列を追加した二次元配列を作成
Dim N        As Long: N = UBound(Array1D, 1) '要素数
Dim I        As Long
Dim Array2D As Variant
ReDim Array2D(1 To N, 1 To 2)
For I = 1 To N
    If IsDate(Array1D(I)) = True Then
        '日付型は正しく処理されないので数値型に一度変換する
        Array2D(I, 1) = CLng(Array1D(I))
    Else
        Array2D(I, 1) = Array1D(I)
    End If

    Array2D(I, 2) = I
Next

'Array2Dを並び替え
If Order = xlAscending Then
    '昇順の場合
    Array2D = WorksheetFunction.Sort(Array2D, 1, 1)
Else
    '降順の場合
    Array2D = WorksheetFunction.Sort(Array2D, 1, -1)
End If

'出力配列作成
Dim Output As Variant: ReDim Output(1 To N)
Dim Row     As Long
For I = 1 To N
    Row = Array2D(I, 2) '並び替え後の要素番号を取得
    Output(I) = Array1D(Row)
Next

'出力
SortArray1D = Output

End Function
```

●SortArray2D ： 二次元配列の指定列を基準に並び替える

FILE 8-2-10 Sort.xlsm

```
Public Function SortArray2D(ByRef Array2D As Variant, _
                    Optional ByRef Col As Long = 1, _
                    Optional ByRef Order As XlSortOrder = xlAscending) _
                    As Variant
'二次元配列の指定列を基準に並び替える
'WorksheetFunction.Sort関数を利用する


'引数
'Array2D    ・・・二次元配列
'[SortCol]   ・・・並び替えの基準列'省略なら1
'[Order]     ・・・xlAscending→昇順(デフォルト)
'                 xlDescending→降順


    '※※※※※※※※※※※※※※※※※※※※※※※※※
    '引数チェック
    Call CheckArray2D(Array2D)
    Call CheckArray2DStart1(Array2D)


    '※※※※※※※※※※※※※※※※※※※※※※※※※
    '処理
    '対象の列から番号列を追加して作成
    Dim N            As Long: N = UBound(Array2D, 1) '縦要素数
    Dim I            As Long
    Dim TargetColArray As Variant
    ReDim TargetColArray(1 To N, 1 To 2)
    For I = 1 To N
        If IsDate(Array2D(I, Col)) = True Then
            '日付型は正しく処理されないので数値型に一度変換する
            TargetColArray(I, 1) = CLng(Array2D(I, Col))
        Else
            TargetColArray(I, 1) = Array2D(I, Col)
        End If


        TargetColArray(I, 2) = I
    Next

    'TargetColArrayを並び替え
```

▼次ページへ

▼前ページから

```
    If Order = xlAscending Then
        '昇順の場合
        TargetColArray = WorksheetFunction.Sort(TargetColArray, 1, 1)
    Else
        '降順の場合
        TargetColArray = WorksheetFunction.Sort(TargetColArray, 1, -1)
    End If

    '出力配列作成
    Dim M       As Long: M = UBound(Array2D, 2) '横要素数
    Dim J       As Long
    Dim Output As Variant: ReDim Output(1 To N, 1 To M)
    Dim Row     As Long
    For I = 1 To N
        Row = TargetColArray(I, 2) '並び替え後の行番号を取得
        For J = 1 To M
            Output(I, J) = Array2D(Row, J)
        Next
    Next

    '出力
    SortArray2D = Output

End Function
```

第8章

汎用プロシージャの紹介

　なお、Sort関数はMirosoft365、もしくはExcel2021以降のバージョンでしか使用できません。Excel2019以前のバージョンで配列の並び替えを行うには次のような方法があります。

対策①：シート上に配列を出力してオートフィルターを利用して並び替える
対策②：並び替えのアルゴリズムを構築して自作関数を作成する

　①の場合は、並び替え専用のシートを用意して、VBAからシート上へ配列出力、並び替え、シート上から値取得の処理をすればよいですが、何度も並び替えを必要とするコードの場合は処理が遅くなったり、シート上の表示形式に影響されるデメリットがあります。
　②の場合は、クイックソートやマージソートのような並び替えのアルゴリズムを採用します。これらのアルゴリズムの記述は手間になりますが、処理は①よりも高速化できます。筆者は、実際に②のようなものを用意して、Excelのバージョンが異なる状況でも対応できるようにしています。

Column 要素がDate型の時の注意

7-1-3 (108ページ参照) でも解説しましたが、Transpose関数同様、Sort関数も処理されたあとの配列の要素は、もともとDate型だったものがString型に変更されます。これは、紹介したコード内の説明にも記載しているとおりです。

この仕様の対策として、8-2-2で紹介した配列の「要素の一括型変換」の汎用プロシージャが役に立ちます。

8-2-11 配列の結合

配列同士を結合して新しく配列を作成する処理です。

紹介する汎用プロシージャは、次のとおりです。

●**UnionArray1D_LR** ： 同じ要素数の一次元配列を左右に結合して二次元要素数が「2」
　　　　　　　　　　　　（横方向に2列）の二次元配列を生成する
●**UnionArray2D_LR** ： 一次元要素数（縦方向の要素数）が同じ2つの二次元配列を左右
　　　　　　　　　　　　に結合する
●**UnionArray2D_UL** ： 二次元要素数（横方向の要素数）が同じ2つの二次元配列を上下
　　　　　　　　　　　　方向に結合する

なお、以下のプロシージャ名の「LR」は左右の「Left」「Right」を意味し、「UL」は上下の「Upper」「Lower」を意味します。

●**UnionArray1D_LR** ： 一次元配列同士を左右に結合して列数2の二次元配列を生成する

FILE 8-2-11 UnionArray.xlsm

```
Public Function UnionArray1D_LR(ByRef LeftArray1D As Variant, _
                                ByRef RightArray1D As Variant) _
                                                      As Variant
'一次元配列同士を左右に結合して列数2の二次元配列を生成


'引数
'LeftArray1D ・・・左に結合する一次元配列
'RightArray1D・・・右に結合する一次元配列


'返り値
```

▼次ページへ

```
'一次元配列同士を左右に結合された列数2の二次元配列。                        ▼前ページから

    '引数チェック
    Call CheckArray1D(LeftArray1D, "LeftArray1D")
    Call CheckArray1DStart1(LeftArray1D, "LeftArray1D")
    Call CheckArray1D(RightArray1D, "RightArray1D")
    Call CheckArray1DStart1(RightArray1D, "RightArray1D")

    If UBound(LeftArray1D, 1) <> UBound(RightArray1D, 1) Then
        MsgBox "2つの一次元配列の要素数は揃えてください", _
                vbExclamation
        Stop
        Exit Function
    End If

    '処理
    Dim I       As Long
    Dim N       As Long:    N = UBound(LeftArray1D, 1)
    Dim Output As Variant: ReDim Output(1 To N, 1 To 2)

    For I = 1 To N
        Output(I, 1) = LeftArray1D(I)
        Output(I, 2) = RightArray1D(I)
    Next I

    '出力
    UnionArray1D_LR = Output

End Function
```

●UnionArray2D_LR ： 二次元配列同士を左右に結合する

FILE 8-2-11 UnionArray.xlsm

```
Public Function UnionArray2D_LR(ByRef LeftArray2D As Variant, _
                                ByRef RightArray2D As Variant)
'二次元配列同士を左右に結合する

'LeftArray2D ・・・上に結合する二次元配列
                                                        ▼次ページへ
```

▼前ページから

```
'RightArray2D・・・下に結合する二次元配列

    '引数チェック
    Call CheckArray2D(LeftArray2D, "LeftArray2D")
    Call CheckArray2DStart1(LeftArray2D, "LeftArray2D")
    Call CheckArray2D(RightArray2D, "RightArray2D")
    Call CheckArray2DStart1(RightArray2D, "RightArray2D")


    If UBound(UpperArray2D, 1) <> UBound(LowerArray2D, 1) Then
        MsgBox "2つの二次元配列の一次元要素数を一致させてください", _
                vbExclamation
        Stop
        Exit Function
    End If


    '処理
    Dim I       As Long
    Dim J       As Long
    Dim K       As Long
    Dim N       As Long: N = UBound(LeftArray2D, 1)
    Dim M1      As Long: M1 = UBound(LeftArray2D, 2)
    Dim M2      As Long: M2 = UBound(RightArray2D, 2)
    Dim Output As Variant
    ReDim Output(1 To N, 1 To M1 + M2)


    For I = 1 To N
        For J = 1 To M1
            Output(I, J) = LeftArray2D(I, J)
        Next J
    Next I


    For I = 1 To N
        For J = 1 To M2
            Output(I, M1 + J) = RightArray2D(I, J)
        Next J
    Next I


    '出力
    UnionArray2D_LR = Output
```

▼次ページへ

第8章

汎用プロシージャの紹介

▼前ページから

```
End Function
```

●UnionArray2D_UL ： 二次元配列同士を上下に結合する

FILE 8-2-11 UnionArray.xlsm

```
Public Function UnionArray2D_UL(ByRef UpperArray2D As Variant, _
                                ByRef LowerArray2D As Variant) _
                                                  As Variant
'二次元配列同士を上下に結合する

'UpperArray2D・・・上に結合する二次元配列
'LowerArray2D・・・下に結合する二次元配列

    '引数チェック
    Call CheckArray2D(UpperArray2D, "UpperArray2D")
    Call CheckArray2DStart1(UpperArray2D, "UpperArray2D")
    Call CheckArray2D(LowerArray2D, "LowerArray2D")
    Call CheckArray2DStart1(LowerArray2D, "LowerArray2D")

    If UBound(UpperArray2D, 2) <> UBound(LowerArray2D, 2) Then
        MsgBox "2つの二次元配列の二次元要素数を一致させてください", _
               vbExclamation
        Stop
        Exit Function
    End If

    '処理
    Dim I      As Long
    Dim J      As Long
    Dim N1     As Long: N1 = UBound(UpperArray2D, 1)
    Dim N2     As Long: N2 = UBound(LowerArray2D, 1)
    Dim M      As Long: M = UBound(UpperArray2D, 2)
    Dim Output As Variant
    ReDim Output(1 To N1 + N2, 1 To M)

    For I = 1 To N1
        For J = 1 To M
```

▼次ページへ

第8章

汎用プロシージャの紹介

```
            Output(I, J) = UpperArray2D(I, J)          ▼前ページから
        Next J
    Next I


    For I = 1 To N2
        For J = 1 To M
            Output(N1 + I, J) = LowerArray2D(I, J)
        Next J
    Next I


    '出力
    UnionArray2D_UL = Output


End Function
```

▼前ページから

8-2-12 一次元配列のユニーク値抽出

　一次元配列の全要素において重複を消去した（ユニーク値だけ抽出した）一次元配列を返す処理です。

　ちなみに、組み込み関数でUnique関数もありますが、こちらは二次元配列しか処理できずに若干実用性に欠けるので、代わりに用意したプロシージャになります。

●UniqueArray1D ： 一次元配列のユニーク値を一次元配列で返す

FILE 8-2-12 UniqueArray1D.xlsm

```
Public Function UniqueArray1D(ByRef Array1D As Variant) As Variant
'一次元配列のユニーク値を一次元配列で返す
' 「Microsoft Runtime Scripting」ライブラリを参照すること


'引数
'Array1D・・・一次元配列


'返り値
'一次元配列のユニーク値の一次元配列


    '引数チェック
```

▼次ページへ

▼前ページから

```vba
    Call CheckArray1D(Array1D)
    Call CheckArray1DStart1(Array1D)

    '処理
    'ユニーク値抜き出し用に連想配列を作成
    Dim Dict   As New Dictionary
    Dim Value As Variant
    Dim I      As Long

    'ユニーク値だけを連想配列に格納する
    For I = 1 To UBound(Array1D, 1)
        Value = Array1D(I)
        If Dict.Exists(Value) = False Then
            Dict.Add Value, ""
        End If
    Next I

    '出力する一次元配列を作成
    Dim Output As Variant: Output = Dict.Keys

    '2回転移して開始要素番号を1の一次元配列に変換
    Output = WorksheetFunction.Transpose(Output)
    Output = WorksheetFunction.Transpose(Output)

    '出力
    UniqueArray1D = Output

End Function
```

8-3 セル操作関係汎用プロシージャ

本節ではセル操作関係の汎用プロシージャを紹介します。

ここで紹介するものは、筆者は開発用アドイン内の標準モジュール「ModCell」内に格納しており、具体的には次のような操作を部品化して汎用プロシージャにすることで開発を効率化しています。

- ●最終行取得を代表とするセル範囲の取得
- ●配列のセル範囲への一括出力
- ●検索
- ●抽出や並び替え (オートフィルター)

次表は、筆者が実際にセル操作用で用意している汎用プロシージャの一覧です。8-2同様すべてを把握する必要はありませんが、第4章の命名規則の実際の例として参考にしてください。

そして、8-3-1以降で実用的に使えるものをピックアップして紹介します。

名前	説明	紹介
ClipFormulaRCSelectCell	選択セルの数式をRC形式で取得してクリップボードに格納する	
Conv123toABC	列のアルファベットA,B,Cを1,2,3に変換する	
ConvABCto123	列の番号1,2,3をアルファベットA,B,Cに変換する	
CopyCellFormulaRC_Lower	特定セルから指定個数分のセルに数式をRC形式でコピーする	
DeleteHyperlinkCell	指定セル範囲のハイパーリンクを消去する	
DeleteSheetNameInFormula	セルの計算式で自分のシート名を参照している式のシート名を消去する。例えばシート「Sheet1」の中で、セルの数式が「='Sheet1'!A1」となっている数式を「=A1」にする	
DiffCell	Cell1の範囲からCell2の範囲を引いた分のセルを取得する	
FillValueMergeCellArray	指定範囲のセルが結合されている前提で、その範囲の値配列の結合空白部分を値埋めする	
FilterCellArea	指定セル範囲をフィルタ処理する	○
FindCellAll	セル範囲を値で検索して、一致するすべてのセルを連結して取得	
FindColByStartCell	シート上のテーブルにおいて、特定の文字列のヘッダーの列番号を検索する	
GetArray2DFromCell	セルオブジェクトからセル値の二次元配列を取得するセルオブジェクトが単一セルでも二次元配列となる	○※第12章
GetBlankCell	指定シート内の空白セルを取得する	

GetCellArea	基準位置のセルだけから表範囲セルを取得する	○
GetCellAreaBottomBy Array2D	特定セルを左上として基準にして、指定の二次元配列の列数と一致し、シートの下端までの範囲を取得する	
GetCellAreaBottomFromCell	基準セルからシートの下端までの範囲のセルを返す	
GetCellAreaByArray2D	特定セルを左上として基準にして、指定の二次元配列の範囲となるセル範囲を取得する	
GetCellAreaCellToEndOf UsedRange	指定セルからシートのUsedRangeの右下セルまでの範囲を返す	
GetCellAreaSimple	基準位置のセルだけから表範囲セルを取得する オートフィルター、セルの非表示などは考慮していない	
GetCellByName	名前定義よりそのシートにおけるセルを取得する シート内にその名前のセルが無かったらNothingを返す	
GetCellHasFormulaInSheet	指定シートの中の数式が入っているセルをすべて返す	
GetCellProperty	セル範囲のセルのプロパティを二次元配列として取得する	
GetCellValidation	指定されたセルに設定されている入力規則であるリストから一次元配列を取得する	
GetEndCellRow	オートフィルタが設定してある場合も考慮しての最終セルを取得する	○
GetEndCellCol	指定セルから右方向の最終セルを取得する	○
GetEndCellMerge	セル範囲が結合されている場合も考慮した最終行を取得する	
GetEndCol	指定セルから右方向の最終セルの列番号を取得する	○
GetEndRow	オートフィルタが設定してある場合も考慮しての最終行を取得する	○
GetNamesInActiveSheet	アクティブシートにおける名前定義セルの情報を一覧で取得する	
GetRowCountFromCell	指定セルを基準に下側の最終セルまでの行数を返す	
GetSelectionCell	選択中のセルを取得する セル以外を選択している場合はNothingを返す	○
GetVisibleCell	現在シート上で表示しているセル範囲を取得する	
InputCellTextByCommand Button	コマンドボタンが押されたときに、ボタンのテキストを指定されたセル範囲に入力する	
InsertRowAndCopyFormula	指定セルの上側に行を挿入すると同時に、数式があるところは数式をコピーする 通常の行の挿入だけだと書式とかはコピーされても、数式はコピーされない	
JumpCell	指定セルへジャンプする	
MergeCell_1Col	特定のセル範囲において同じ値が連続する場合はセル結合でまとめる	
MergeCellByCount	基準セルから下に連続して結合セルを作成する	
OffsetCell	RangeオブジェクトのOffsetメソッドの非直感的機能を修正したもの セル結合された部分も考慮してOffsetする	
OutputCellArray1DHorizontal	一次元配列をセルに横に出力する	○
OutputCellArray1D Horizontal_FormulaR1C1	一次元配列をセルに横に出力する 出力するのはRange.ValueではなくRange.FormulaR1C1	

OutputCellArray1DVertical	一次元配列をセルに縦に出力する	○
OutputCellArray1DVertical_FormulaR1C1	一次元配列をセルに縦に出力する 出力するのはRange.ValueではなくRange.FormulaR1C1	
OutputCellArray2D	二次元配列を基準の左上のセルを指定してシート上に出力する	○
OutputCellArray2D_FormulaR1C1	二次元配列を基準の左上のセルを指定してシート上に出力する 出力するのはRange.ValueではなくRange.FormulaR1C1	
ProtectSheetExceptRange	指定セル範囲を編集可能にしてシートに保護をかける	
ResetAutoFilter	オートフィルターが設定されている場合は解除する	
SearchValueByCellValue	シート内のワードを探して、そのワードのセルの指定方向の値を取得する	
SelectA1	全シートのA1セルを選択する	○
SetCellDataBar	セルの書式設定で0〜1の値に基づいて、データバーを設定する	
SetCellFontColorPartially	指定セルのフォント色を部分的に変更する	
SetCellInteriorColorByArray2D	セル範囲を二次元配列に格納された色をもとに塗り潰し色を変更する	
SetCellLeftTop	指定セルを画面の左上になるように表示する	
SetCommentCellFormula	選択セルの数式をコメントとして表示する	
SetCommentPicture	セルのコメントで画像を表示する	
SetHyperlinkCell	セルにハイパーリンクを設定すると、そのセルの書式設定が勝手に変わってしまう迷惑機能を防いでハイパーリンクを設定する	
ShowColumns	指定列のみ表示にする	
SortCell	指定範囲のセルを並び替える	
UnionCell	Union関数の代替で片方のCellがNothingの場合でも対応	○
UnMergeCellArea	指定のセル範囲の中のセル結合をすべて解除する	

8-3-1 セル範囲のフィルター処理

では、具体的な解説に移りましょう。

ここで紹介するのは、指定セル範囲をフィルター処理するものです。元々、セル範囲はVBAにRangeオブジェクトとして搭載されており、AutoFilterメソッドも備わっていますが、このメソッドの引数でフィルター条件を指定する「Criteria1」は、次のようなルールになっています。

- 「A」と等しい : Criteria1 = "A"
- 「A」と等しくない : Criteria1 = "<>A"
- 「A」を含む : Criteria1 = "=*A*"
- 「A」を含まない : Criteria1 = "<>*A*"
- 1より大きい : Criteria1 = ">1"
- 1より小さい : Criteria1 = "<1"
- 1以上 : Criteria1 = ">=1"
- 1以下 : Criteria1 = "<=1"

　すなわち、AutoFilterメソッドを使用するにはこれらのルールを覚えておく必要があるため、筆者は「Criteria1」は扱いづらいものだと考えています。

　であるならば、「Criteria1」に代わるものを一度自分で作成して、あとはそれを汎用プロシージャとして使い回すほうが効率的であるというのが筆者がたどり着いた結論です。

　その汎用プロシージャではフィルタ条件は「Condition1」「Condition2」で指定し、変数型で自作のEnum「Enum_フィルタ条件」を利用することで、プロシージャの使用時に簡単に条件を選択できるようにしています。また、指定できる条件は実用上から最大2件までとしています。

　このようにすることで、AutoFilterメソッドを実用上さらに使いやすいものに作り変えることになります。

```
Public Enum Enumフィルタ条件
    vbと等しい
    vbと等しくない
    vbを含む
    vbを含まない
    vbより大きい
    vb以上
    vbより小さい
    vb以下
End Enum
```

●**FilterCellArea ： 指定セル範囲をフィルター処理する**

FILE　8-3-1 FilterCellArea.xlsm

```
Public Sub FilterCellArea(ByRef CellArea As Range, _
                          ByRef Col As Long, _
                          ByRef Filter1 As Variant, _
                 Optional ByRef Condition1 As Enumフィルタ条件, _
                 Optional ByRef Filter2 As Variant, _
                 Optional ByRef Condition2 As Enumフィルタ条件, _
                 Optional ByRef Operator As XlAutoFilterOperator = xlAnd)
'指定セル範囲をフィルター処理する

'引数
'CellArea    ・・・セル範囲
```

▼次ページへ

▼前ページから

```vba
'Col          ・・・抽出する列
'Filter1      ・・・条件1の文字列もしくは数値
'[Condition1]・・・条件1のフィルタ条件
'[Filter2]    ・・・条件2の文字列もしくは数値
'                 (省略なら条件1のみでフィルタ)
'[Condition2]・・・条件2のフィルタ条件
'[Operator]  ・・・条件1と条件2の抽出条件

    '検索条件1の作成
    Dim FilterStr1 As String
    FilterStr1 = Get__FilterStr(Filter1, Condition1)
    If FilterStr1 = "" Then Exit Sub

    '検索条件2の作成
    Dim FilterStr2 As String
    If IsMissing(Filter2) = False Then
        FilterStr2 = Get__FilterStr(Filter2, Condition2)
        If FilterStr2 = "" Then Exit Sub
    End If

    'セル範囲をフィルタ処理
    If FilterStr2 = "" Then
        '検索条件が1つ
        CellArea.AutoFilter Field:=Col, _
                        Criteria1:=FilterStr1
    Else
        '検索条件が2つ
        CellArea.AutoFilter Field:=Col, _
                        Criteria1:=FilterStr1, _
                        Operator:=Operator, _
                        Criteria2:=FilterStr2
    End If

End Sub
```

```
Private Function Get__FilterStr(ByVal Filter As Variant, _
                        ByRef Condition As Enumフィルタ条件) _
                                            As String


'フィルタ文字とフィルタ条件から
'AutoFilterメソッドに入力する引数を作成する

    Dim FilterStr  As String
    Dim JudgeError As Boolean
    Select Case Condition
        Case Enumフィルタ条件.vbと等しい
            If IsNumeric(Filter) = False Then
                '数値の場合は「"」で囲む
                Filter = "" & Filter & ""
            End If
            FilterStr = "=" & Filter


        Case Enumフィルタ条件.vbを含む
            If VarType(Filter) = vbString Then
                '文字列の場合
                FilterStr = "=*" & Filter & "*"

            Else
                '数値の場合
                If IsNumeric(Filter) = False Then
                    Filter = "" & Filter & ""
                End If
                FilterStr = "=" & Filter


            End If

        Case Enumフィルタ条件.vbと等しくない
            If IsNumeric(Filter) = False Then
                '数値の場合は「"」で囲む
                Filter = "" & Filter & ""
            End If
            FilterStr = "<>" & Filter

        Case Enumフィルタ条件.vbを含まない
```

▼次ページへ

▼前ページから

```vba
        FilterStr = "<>*" & Filter & "*"


    Case Enumフィルタ条件.vbより大きい
        FilterStr = ">" & Filter
        If IsNumeric(Filter) = False And _
            IsDate(Filter) = False Then
            '検索文字が文字列型ならエラーとなる
            GoTo ErrorEscape
        End If


    Case Enumフィルタ条件.vb以上
        FilterStr = "≧" & Filter
        If IsNumeric(Filter) = False And _
            IsDate(Filter) = False Then
            '検索文字が文字列型ならエラーとなる
            GoTo ErrorEscape
        End If


    Case Enumフィルタ条件.vbより小さい
        FilterStr = "<" & Filter
        If IsNumeric(Filter) = False And _
            IsDate(Filter) = False Then
            '検索文字が文字列型ならエラーとなる
            GoTo ErrorEscape
        End If


    Case Enumフィルタ条件.vb以下
        FilterStr = "≦" & Filter
        If IsNumeric(Filter) = False And _
            IsDate(Filter) = False Then
            '検索文字が文字列型ならエラーとなる
            GoTo ErrorEscape
        End If


    End Select


    Get__FilterStr = FilterStr
    Exit Function
```

▼次ページへ

```
ErrorEscape:                                                   ▼前ページから
    MsgBox "大小比較においては文字列型を入力してはいけません", _
            vbExclamation


End Function
```

8-3-2 最終行番号、最終列番号の取得

　最終行番号や最終列番号の取得処理は、シート上に入力された表のセル範囲を取得する上で頻出のVBA処理です。

　VBAの教材では次のようなコードが定番として紹介されています。

```
A列の最終行番号 = Cells(Rows.Count,1).End(xlUp).Row
```

　この処理は、指定列のワークシート範囲で一番下のセルからたどって上方向の最初の非空白セルを取得する方法です。

　しかし、この方法はワークシートにオートフィルターが設定してあったり、非表示の行がある場合は意図したとおりに正確に値が取得できないケースもあります。

　その対策として筆者が推奨するのが、上記のような「Range.Endプロパティ」は利用せずに、非空白／空白セルを1つずつしっかり判定して最終行番号を取得する方法です。非常に泥臭い処理ですが、この手法を用いないとコードの信頼性は担保できません。

　紹介する汎用プロシージャは、オートフィルター、非表示行・列があることも考慮した実用的な処理となっています。

- ●GetEndRow ： 指定セル基準に最終行番号を取得する
- ●GetEndCol ： 指定セル基準に最終列番号を取得する

●GetEndRow ： 指定セル基準に最終行番号を取得する

```vba
Public Function GetEndRow(ByRef StartCell As Range, _
                Optional ByVal MaxBlankCount As Long = 0) _
                                        As Long
'指定セル基準に最終行番号の取得
'オートフィルタが設定してある場合も考慮する


'StartCell      ・・・探索する基準の開始セル
'[MaxBlankCount]・・・最終行判定用の空白セルの連続個数
'               指定個数の空白セルが連続したら最後の非空白セルが最終セル


    '処理
    Dim Sheet    As Worksheet: Set Sheet = StartCell.Worksheet
    Dim StartRow As Long
    Dim StartCol As Long


    Dim TmpBlankCount As Long
    Dim TmpEndRow     As Long
    Dim TmpRow        As Long


    If Sheet.AutoFilterMode Or MaxBlankCount <> 0 Then
        'オートフィルタが設定されている場合
        'もしくは、連続空白セル個数が指定してある場合
        '→空白セルを1つずつ数える
        StartRow = StartCell.Row
        StartCol = StartCell.Column


        For TmpRow = StartRow To Sheet.Rows.Count
            If Sheet.Cells(TmpRow, StartCol).Value = "" Then
                '次の下側のセルが空白の場合
                If MaxBlankCount = 0 Then
                    'その位置の手前が最終行
                    Exit For
                Else
                    '連続する空白セル個数加算
                    TmpBlankCount = TmpBlankCount + 1
                End If
```

▼次ページへ

```
                    If TmpBlankCount ≥ MaxBlankCount Then          ▼前ページから
                        '指定した数以上に空白セルが連続した場合
                        '最後の非空白セルが最終行
                        Exit For
                    End If
                Else
                    TmpEndRow = TmpRow
                    TmpBlankCount = 0
                End If
            Next

        Else
            'オートフィルタが設定されていない場合
            '→Range.Endを利用した最終行の取得
            TmpEndRow = _
                Sheet.Cells(Sheet.Rows.Count, StartCell.Column).End(xlUp).Row
        End If

        '出力
        GetEndRow = TmpEndRow

End Function
```

●GetEndCol ： 指定セル基準に最終列番号を取得する

FILE 8-3-3 GetEndCell.xlsm

```
Public Function GetEndCol(ByRef StartCell As Range, _
            Optional ByVal MaxBlankCount As Long = 0) _
                                        As Long
'指定セル基準に最終列番号を取得
'非表示列があることを考慮してRange.Endは使用しない

'StartCell      ・・・探索する基準の開始セル
'[MaxBlankCount]・・・最終列判定用の空白セルの連続個数
'               指定個数の空白セルが連続したら最後の非空白セルが最終セル

    '引数処理
    If MaxBlankCount = 0 Then
                                                        ▼次ページへ
```

▼前ページから

```
            MaxBlankCount = 100
    End If


    '処理
    Dim Sheet       As Worksheet: Set Sheet = StartCell.Worksheet
    Dim StartRow    As Long: StartRow = StartCell.Row
    Dim StartCol    As Long: StartCol = StartCell.Column


    Dim TmpBlankCount As Long
    Dim TmpEndCol       As Long
    Dim TmpCol          As Long


    For TmpCol = StartCol To Sheet.Columns.Count
        If Sheet.Cells(StartRow, TmpCol).Value = "" Then
            '次の右側のセルが空白の場合
            If MaxBlankCount = 0 Then
                'その位置の手前が最終行
                Exit For
            Else
                '連続する空白セル個数加算
                TmpBlankCount = TmpBlankCount + 1
            End If

            If TmpBlankCount ≥ MaxBlankCount Then
                '指定した数以上に空白セルが連続した場合は
                '最後の非空白セルが最終行
                Exit For
            End If
        Else
            '次の右側のセルが非空白の場合
            TmpEndCol = TmpCol
            TmpBlankCount = 0
        End If
    Next

    If TmpEndCol = 0 Then
        '右側がずっと空白セルの場合
        TmpEndCol = StartCell.Column
    End If
```

▼次ページへ

```
                                                              ▼前ページから
    '出力
    GetEndCol = TmpEndCol


End Function
```

8-3-3 最終行セル、最終列セルの取得

8-3-2の最終行番号、最終列番号の取得と同時に頻繁に行う処理が最終行セル、最終列セルの取得です。

ここで紹介する汎用プロシージャは8-3-2の「GetEndRow」「GetEndCol」を利用した処理ですが、こちらも実用的によく使うものです。

● GetEndCellRow ： 指定セル基準に最終行セルを取得する
● GetEndCellCol ： 指定セル基準に最終列セルを取得する

● GetEndCellRow ： 指定セル基準に最終行セルを取得する

FILE 8-3-3 GetEndCell.xlsm

```
Public Function GetEndCellRow(ByRef StartCell As Range, _
                Optional ByRef MaxBlankCount As Long = 0) _
                                              As Range
'指定セル基準に最終行セルの取得
'オートフィルタが設定してある場合も考慮する

'StartCell       ・・・探索する基準の開始セル
'[MaxBlankCount]・・・最終行判定用の空白セルの連続個数
'               指定個数の空白セルが連続したら最後の非空白セルが最終セル

    '処理
    Dim Sheet  As Worksheet: Set Sheet = StartCell.Worksheet
    Dim EndRow As Long
    EndRow = GetEndRow(StartCell, MaxBlankCount)

    Dim Output As Range
    Set Output = Sheet.Cells(EndRow, StartCell.Column)
                                              ▼次ページへ
```

▼前ページから

```
        '出力
        Set GetEndCellRow = Output


End Function
```

●GetEndCellCol ： 指定セル基準に最終列セルを取得する

FILE 8-3-3 GetEndCell.xlsm

```
Public Function GetEndCellCol(ByRef StartCell As Range, _
                Optional ByRef MaxBlankCount As Long = 0) _
                                        As Range
'指定セル基準に最終列セルの取得

'StartCell      ・・・探索する基準の開始セル
'[MaxBlankCount]・・・最終列判定用の空白セルの連続個数
'                    指定個数の空白セルが連続したら最後の非空白セルが最終セル

    '処理
    Dim Sheet  As Worksheet: Set Sheet = StartCell.Worksheet
    Dim EndCol As Long
    EndCol = GetEndCol(StartCell, MaxBlankCount)

    Dim Output As Range
    Set Output = Sheet.Cells(StartCell.Row, EndCol)

    '出力
    Set GetEndCellCol = Output


End Function
```

8-3-4 表範囲の取得

　ここで紹介するのは、8-3-2の最終行番号、最終列番号の取得処理を利用した、ワークシート上の表範囲を取得する汎用プロシージャです。

　まず、汎用プロシージャのコードを掲載します。

第8章　汎用プロシージャの紹介

●GetCellArea ： 基準位置のセルだけから表範囲セルを取得する

```vb
Public Function GetCellArea(ByVal StartCell As Range, _
                    Optional ByRef ColCount As Long, _
                    Optional ByRef StartRow As Long = 1, _
                    Optional ByRef MaxBlankCount As Long = 0) _
                                      As Range
'基準位置のセルだけから表範囲セルを取得する。
'非表示セル、フィルターも全て考慮した処理


'引数
'StartCell       ・・・基準セル
'[ColCount]      ・・・セル範囲の列数
'                    省略なら基準セルから自動で探索
'[StartRow]      ・・・セル範囲の範囲内での開始行番号
'                    省略なら1で最初の行からの範囲。
'                    ヘッダー行など1行目の項目行を省きたい場合は2
'[MaxBlankCount]・・・最終列判定用の空白セルの連続個数
'                    指定個数の空白セルが連続したら最後の非空白セルが最終セル

    '最終列番号を計算
    Dim EndCol As Long '最終列番号
    If ColCount = 0 Then '列数が指定されていない
        '探索
        EndCol = GetEndCol(StartCell, MaxBlankCount)
    Else
        '指定列数から計算
        EndCol = StartCell.Column + ColCount - 1
    End If

    '最終行番号計算
    Dim EndRow As Long '最終行番号
    EndRow = GetEndRow(StartCell, MaxBlankCount) '探索

    '開始セル、終了セルを計算
    Dim Sheet As Worksheet: Set Sheet = StartCell.Worksheet
    Set StartCell = StartCell.Offset(StartRow - 1, 0)
    Dim EndCell As Range: Set EndCell = Sheet.Cells(EndRow, EndCol)
```

▼次ページへ

▼前ページから

```
'出力
Dim Output As Range: Set Output = Range(StartCell, EndCell)
Set GetCellArea = Output


End Function
```

次に、この「GetCellArea」の使い方を説明します。

次の図のような表がワークシート上にあるとします。ワークシートのオブジェクト名は「Sh01_注文データ」と設定してあります。

	A	B	C	D	E	F	G	H	I
1									
2		会社名	品名	数量	単価	金額	注文日	担当者	
3		株式会社A	ボールペン	10	150	1500	2023/11/1	佐藤	
4		株式会社B	ノートパソコン	2	80000	160000	2023/11/1	鈴木	
5		株式会社C	USBメモリ	20	1200	24000	2023/11/1	髙橋	
6		株式会社A	机	5	20000	100000	2023/11/1	田中	
7		株式会社D	椅子	10	8000	80000	2023/11/1	伊藤	
8		株式会社E	ファイル	30	500	15000	2023/11/1	山本	
9		株式会社B	カレンダー	50	200	10000	2023/11/1	中村	
10		株式会社F	マウス	15	1500	22500	2023/11/1	小林	
11		株式会社G	キーボード	10	2500	25000	2023/11/1	加藤	
12		株式会社A	印刷用紙	100	250	25000	2023/11/1	吉田	
13									

この表を二次元配列として取得する処理を次の3通りの場合で記述します。

- 1行目のヘッダーを含む場合
- 1行目のヘッダーを含まない場合
- 最初の4列までの情報のみを取得する場合

それぞれの実行結果とともに確認してください。

1つ目は、1行目のヘッダーを含む場合です。

「GetCellArea」の第1引数にセルB2を指定するだけで表範囲のセル範囲を取得して、Valueプロパティから二次元配列を取得しています。

```
Public Function Get_表_ヘッダー含む() As Variant
    Dim Sheet    As Worksheet: Set Sheet = Sh01_注文データ
    Dim Cell     As Range:     Set Cell = Sheet.Range("B2")
    Dim CellArea As Range:     Set CellArea = GetCellArea(Cell)
    Dim Output   As Variant:   Output = CellArea.Value
    Get_表_ヘッダー含む = Output
End Function
```

取得したデータは次のようにヘッダー行が含まれています。

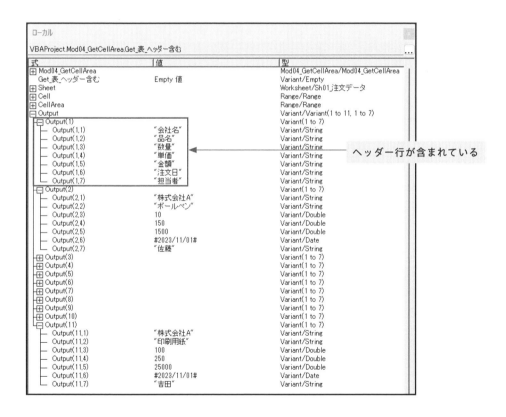

2つ目の処理は、1行目のヘッダーを含まない場合です。

この場合は、「GetCellArea」の第3引数に「2」と指定して、「2行目以降の範囲を取得する」と命令しています。

```
Public Function Get_表_ヘッダー含まず() As Variant
    Dim Sheet    As Worksheet: Set Sheet = Sh01_注文データ
    Dim Cell     As Range:     Set Cell = Sheet.Range("B2")
    Dim CellArea As Range:     Set CellArea = GetCellArea(Cell, , 2)
    Dim Output   As Variant:   Output = CellArea.Value
    Get_表_ヘッダー含まず = Output
End Function
```

取得したデータは次のようにヘッダー行は含まれず、2行目からのデータです。

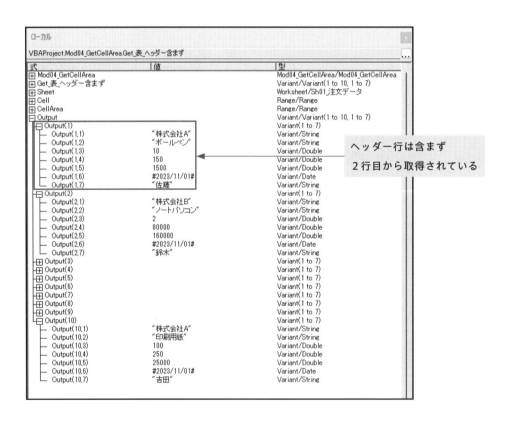

ヘッダー行は含まず
2行目から取得されている

　3つ目の処理は、最初の4列（会社名～単価）までの情報のみを取得する場合です。2つ目の処理同様にヘッダー行は含まないようにします。

　この場合は、「GetCellArea」の第2引数に列数の「4」を指定します。

```
Public Function Get_表_4列分() As Variant
    Dim Sheet    As Worksheet: Set Sheet = Sh01_注文データ
    Dim Cell     As Range:     Set Cell = Sheet.Range("B2")
    Dim CellArea As Range:     Set CellArea = GetCellArea(Cell, 4, 2)
    Dim Output   As Variant:   Output = CellArea.Value
    Get_表_4列分 = Output
End Function
```

取得したデータは次のように4列分のみです。

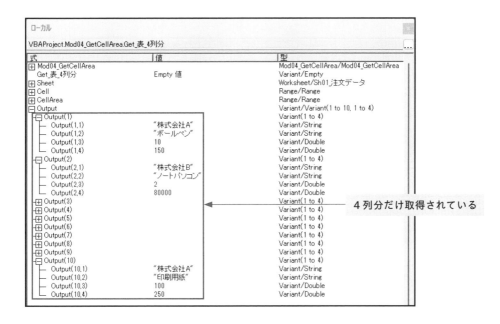

表取得処理のポイントは、次の2つに集約されます。

● ヘッダーを含むか、含まないか
● 列数は固定か、範囲が変動するか

筆者はこれらの条件を1つの汎用プロシージャで処理できるように設計しています。

8-3-5 選択セルの取得

選択中のセルの取得は、次のようにSelectionプロパティで可能です。

```
Dim Cell As Range: Set Cell = Selection
```

しかし、この処理では選択しているものがセルではなくシェイプだったりするとエラーとなってしまいます。すなわち、実用レベルで考えると「Selection」がRangeオブジェクトかどうかを判定して分岐する処理が必要になります。

この例外処理を毎回記述するのは手間になるので、例外処理も含めた汎用プロシージャをご覧ください。

●GetSelectionCell ： 選択中のセルを取得する

FILE 8-3-5 GetSelectionCell.xlsm

```
Public Function GetSelectionCell() As Range
'選択中のセルを取得する
'セル以外を選択している場合はNothingを返す

    '処理
    Dim Dummy  As Object: Set Dummy = Selection
    Dim Output As Range: Set Output = Nothing
    If TypeName(Dummy) = "Range" Then
        Set Output = Dummy
    End If

    '出力
    Set GetSelectionCell = Output

End Function
```

8-3-6 全シートのA1セルを選択

　他人に利用してもらうExcelブックは、保存時に全シートでセルA1を選択状態にするのがマナーだと筆者は考えます。そして、この処理を一括で行う処理を汎用プロシージャとして準備しておくと開発効率が向上します。

　この汎用プロシージャは、普段はリボンに設置しておき、いつでも実行できるようにしておくことを推奨します（リボンにマクロを登録する方法に関しては第12章で解説します）。

●SelectA1 ： 全シートのA1セルを選択する

FILE 8-3-6 SelectA1.xlsm

```vba
Public Sub SelectA1()
'全シートのA1セルを選択する

    '処理
    Dim SelectSheet As Worksheet: Set SelectSheet = ActiveSheet
    Dim TmpSheet    As Worksheet
    For Each TmpSheet In ActiveWorkbook.Worksheets
        If TmpSheet.Visible = xlSheetVisible Then
            '表示しているシートのみ対象とする
            Application.Goto TmpSheet.Range("A1")
        End If
    Next
    SelectSheet.Select '選択シートを戻す

    '確認メッセージ
    MsgBox "全シートのA1セルを選択しました", vbInformation

End Sub
```

8-3-7 セル同士の結合

セル同士の結合は組み込み関数のUnion関数が利用できますが、引数として与えるRangeオブジェクトに「Nothing」が含まれるとエラーとなります。このためのエラーハンドリングは頻繁に記述する必要があるので、汎用プロシージャとしてまとめておくと便利です。

●UnionCell ： Union関数の代替処理をする

FILE 8-3-7 UnionCell.xlsm

```
Public Function UnionCell(ByRef Cell1 As Range, _
                          ByRef Cell2 As Range) _
                          As Range
'Union関数の代替
'片方のCellがNothingの場合でも対応

'引数
'Cell1・・・セル1
'Cell2・・・セル2

    '処理
    Dim Output As Range
    If Cell1 Is Nothing And Cell2 Is Nothing Then
        Set Output = Nothing
    ElseIf Cell1 Is Nothing Then
        Set Output = Cell2
    ElseIf Cell2 Is Nothing Then
        Set Output = Cell1
    Else
        Set Output = Union(Cell1, Cell2)
    End If

    '出力
    Set UnionCell = Output

End Function
```

8-4 ファイル操作関係汎用プロシージャ

　本節ではファイル操作関係の汎用プロシージャを紹介します。筆者の開発用アドイン内の標準モジュールは「ModFile」内に格納してあります。

　具体的には、次のような操作を部品化して汎用プロシージャにして開発を効率化します。

- ●ファイルやフォルダの選択操作
- ●テキスト、PDFなどの形式でのファイルの出力
- ●フォルダ内のファイルやサブフォルダの一覧取得
- ●テキストやCSV形式のファイルの読込
- ●シートをブック形式で保存
- ●ファイルパスからフォルダ名、ファイル名、拡張子などを取得
- ●ブックのバックアップ処理

　次表は、筆者が実際にファイル操作用で用意している汎用プロシージャの一覧です。8-2、8-3同様すべてを把握する必要はありませんが、第4章の命名規則の実際の例として参考にしてください。

　そして、8-4-1以降で特に実用的に使えるものを紹介します。

名前	説明	紹介
BackupWithDateToFolder	指定ファイルを指定フォルダに日付をつけてバックアップ	○
ConvOneDrivePath_LocalPath	OneDriveのhttp形式のパスをローカル上のパスに変換する	○
DeleteFileInFolder	指定されたフォルダパス内の、指定したファイル名を含むファイルを全て削除する	
FileExists	ファイルの存在を確認	
FileExistsDir	Dirを利用してファイルの存在を確認する	
FolderExists	フォルダの存在を確認する	
GetDefaultCurDir	デフォルトのカレントディレクトリパスを取得する	
GetDesktopPath	デスクトップのパスを取得する	
GetExtension	ファイルの拡張子を取得する	
GetFileDateTime	ファイルのタイムスタンプを取得する	
GetFileName	ファイルのフルパスからファイル名を取得する	
GetFileNameWithoutExtension	ファイルのフルパスからファイル名を取得する拡張子を除外する	
GetFiles	フォルダ内のファイルのリストを取得する	○

GetFilesAll	フォルダ内のファイルをサブフォルダ内も含めてすべて取得する	
GetFilesDir	フォルダ内のファイルのリストを取得する macでも使えるようにDir関数を利用する	
GetFilesDirAll	フォルダ内のファイルをすべて取得する macでも使えるようにDir関数を利用する	
GetFilesDirWithDateTime	フォルダ内のファイルのリストを更新日時と一緒に取得する	
GetFilesPropety	フォルダ内のファイルのリストを取得する ファイルのプロパティも一緒に取得する	
GetFilesPropetyFromFileList	指定ファイルリストのプロパティを取得する	
GetFolderName	ファイルパスから特定のフォルダ名を取得する	
GetFolderPath	指定パスの上のフォルダのパスを取得する	
GetPictureSize	指定画像ファイルパスのサイズ(幅、高さのピクセル数)を取得する	
GetSubFolders	フォルダ内のサブフォルダのリストを取得する	
GetSubFoldersAll	フォルダ内のサブフォルダを階層状態の最深部まですべて取得する	
GetSubFoldersDir	フォルダ内のサブフォルダのリストを取得する Macでも使えるようにDir関数を利用する	
GetUniqueFileName	ファイル名がすでに存在する場合は、ファイル名の後ろに重複しないように(数字)をつける	
InputCSV	CSVファイルを読み込んで配列形式で返す	
InputCSVByOpen	CSVファイルを読み込んで配列形式で返す CSVファイルはExcelで起動したものから取得する	
InputText	テキストファイルを読み込んで配列で返す	○
MakeFolder	フォルダを作成する	
MakeShortCut	指定フルパスからショートカットを作成する	
ModifyFileName	ファイル名に保存時に無効な文字列が含まれていたら特定の文字列で置き換える	
MoveFile	ファイルを移動する	
OpenApplication	指定パスのアプリを起動する	
OpenFile	指定パスのファイルを起動する	
OpenFolder	指定パスのフォルダを起動する	
OutputCSV	二次元配列をCSVで出力する	
OutputPDF	指定シートをPDF化する	○
OutputPDF_Word	指定WordドキュメントをPDF化する	
OutputPDFs	複数シートをまとめてPDF化する	○
OutputText	二次元配列をテキストデータで出力する	○
OutputXML	テーブルデータからXMLデータを出力する	
SaveActiveSheetAsBook	アクティブシートを単一ブックとして保存する	
SaveSheetAsBook	指定のシートを別ブックで保存する	○
SaveSheetAsCSV	指定のシートをCSVで保存する	

第8章

汎用プロシージャの紹介

SaveSheetsAsBook	複数シートをまとめて別ブックとして保存する	
SelectFile	ファイルを選択するダイアログを表示してファイルを選択させる 選択したファイルのフルパスを返す	○
SelectFolder	フォルダを選択するダイアログを表示してフォルダを選択させる 選択したフォルダのフルパスを返す	○
SetCurrentFolder	指定フォルダパスをカレントフォルダに設定する	

8-4-1 OneDriveの影響によるhttp形式のファイルパスをローカル上のパスに変換

近年のクラウド化の流れでOneDriveを利用する環境が増えてきましたが、その結果、OneDrive上のThisWorkbook.Pathで取得できるブックのパスがhttp形式になるという問題があります。

```
イミディエイト
?ThisWorkbook.Path
https://d.docs.live.net/          /作業フォルダ/2023年/12月
```
← http形式のパス

しかし、このままのファイルパスではVBAでは認識ができませんので、ローカル上のパスに変換する必要があります。

この対策としては、次の2つの方法があります。

対策①：マクロ付ブックの操作時はOneDriveを終了させておく
対策②：ThisWorkbook.Pathで取得されたパスをローカルパスに変換する

このうち、①のOneDriveを適時終了させておくのは手間になるので、ここでは②に該当する汎用プロシージャを紹介します。

プロシージャの「ConvOneDrivePath_LocalPath」を使用すると、次のようにローカルパスに変換されているのがわかります。

```
イミディエイト
?ConvOneDrivePath_LocalPath(ThisWorkbook.Path)
C:¥Users¥fukam¥OneDrive¥作業フォルダ¥2023年¥12月
```
← ローカルパス

なお、本書記載の変換処理はOneDriveの設定などの違いには対応しておりませんので、注意してください。

● **ConvOneDrivePath_LocalPath ： OneDriveのhttp形式のパスをローカルパスに変換する**

FILE 8-4-1 ConvOneDrivePath_LocalPath.xlsm

```vba
Public Function ConvOneDrivePath_LocalPath(ByRef Path As String) _
                                            As String
'OneDriveのhttp形式のパスをローカルパスに変換する

'https://d.docs.live.net/********/作業フォルダ/2023年/12月/Book.xlsm
'↓
'C:¥Users¥[ユーザー名]¥OneDrive¥作業フォルダ¥2023年¥12月¥Book.xlsm

'引数
'Path・・・変換対象のフォルダパス

    '処理
    Dim Output   As String
    Dim TmpSplit As Variant
    If Path Like "http*" Then
        'パスがhttpから始まるので変換の必要あり
        TmpSplit = Split(Path, "¥") '「¥」で分割
        TmpSplit(0) = ""
        TmpSplit(1) = ""
        TmpSplit(2) = ""
        TmpSplit(3) = Environ("OneDrive")
        Output = Join(TmpSplit, "¥") '¥で結合する
        Output = Mid(Output, 4)
    Else
        '変換の必要なし
        Output = Path
    End If

    '出力
    ConvOneDrivePath_LocalPath = Output

End Function
```

8-4-2 ファイルのバックアップ

6-2のコラム（92ページ参照）でも説明したように、開発用アドインなど重要なファイルは定期的にバックアップを取るような処理が重要になってきます。

そのための「ブック保存時のイベントプロシージャ」のコードは、次のようになります。

```vba
Private Sub Workbook_AfterSave(ByVal Success As Boolean)
    'ブックのフルパスとバックアップ先フォルダを指定
    Dim FullPath   As String
    Dim FolderPath As String
    FullPath = ThisWorkbook.FullName
    FolderPath = ThisWorkbook.Path & "¥" & "Backup"

    'OneDriveの影響をなくす
    FullPath = ConvOneDrivePath_LocalPath(FullPath)
    FolderPath = ConvOneDrivePath_LocalPath(FolderPath)

    'バックアップ処理
    Call BackupWithDateToFolder(FullPath, FolderPath)
End Sub
```

そして、このイベントプロシージャの最後に部品として呼び出されている汎用プロシージャが下記になります。

●BackupWithDateToFolder ： 指定ファイルを指定フォルダに日付をつけてバックアップする

FILE 8-4-2 BackupWithDateToFolder.xlsm

```vba
Public Sub BackupWithDateToFolder(ByRef FullPath As String, _
                     ByRef BackupFolderPath As String)
'指定ファイルを指定フォルダに日付をつけてバックアップ
' 「Microsoft Scripting Runtime」ライブラリを参照すること

'引数
'FullPath         ・・・バックアップするファイルのフルパス
'BackupFolderPath・・・バックアップ先のフォルダパス
                                        ▼次ページへ
```

第8章

汎用プロシージャの紹介

▼前ページから

```
'元のファイル名から日付が付いたファイル名を作成
Dim FSO          As New FileSystemObject
Dim FileName     As String
Dim Extension    As String
Dim BackupFileName As String
FileName = FSO.GetFileName(FullPath)
Extension = FSO.GetExtensionName(FullPath)
BackupFileName = FileName & "_" & _
                 Format(Date, "YYYYMMDD") & _
                 "." & Extension

'バックアップ作成
Call FSO.CopyFile(FullPath, _
                 BackupFolderPath & "¥" & BackupFileName)

End Sub
```

8-4-3 フォルダ内のファイル一覧取得

　フォルダに保管されているファイルを一覧で取得する処理です。特定のフォルダ内にあるExcel ブックを一括で処理するといったときに必要になる処理で頻繁に利用します。

　紹介する汎用プロシージャ「GetFiles」は、第2引数に複数の拡張子を指定できるようになっています。これは「ParamArray（可変長引数配列）」と言って、不特定多数の引数を指定できるテクニックになります。ParamArrayについては9-3（259ページ参照）にて詳しく解説しています。

　すなわち、次のコードのように第2引数以降は複数の種類の拡張子が指定できます。

```
GetFiles(FolderPath, "xls", "xlsm")
```

　では、汎用プロシージャ「GetFiles」をご覧ください。

●GetFiles ： フォルダ内のファイルのリストを取得する

```vba
Public Function GetFiles(ByRef FolderPath As String, _
                    ParamArray Extensions() As Variant) _
                                    As Variant
'フォルダ内のファイルを一覧で取得する
'「Microsoft Scripting Runtime」ライブラリを参照すること

'FolderPath・・・検索対象のフォルダパス
'Extensions・・・取得対象の拡張子、可変長引数配列で入力

'引数
'ファイル名一覧の一次元配列
'ファイルが1つもなかったらEmptyを返す

    '※※※※※※※※※※※※※※※※※※※※※※※※※※
    '引数チェック
    'フォルダの確認
    Dim FSO As New FileSystemObject
    If FSO.FolderExists(FolderPath) = False Then
        MsgBox "「" & FolderPath & "」" & vbLf & _
            "のフォルダの存在が確認できません。" & vbLf & _
            "処理を終了します。", vbExclamation
        Exit Function
    End If

    '※※※※※※※※※※※※※※※※※※※※※※※※※※
    '処理
    '拡張子の連想配列を作成
    Dim ExtensionDict As New Dictionary
    Dim TmpExtension  As String
    Dim I             As Long
    For I = 0 To UBound(Extensions, 1)
        TmpExtension = Extensions(I)

        '小文字に変換
        TmpExtension = StrConv(TmpExtension, vbLowerCase)
        ExtensionDict.Add TmpExtension, ""
    Next
```

▼次ページへ

さらに知っておきたいVBA開発の超効率化テクニック

▼前ページから

```
'フォルダ内の各ファイルを取得して、対象の拡張子だけ配列に格納
    Dim Folder          As Scripting.Folder
    Set Folder = FSO.GetFolder(FolderPath)


    Dim File            As Scripting.File
    Dim FileExtension As String
    Dim FileName        As String
    Dim K               As Long: K = 0
    Dim N               As Long
    Dim Output          As Variant: ReDim Output(1 To 1)


    If Folder.Files.Count = 0 Then
        'ファイルが1つもなかったらEmptyを返す
        Exit Function
    End If


    For Each File In Folder.Files
        FileName = File.Name 'ファイル名を取得


        '拡張子を取得して小文字に変換
        FileExtension = FSO.GetExtensionName(FileName)
        FileExtension = StrConv(FileExtension, vbLowerCase)

        If ExtensionDict.Exists(FileExtension) = True Then
            K = K + 1
            ReDim Preserve Output(1 To K)
            Output(K) = FileName
        End If
    Next


    '※※※※※※※※※※※※※※※※※※※※※※※※※
    '出力
    GetFiles = Output


End Function
```

第8章

汎用プロシージャの紹介

8-4-4 テキストファイルの読込

テキストファイルの読込処理を行うための汎用プロシージャです。

テキストファイルは、文字エンコーディングの種類が主にUTF-8、UTF-16、ShiftJISの3種類があり、それぞれによって別々の処理が必要になります。

汎用プロシージャ「InputText」は、メインプロシージャ以外に2つのプロシージャで構成されています。1つは、UTF-8、UTF-16形式を読み込むための「InputTextUTF」、もう1つは、Shift-JIS形式を読み込むための「InputTextShiftJIS」です。

「InputTextUTF」「InputTextShiftJIS」ではテキストファイルの中身を文字列として取得するのですが、このままの形式だと扱いづらいので、二次元配列に変換する処理をメインのプロシージャ「InputText」で行っています。

たとえば、次の図のようなテキストファイルを作成して、Excelブックと同じフォルダ上に保存したとします。

そして、次のコードを実行すると、変数「Output」の中にはテキストファイルの各行で文字列が「,」で分割されて二次元配列として取得されます。

```vba
Private Sub UTF8読込()
    'テキストファイルのフルパス作成
    Dim FilePath As String
    FilePath = ThisWorkbook.Path & "¥" & "サンプル UTF-8.txt"
    FilePath = ConvOneDrivePath_LocalPath(FilePath)

    'テキストファイルを読込
    Dim Output As Variant
    Output = InputText(FilePath, vbUTF8, ",")
End Sub
```

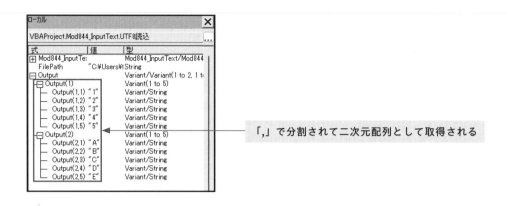

「,」で分割されて二次元配列として取得される

では、その「InputText」のコードを見てください。また、ここではEnumを使用していることに注意してください。

```
'テキストファイル入出力用の文字エンコーディング
Public Enum EnumStringEncode
    vbUTF8
    vbUTF16
    vbShiftJIS
End Enum
```

●InputText ： テキストファイルを読み込んで二次元配列として返す

FILE 8-4-4 InputText.xlsm

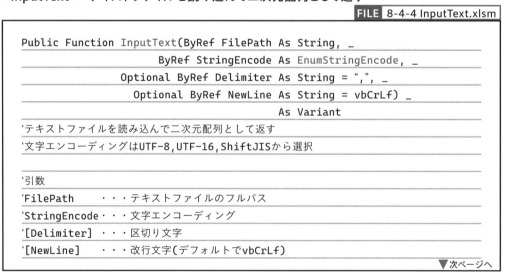

```
Public Function InputText(ByRef FilePath As String, _
                    ByRef StringEncode As EnumStringEncode, _
                Optional ByRef Delimiter As String = ",", _
                Optional ByRef NewLine As String = vbCrLf) _
                                    As Variant
'テキストファイルを読み込んで二次元配列として返す
'文字エンコーディングはUTF-8,UTF-16,ShiftJISから選択

'引数
'FilePath     ・・・テキストファイルのフルパス
'StringEncode ・・・文字エンコーディング
'[Delimiter]  ・・・区切り文字
'[NewLine]    ・・・改行文字(デフォルトでvbCrLf)
```

▼次ページへ

▼前ページから

```
'                    他vbLf,vbCrを設定可能

    '処理
    Dim Text As String
    Select Case StringEncode
        Case vbUTF8
            Text = InputTextUTF(FilePath, "utf-8")

        Case vbUTF16
            Text = InputTextUTF(FilePath, "utf-16")

        Case vbShiftJIS
            Text = InputTextShiftJIS(FilePath)

    End Select

    '二次元配列に変換
    Dim ListLines As Variant
    ListLines = Split(Text, NewLine) '改行で区切る

    Dim I        As Long
    Dim J        As Long
    Dim N        As Long: N = UBound(ListLines, 1) + 1
    Dim M        As Long
    Dim Line     As String
    For I = 0 To UBound(ListLines, 1)
        Line = ListLines(I)
        If InStr(Line, Delimiter) > 0 Then
            M = WorksheetFunction.Max(M, _
                UBound(Split(Line, Delimiter), 1) + 1)
        End If
    Next

    If M = 0 Then
        MsgBox "読み込みに失敗しました", vbInformation
        Stop
        Exit Function
    End If
```

▼次ページへ

▼前ページから

```vba
    Dim Output   As Variant: ReDim Output(1 To N, 1 To M)
Dim TmpSplit As Variant
For I = 0 To UBound(ListLines, 1)
    Line = ListLines(I)
    If InStr(Line, Delimiter) > 0 Then
        TmpSplit = Split(Line, Delimiter)
        For J = 0 To UBound(TmpSplit, 1)
            Output(I + 1, J + 1) = TmpSplit(J)
        Next
    Else
        Output(I + 1, 1) = Line
    End If
Next

'出力
InputText = Output


End Function
```

```vba
Private Function InputTextUTF(ByRef FilePath As String, _
                             ByRef UTF As String) _
                             As String
'テキストファイルを読み込む
'テキストファイルの文字エンコーディングはUTF-8,UTF-16を対象とする

'引数
'FilePath・・・テキストファイルのフルパス
'UTF     ・・・文字エンコーディング

    '処理
    Dim stream As Object: Set stream = CreateObject("ADODB.Stream")
    stream.Type = 2 '2:テキストファイル
    stream.Charset = UTF ' 文字エンコーディングを指定
    stream.Open
    stream.LoadFromFile FilePath

    Dim Output As String: Output = stream.ReadText
    stream.Close
```

▼次ページへ

▼前ページから

```
'出力
    InputTextUTF = Output

End Function
```

```
Private Function InputTextShiftJIS(ByRef FilePath As String) As String
'テキストファイルを読み込む
'テキストファイルの文字エンコーディングはShiftJISを対象とする

'引数
'FilePath・・・テキストファイルのフルパス

    '処理
    Dim TmpText As String
    Dim Output  As String: Output = ""
    Dim FileNo  As Long: FileNo = FreeFile

    Open FilePath For Input As #FileNo
    Do Until EOF(FileNo)
        Line Input #FileNo, TmpText
        Output = Output & TmpText & vbCrLf
    Loop

    Close #FileNo

    '出力
    InputTextShiftJIS = Output

End Function
```

8-4-5 テキストファイルの出力

8-4-4の逆で、テキストファイルを出力する処理です。

出力の元データは二次元配列の形式とし、出力するテキストファイルの文字エンコードはUTF-8、UTF-16、ShiftJISを選べるようになっています。

実際の使用例として、次のようにシート上に値が入力されているとします。

	A	B	C	D	E	F	G
1							
2		1	2	3	4	5	
3		A	B	C	D	E	
4							

この表に対して次のコードを実行すると、次の図のようにテキストファイルが出力されます。

```vba
Private Sub テキスト出力()
    '情報取得
    Dim Array2D    As Variant
    Dim FolderPath As String
    Dim FileName   As String
    Array2D = Range("B2:F3").Value
    FolderPath = ThisWorkbook.Path
    FolderPath = ConvOneDrivePath_LocalPath(FolderPath)
    FileName = "123ABC.txt"

    'テキストファイル出力
    Call OutputText(Array2D, FolderPath, FileName, vbUTF8, ",")
End Sub
```

```
1,2,3,4,5
A,B,C,D,E
```

では、その「OutputText」のコードを見てください。また、ここでもEnumを使用していることに注意してください。

```vba
'テキストファイル入出力用の文字エンコーディング
Public Enum EnumStringEncode
    vbUTF8
    vbUTF16
    vbShiftJIS
End Enum
```

●OutputText ： 二次元配列をテキストファイルとして出力する

FILE 8-4-5 OutputText.xlsm

```vba
Public Sub OutputText(ByRef Array2D As Variant, _
                ByRef FolderPath As String, _
                ByRef FileName As String, _
                ByRef StringEncode As EnumStringEncode, _
            Optional ByRef Delimiter As String = ",")
'二次元配列をテキストファイルとして出力する

'引数
'Array2D     ・・・出力する二次元配列
'FolderPathh ・・・出力先フォルダパス
'FileName    ・・・出力ファイル名(拡張子を含めること)
'StringEncode・・・出力する文字エンコーディング
'[Delimiter] ・・・列方向の区切り文字(デフォルトは「,」)

    '処理
    Select Case StringEncode
        Case vbUTF8
            Call OutputTextUTF(Array2D, FolderPath, _
                            FileName, Delimiter, "utf-8")

        Case vbUTF16
            Call OutputTextUTF(Array2D, FolderPath, _
                            FileName, Delimiter, "utf-16")

        Case vbShiftJIS
```

▼次ページへ

▼前ページから

```
        Call OutputTextShiftJIS(Array2D, FolderPath, _
                            FileName, Delimiter)

    End Select

End Sub
```

```
Private Sub OutputTextShiftJIS(ByRef Array2D As Variant, _
                        ByRef FolderPath As String, _
                        ByRef FileName As String, _
                        ByRef Delimiter As String)
'二次元配列をテキストファイルで出力する
'ShiftJIS形式で出力する

'引数
'Array2D    ・・・出力する二次元配列
'FolderPath・・・出力先フォルダパス
'FileName   ・・・出力ファイル名(拡張子を含めること)
'Delimiter ・・・列方向の区切り文字

    '処理
    Dim Text As String: Text = ConvArray2DtoText(Array2D, Delimiter)
    Open FolderPath & "¥" & FileName For Output As #1
    Print #1, Text
    Close #1

End Sub
```

```
Private Sub OutputTextUTF(ByRef Array2D As Variant, _
                    ByRef FolderPath As String, _
                    ByRef FileName As String, _
                    ByRef Delimiter As String, _
                    ByRef UTF As String)
'二次元配列をテキストファイルで出力する
'UTF-8形式、UTF-16形式で出力する
```

▼次ページへ

第8章

汎用プロシージャの紹介

▼前ページから

```
'引数
'Array2D     ・・・出力する二次元配列
'FolderPath・・・出力先フォルダパス
'FileName    ・・・出力ファイル名(拡張子を含めること)
'Delimiter  ・・・列方向の区切り文字
'UTF         ・・・UTF形式(UTF-8かUTF-16)


    '処理
    Dim Text   As String: Text = ConvArray2DtoText(Array2D, Delimiter)
    Dim stream As Object: Set stream = CreateObject("ADODB.Stream")
    stream.Type = 2 ' テキストファイル
    stream.Charset = UTF
    stream.Open
    stream.WriteText Text
    stream.SaveToFile FolderPath & "¥" & FileName, 2 '2は上書き
    stream.Close


End Sub
```

```
Private Function ConvArray2DtoText(ByRef Array2D As Variant, _
                              ByRef Delimiter As String) _
                                              As String
'テキスト出力用に二次元配列を文字列に変換する


    '処理
    '出力するテキスト（文字列）を作成
    Dim I      As Long
    Dim J      As Long
    Dim N      As Long: N = UBound(Array2D, 1)
    Dim M      As Long: M = UBound(Array2D, 2)
    Dim Text As String: Text = ""
    For I = 1 To N
        For J = 1 To M
            If J = 1 Then
                Text = Text & Array2D(I, J)
            ElseIf J < M Then
                Text = Text & Delimiter & Array2D(I, J)
```

▼次ページへ

第8章

汎用プロシージャの紹介

```
                                                                    ▼前ページから
        Else
            If I < N Then
                Text = Text & Delimiter & Array2D(I, J) & vbCrLf
            Else
                '最後は改行しない
                Text = Text & Delimiter & Array2D(I, J)
            End If
        End If
    Next
Next


'出力
ConvArray2DtoText = Text


End Function
```

8-4-6 シートをPDF出力

シートの印刷範囲をPDF形式で出力する処理は頻繁に発生します。そして、この処理の汎用プロシージャは、次の2つになります。

- **OutputPDF** ： 指定シートをPDFで出力する
- **OutputPDFs**： 複数シートをまとめてPDFで出力する

- **OutputPDF** ： 指定シートをPDFで出力する

FILE 8-4-6 OutputPDF.xlsm

```
Public Sub OutputPDF(ByRef Sheet As Worksheet, _
                ByRef FolderPath As String, _
                  ByRef FileName As String, _
           Optional ByRef Message As Boolean = True)
'指定シートをPDFで出力する


'引数
'Sheet      ・・・PDF化する対象のシート
'FolderPath・・・出力先フォルダパス
```
▼次ページへ

第8章

汎用プロシージャの紹介

▼前ページから

```vba
'FileName   ・・・出力PDFのファイル名
'[Message] ・・・出力確認のメッセージを表示するかどうか
'              省略なら表示する

    '処理
    '出力するPDFのファイル名を作成する
    Dim PDFPath As String
    PDFPath = FolderPath & "¥" & FileName & ".pdf"

    'PDFで出力する
    On Error GoTo ErrorEscape1
    Sheet.ExportAsFixedFormat Type:=xlTypePDF, FileName:=PDFPath

    GoTo ErrorEscape2

ErrorEscape1:
    '同じPDFが起動中の場合はエラーになる
    MsgBox "PDF出力に失敗しました" & vbLf & _
        "同じ名前のPDFが起動中の可能性があります", _
            vbExclamation

ErrorEscape2:

    'PDFの出力先のフォルダを起動するか確認
    Dim MessageStr As String
    If Message = True Then
        MessageStr = "「" & FileName & ".pdf" & "」" & vbLf & _
                "を作成しました" & vbLf & _
                "出力先フォルダを起動しますか?"

        If MsgBox(MessageStr, vbYesNo + vbInformation) = vbYes Then
            Shell "C:¥Windows¥explorer.exe " & _
                FolderPath, vbNormalFocus
        End If
    End If

End Sub
```

第
8
章

汎
用
プ
ロ
シ
ー
ジ
ャ
の
紹
介

●OutputPDFs ： 複数シートをまとめてPDFで出力する

FILE 8-4-6 OutputPDF.xlsm

```vba
Public Sub OutputPDFs(ByRef SheetNameList As Variant, _
                       ByRef FolderPath As String, _
                       ByRef FileName As String, _
                       Optional ByRef Book As Workbook, _
                       Optional ByRef Message As Boolean = True)
'複数シートをまとめてPDF出力する


'引数
'SheetNameList・・・PDF化するシートのシート名が入った一次元配列
'FolderPath    ・・・出力先フォルダ
'FileName      ・・・出力PDFのファイル名
'[Message]     ・・・出力確認のメッセージを表示するかどうか
'[Book]        ・・・対象のワークブック（省略ならActiveWorkbook）


    '引数チェック
    If Book Is Nothing Then
        'ワークブックが指定されていない場合はActiveWorkbook
        Set Book = ActiveWorkbook
    End If


    '出力するPDFのファイル名を作成する
    Dim PDFPath As String
    PDFPath = FolderPath & "¥" & FileName & ".pdf"


    '最初に選択していたシートを保管しておく
    Dim SelectSheet As Worksheet: Set SelectSheet = ActiveSheet


    'PDF化対象シートを選択
    Book.Worksheets(SheetNameList).Select


    'PDFで出力する
    Dim Sheet As Worksheet: Set Sheet = ActiveSheet
    On Error GoTo ErrorEscape1
    Sheet.ExportAsFixedFormat Type:=xlTypePDF, FileName:=PDFPath


    GoTo ErrorEscape2
```

▼次ページへ

第8章

汎用プロシージャの紹介

▼前ページから

```
ErrorEscape1:
    '同じPDFが起動中の場合はエラーになる
    MsgBox "PDF出力に失敗しました" & vbLf & _
        "同じ名前のPDFが起動中の可能性があります", _
            vbExclamation


ErrorEscape2:

    'PDFの出力先のフォルダを起動するか確認
    Dim MessageStr As String
    If Message = True Then
        MessageStr = "「" & FileName & ".pdf" & "」" & vbLf & _
            "を作成しました" & vbLf & _
            "出力先フォルダを起動しますか?"


        If MsgBox(MessageStr, vbYesNo + vbInformation) = vbYes Then
            Shell "C:¥Windows¥explorer.exe " & _
                FolderPath, vbNormalFocus
        End If
    End If


    '最初に選択していたシートを表示する(元に戻す)
    SelectSheet.Select

End Sub
```

8-4-7 シートの別ブックでの保存

ここで紹介するのは、特定のシート単体を別ブックで保存するための汎用プロシージャです。

マクロ付きブック内のワークシートで帳票などを作成し、そのシートだけを特定の名前でxlsx形式として保存するようなケースを想定したものです。

シートを別ブックに保存するだけであれば「新規ブックにシートを複製して保存する」処理をマクロ記録すれば初心者でも作れますが、ここでは、次のような要望に応えた設計としています。

●シート上に設置したコマンドボタンは消去する（引数DeleteButtonで指定）
●シートの数式が別シートを外部参照している場合は、リンクを断ち切るために数式を値に変換する（引数ConvFormulaValueで指定）
●出力後のブックにVBA上で新たに処理を施すためにブックは起動したままにする（引数CloseBookで指定）

では、その汎用プロシージャを見てください。

●SaveSheetAsBook ： 指定シートを別ブック（xlsx形式）で保存する

FILE 8-4-7 SaveSheetAsBook.xlsm

```
Public Function SaveSheetAsBook(ByRef Sheet As Worksheet, _
                        ByRef FileName As String, _
                        ByRef FolderPath As String, _
            Optional ByRef DeleteButton As Boolean = True, _
                Optional ByRef Message As Boolean = False, _
        Optional ByRef ConvFormulaValue As Boolean = False, _
                Optional ByRef CloseBook As Boolean = True) _
                                As Workbook
'指定のシートを別ブック(xlsx形式)で保存する


'引数
'Sheet              ・・・対象のシート
'FileName           ・・・保存ブック名
'FolderPath         ・・・保存先フォルダパス
'[DeleteButton]     ・・・コマンドボタンを消去するか(省略なら消去)
'[Message]          ・・・メッセージを表示するか(省略なら表示しない)
'[ConvFormulaValue]・・・数式を値に変換するかどうか(省略なら変換しない)
'[CloseBook]        ・・・保存したブックを閉じるかどうか(省略なら閉じる)


    'シートを新規ブックにコピーして参照
    Sheet.Copy
    Dim SaveSheet As Worksheet
    Set SaveSheet = ActiveWorkbook.Worksheets(1)

    '数式を値に変換
    If ConvFormulaValue = True Then
        Dim Cell As Range
        For Each Cell In SaveSheet.UsedRange
```
▼次ページへ

第8章

汎用プロシージャの紹介

▼前ページから

```
        If Cell.HasFormula = True Then
            Cell.Value = Cell.Value
        End If
    Next
End If


'シート上のボタン消去
Dim Shape As Shape
If DeleteButton = True Then
    For Each Shape In SaveSheet.Shapes
        If Shape.Type = msoFormControl Then
            Shape.Delete
        End If
    Next
End If


'xlsx形式で保存
Application.DisplayAlerts = False
ActiveWorkbook.SaveAs FolderPath & "¥" & FileName
If CloseBook = True Then
    ActiveWorkbook.Close
Else
    Set SaveSheetAsBook = ActiveWorkbook
End If
Application.DisplayAlerts = True


'確認メッセージ
Dim StrMessage As String
If Message Then
    StrMessage = "「" & Sheet.Name & "」シートを" & vbLf & _
                 "「" & FolderPath & "」に" & vbLf & _
                 "ファイル名「" & FileName & "」で保存しました。"
    MsgBox StrMessage, vbInformation
End If


End Function
```

＊SaveSheetAsBook内の「Sheet.Copy」はPC環境によってはエラーが発生し、Excelが終了してしまうことがありますので、注意してください。

8-4-8 ファイル、フォルダの選択

ファイルやフォルダを選択ダイアログボックスを表示してユーザーに選択させるための処理です。これは、次のような場面で使用する汎用プロシージャです。

●**読み込ませて処理させるファイルをユーザーが選択する**
●**作成データの出力先のフォルダをユーザーが設定する**

●**SelectFile ： ファイルを選択するダイアログを表示してファイルを選択させる**

FILE 8-4-8 SelectFileFolder.xlsm

```
Public Function SelectFile(ByRef FolderPath As String, _
                           ByRef Caption As String, _
                           ParamArray Extensions() As Variant) _
                           As String
'ファイルを選択するダイアログを表示してファイルを選択させる
'選択したファイルのフルパスを返す

'引数
'FolderPath・・・選択ダイアログで最初に開くフォルダ
'FileName　 ・・・選択するファイルの名前説明
'Extentions・・・選択するファイルの拡張子
'　　　　　　　　複数入力可能

    'ダイアログで指定する拡張子の設定
    Dim K            As Long: K = 0
    Dim Extension    As Variant
    Dim StrExtension As String
    For Each Extension In Extensions
        K = K + 1
        If K = 1 Then
            StrExtension = "*." & Extension
        Else
            StrExtension = StrExtension & ";*." & Extension
        End If
    Next

    'ファイル選択ダイアログからファイル選択
```

▼次ページへ

第8章

汎用プロシージャの紹介

▼前ページから

```vba
    Dim Output      As String
    Dim FileDialog As FileDialog
    Set FileDialog = Application.FileDialog(msoFileDialogFilePicker)

    With FileDialog
        .Filters.Clear '初期化
        .Filters.Add "", StrExtension, 1 '拡張性設定
        .Title = Caption 'キャプション設定

        '最初に表示するフォルダ設定
        .InitialFileName = FolderPath & "¥"

        'ファイル選択
        If .Show = True Then
            '選択したファイルを取得
            Output = .SelectedItems(1)
        Else
            'ファイルが選択されなかった場合
            Output = "" '空白を返す
        End If
    End With

    '出力
    SelectFile = Output

End Function
```

● **SelectFolder ： フォルダを選択するダイアログを表示してフォルダを選択させる**

FILE 8-4-8 SelectFileFolder.xlsm

```vba
Public Function SelectFolder(ByRef FolderPath As String, _
                             ByRef Caption As String) _
                                As String
'フォルダを選択するダイアログを表示してフォルダを選択させる
'選択したフォルダのフルパスを返す

'FolderPath・・・最初に開くフォルダ
'Caption    ・・・ダイアログのキャプションに表示する文字列
```

▼次ページへ

▼前ページから

```
'ファイル選択ダイアログからフォルダ選択
Dim Output      As String
Dim FileDialog As FileDialog
Set FileDialog = Application.FileDialog(msoFileDialogFolderPicker)

With FileDialog
    .Filters.Clear '初期化
    .Title = Caption 'キャプション設定

    '最初に表示するフォルダ設定
    .InitialFileName = FolderPath & "¥"

    'ファイル選択
    If .Show = True Then
        '選択したファイルを取得
        Output = .SelectedItems(1)
    Else
        'ファイルが選択されなかった場合
        Output = "" '空白を返す
    End If
End With

'出力
SelectFolder = Output

End Function
```

第
8
章

汎
用
プ
ロ
シ
ー
ジ
ャ
の
紹
介

8-5 その他でよく使用する汎用プロシージャ

これまで紹介した配列処理、セル操作、ファイル操作以外の分類でよく使用する汎用プロシージャを紹介します。

ここで紹介する汎用プロシージャは次のとおりです。

名前	説明
CalAgeFromBirth	生年月日から年齢を計算する
ClipText	テキストをクリップボードに格納する
GetClipText	クリップボードに格納されているテキストを取得する
CopySheets	特定のシートを指定個数分だけ複製する
MakeDictFromArray1D	2つの一次元配列から連想配列を作成する
MakeDictFromArray1DWithNum	一次元配列をKeyとし、その順番をItemとする連想配列を作成する
SendOutlookMail	Outlookメールを自動送信する
SendOutlookMail_OnTime	Outlookメールを自動送信する 時刻を指定して送信予約する
ShowStatusBarProgress	進行状況をステータスバーに表示する
StopWatch	コード実行中の時間を計測する

8-5-1 生年月日から年齢の計算

名簿などのように従業員の生年月日から年齢の計算をするといった作業は頻繁に発生します。この計算式は単純なものですが、その都度一から開発するのは非効率です。

こういう処理こそ汎用プロシージャとして部品化すると手間が省けます。

●CalAgeFromBirth ： 生年月日から年齢を計算する

FILE 8-5-1 CalAgeFromBirth.xlsm

```
Public Function CalAgeFromBirth(ByRef Birth As Date) As Long
'生年月日から年齢を計算する

'引数
'Birth・・・生年月日
```

▼次ページへ

▼前ページから

```vba
    Dim Output As Long
    Output = DateDiff("yyyy", Birth, Date)


    '引数月日が今日の日付に達していない場合は1歳下げる
    If Date < DateSerial(Year(Date), Month(Birth), Day(Birth)) Then
        Output = Output - 1
    End If


    CalAgeFromBirth = Output


End Function
```

8-5-2 テキストをクリップボードに格納

クリップボードにテキストを格納する汎用プロシージャです。

入力させるテキストは、文字列、一次元配列、二次元配列それぞれに対応させてより汎用的な処理に設計してあります。

この「クリップボード操作」関連の処理は第11章での「イミディエイトウィンドウとクリップボードのコラボテクニック」で重要なテクニックになります。

●ClipText ： テキストをクリップボードに格納する

FILE 8-5-2 ClipText.xlsm

```vba
Public Sub ClipText(ByVal Text As Variant)
'テキストをクリップボードに格納
'テキストが配列ならば列方向をTab区切り、行方向を改行


'引数
'Text・・・クリップボードに格納するテキスト
'          文字列、一次元配列、二次元配列に対応


    '※※※※※※※※※※※※※※※※※※※※※※※※※
    '引数処理
    '入力した引数が文字列、一次元配列、二次元配列のどれかを判定
```

▼次ページへ

▼前ページから

```
Dim Dimension  As Long
Dim Dummy      As Long
If IsArray(Text) = False Then '配列でない場合
    Dimension = 0
Else '配列の場合
    On Error Resume Next
    Dummy = UBound(Text, 2)
    On Error GoTo 0
    If Dummy = 0 Then
        Dimension = 1 '一次元配列と判定
    Else
        Dimension = 2 '二次元配列と判定
    End If
End If

'※※※※※※※※※※※※※※※※※※※※※※※※※
'処理
'クリップボードに格納用のテキスト変数を作成
Dim Output As String
Dim I      As Long
Dim J      As Long

If Dimension = 0 Then
    '文字列の場合
    Output = Text

ElseIf Dimension = 1 Then
    '一次元配列の場合
    Output = ""
    For I = LBound(Text, 1) To UBound(Text, 1)
        If I = LBound(Text, 1) Then
            Output = Text(I)
        Else
            Output = Output & vbCrLf & Text(I)
        End If
    Next I

ElseIf Dimension = 2 Then
    '二次元配列の場合
```

▼次ページへ

▼前ページから

```
        Output = ""
        For I = LBound(Text, 1) To UBound(Text, 1)
            For J = LBound(Text, 2) To UBound(Text, 2)
                If J < UBound(Text, 2) Then
                    '列方向Tab区切り
                    Output = Output & Text(I, J) & Chr(9)
                Else
                    Output = Output & Text(I, J)
                End If
            Next J

            If I < UBound(Text, 1) Then
                '行方向を改行
                Output = Output & vbCrLf
            End If
        Next I
    End If

    'クリップボードに格納
    With CreateObject("Forms.TextBox.1")
        .MultiLine = True
        .Text = Output
        .SelStart = 0
        .SelLength = .TextLength
        .Copy
    End With

End Sub
```

8-5-3 クリップボード格納中のテキストを取得

　8-5-2の「クリップボードへテキスト格納」と逆の処理で、クリップボードに格納中のテキストを取得する処理です。この処理も第11章での「イミディエイトウィンドウとクリップボードのコラボテクニック」で重要なテクニックになります。

●GetClipText ： クリップボードに格納中の文字列データを取得する

FILE 8-5-3 GetClipText.xlsm

```vba
Public Function GetClipText() As String
'クリップボードに格納中の文字列データを取得する
'「Microsoft Forms 2.0 Object Library」ライブラリを参照すること


    '処理
    'クリップボードに格納されているのが画像以外の場合のエラー回避
    On Error Resume Next
    Dim Output As String
    Dim Clip    As New DataObject
    With Clip
        .GetFromClipboard
        Output = .GetText
    End With
    On Error GoTo 0


    '出力
    GetClipText = Output


End Function
```

8-5-4 特定シートを指定個数分複製

特定のシートを、個数を指定して複製する処理の汎用プロシージャです。具体的な用途としては次のようなケースが挙げられます。

- ●1つのブックで1か月分の日報入力を行う
- ●各日付の日報は1つずつ別々のシートに入力する
- ●各日付別シートは年月を指定したら自動で空白の原本から日数分複製したい

たとえば、次のように「設定」シートにて年月が入力してあるとします。

年月が入力してある「設定」シート

そして、「設定」シートのオブジェクト名は「Sh01_設定」、「原本」シートのオブジェクト名は「Sh02_原本」とします。

こうしたケースでは次のようなコードを用意すれば、簡単に日数分の日付別入力シートが作成できるようになります。

```vba
Private Sub CopySheetサンプル()

    '原本シート参照
    Dim OriginSheet As Worksheet
    Set OriginSheet = Sh02_原本

    '年月を取得
    Dim Year_  As Long: Year_ = Sh01_設定.Range("C2").Value
    Dim Month_ As Long: Month_ = Sh01_設定.Range("C3").Value

    '日数(=複製個数)計算
    Dim CopyCount As Long
    CopyCount = Day(DateSerial(Year_, Month_ + 1, 0))

    'シート複製
    Call CopySheets(OriginSheet, CopyCount, "日")

    '日付別シートの名前変更(1,2,3にする)
    Dim I      As Long
    Dim Sheet As Worksheet
    For I = 1 To CopyCount
        Set Sheet = ThisWorkbook.Worksheets("日_" & I)
        Sheet.Name = I
    Next

End Sub
```

では、このプロシージャでシートの複製をしている汎用プロシージャ「CopySheets」を見てみましょう。

●CopySheets ： 特定のシートを指定個数分だけ複製する

```vb
Public Sub CopySheets(ByRef OriginSheet As Worksheet, _
                      ByRef CopyCount As Long, _
        Optional ByRef TemplateSheetName As String = "")
'特定のシートを指定個数分だけ複製する
'複製されるシートは原本のシートの後ろ
'複製する前に先に複製済みのシートは消去する
'複製後のシート名は「[原本のシート名]_[番号]」とする
'原本シートのオブジェクト名は「Sheet1」などのデフォルト設定は不可


'引数
'OriginSheet          ・・・原本のシート
'CopyCount            ・・・複製する個数
'[TemplateSheetName]・・・複製後のシートのテンプレート名


    '引数処理
    If TemplateSheetName = "" Then
        TemplateSheetName = OriginSheet.Name
    End If


    '処理
    '最後に表示状態を戻すため状態を取得
    Dim OriginSheetVisible As XlSheetVisibility
    OriginSheetVisible = OriginSheet.Visible


    '原本シートが非表示だったら表示する
    If OriginSheet.Visible <> xlSheetVisible Then
        OriginSheet.Visible = xlSheetVisible '表示する
    End If


    '先に複製済みのシートを消去する
    Dim Book As Workbook '対象のブック
    Set Book = OriginSheet.Parent


    Dim OriginSheetCodeName As String '原本シートのオブジェクト名
    OriginSheetCodeName = OriginSheet.CodeName


    Dim Sheet As Worksheet
```

▼次ページへ

▼前ページから

```
            Application.DisplayAlerts = False
        For Each Sheet In Book.Worksheets
            If Sheet.CodeName Like OriginSheetCodeName & "*" And _
                Sheet.CodeName <> OriginSheetCodeName Then
                '原本以外の複製済みを消去
                Sheet.Delete
            End If
        Next
        Application.DisplayAlerts = True


        'シートを複製する
        Dim I        As Long
        Dim TmpSheet As Worksheet
        For I = 1 To CopyCount
            OriginSheet.Copy After:=OriginSheet 'シートを複製


            '複製したシートを取得
            Set TmpSheet = Book.Worksheets(OriginSheet.Index + 1)


            'シート名を設定
            TmpSheet.Name = TemplateSheetName & "_" & _
                        CopyCount - (I - 1)
        Next


        '原本シートの表示状態を戻す
        If OriginSheetVisible <> xlSheetVisible Then
            OriginSheet.Visible = OriginSheetVisible
        End If


    End Sub
```

8-5-5 配列から連想配列作成

一次元配列をもとに連想配列を作成します。

基本を説明すると、VBAでの連想配列の主な用途は、次の3つになります。

●配列内の特定要素（文字列）の存在有無を確認する
●特定の要素に紐づいた要素を取得する（VLOOKUP関数と同じ要領）
●順番に並んだ要素の番号を取得する

　そして、ここで紹介するのは上記の用途として機能する2つの汎用プロシージャです。

●MakeDictFromArray1D：2つの一次元配列から連想配列を作成する
●MakeDictFromArray1DWithNum：一次元配列をKeyとし、その順番をItemとする連想配列を作成する

　また、連想配列のKeyは文字列型で統一することで処理の信頼性を上げることができます。その結果、8-2-2で紹介した配列の要素の型変換の汎用プロシージャとセットで使用するケースがよくあります。

●MakeDictFromArray1D ： 2つの一次元配列から連想配列を作成する

FILE 8-5-5 MakeDictFromArray1D.xlsm

```
Public Function MakeDictFromArray1D(ByRef KeyArray1D As Variant, _
                                    ByRef ItemArray1D As Variant) _
                                                    As Dictionary
'2つの一次元配列から連想配列を作成する
'各配列の要素の開始番号は1とすること
' 「Microsoft Runtime Scripting」ライブラリを参照すること


'引数
'KeyArray1D ・・・Keyが入った一次元配列
'ItemArray1D・・・Itemが入った一次元配列


'返り値
'2つの一次元配列から作成された連想配列


    '引数チェック
    Call CheckArray1D(KeyArray1D, "KeyArray1D")
    Call CheckArray1DStart1(KeyArray1D, "KeyArray1D")
    Call CheckArray1D(ItemArray1D, "ItemArray1D")
    Call CheckArray1DStart1(ItemArray1D, "ItemArray1D")


    If UBound(KeyArray1D, 1) <> UBound(ItemArray1D, 1) Then
```

▼次ページへ

▼前ページから

```
        MsgBox "「KeyArray1D」と「ItemArray1D」" & _
               "の縦要素数を一致させてください", _
                vbExclamation
        Stop
        Exit Function
    End If


    '処理
    Dim I        As Long
    Dim N        As Long: N = UBound(KeyArray1D, 1)
    Dim Output As Dictionary: Set Output = New Dictionary
    Dim TmpKey As Variant

    For I = 1 To N
        TmpKey = KeyArray1D(I)
        If Output.Exists(TmpKey) = False Then '重複を避ける
            Output.Add TmpKey, ItemArray1D(I)
        End If
    Next I


    '出力
    Set MakeDictFromArray1D = Output


End Function
```

●MakeDictFromArray1DWithNum ： 一次元配列をKeyとし、その順番をItemとする連想配列を作成する

FILE 8-5-5 MakeDictFromArray1D.xlsm

```
Public Function MakeDictFromArray1DWithNum(ByRef KeyArray1D As Variant) _
                                                    As Dictionary
'一次元配列をKeyとし、その順番をItemとする連想配列を作成する
'「Microsoft Runtime Scripting」ライブラリを参照すること

'引数
'KeyArray1D・・・Keyとなる一次元配列
```

▼次ページへ

第8章

汎用プロシージャの紹介

```
'引数チェック                                        ▼前ページから
    Call CheckArray1D(KeyArray1D, "KeyArray1D")
    Call CheckArray1DStart1(KeyArray1D, "KeyArray1D")


'処理
    Dim I       As Long
    Dim N       As Long: N = UBound(KeyArray1D, 1)
    Dim NumList As Variant: ReDim NumList(1 To N)
    For I = 1 To N
        NumList(I) = I
    Next

    Dim Output As Dictionary
    Set Output = MakeDictFromArray1D(KeyArray1D, NumList)

'出力
    Set MakeDictFromArray1DWithNum = Output


End Function
```

8-5-6 Outlookメールの自動送信

　実務においてメール送信機能は頻出の実装例ですが、概ね次のような要望を満たす必要があります。

●定期的に送付するメールをボタン1つにしたい
●メールの本文は日付や宛名で毎回微妙に変わるので自動的に作成したい
●複数の宛名に微妙に変更したメールを個別に送付したい
●送付するメールは毎回同じ日時に予約しておきたい

　そして、これらの要望や開発事例をもとに用意している汎用プロシージャが、次の2つです。

●SendOutlookMail：Outlookメールを自動送信する
●SendOutlookMail_OnTime：Outlookメールを日時を指定して送信予約する

●SendOutlookMail ： Outlookメールを自動送信する

FILE 8-5-6 SendOutllookMail.xlsm

```vba
Public Sub SendOutlookMail(ByRef Address As String, _
                            ByRef Title As String, _
                            ByRef MessageList As Variant, _
                   Optional ByRef CCAddress As String = "", _
                   Optional ByRef BCCAddress As String = "", _
                   Optional ByRef AttachPathList As Variant = Empty, _
                   Optional ByRef AutoSending As Boolean = False)
'Outlookメールを自動送信する
'「Microsoft Outlook 16.0 Object Library」ライブラリを参照すること

'引数
'Address          ・・・宛先アドレス、複数なら「;」を間に入れること
'Title            ・・・件名
'MessageList      ・・・メール本文。一次元配列で入力すること
'[CCAddress]      ・・・CCのアドレス、複数なら「;」を間に入れること
'                     省略ならCC無し
'[BCCAddress]     ・・・BCCのアドレス、複数なら「;」を間に入れること
'                     省略ならBCC無し
'[AttachPathList]・・・添付ファイルのファイルパス
'                     複数の添付ファイルパスを一次元配列で入力すること
'                     省略なら添付ファイル無し
'[AutoSending]    ・・・True:自動送信、False:送信前に確認画面表示
'                     デフォルトはFalse

    '必要なライブラリのオブジェクトを参照
    'Outlookのアプリケーション参照
    Dim objOutlook As Outlook.Application
    Set objOutlook = New Outlook.Application

    'Outlookのメール操作用オブジェクト参照
    Dim objMail   As Outlook.MailItem
    Set objMail = objOutlook.CreateItem(olMailItem)

    'Outlookの添付ファイル設定オブジェクト参照
    Dim attachObj   As Outlook.Attachments
    Set attachObj = objMail.Attachments
```

▼次ページへ

▼前ページから

```
        '文章の作成(改行で結合)
        Dim strMessage As String
        strMessage = Join(MessageList, vbCrLf)


        '添付ファイル添付
        Dim AttachPath As Variant
        If IsEmpty(AttachPathList) = False Then
            For Each AttachPath In AttachPathList
                attachObj.Add AttachPath
            Next
        End If


        'メール送付処理
        With objMail
            .To = Address        '宛先設定
            .CC = CCAddress       'CCアドレス設定
            .BCC = BCCAddress     'BCCアドレス設定
            .Subject = Title      '件名設定
            .Body = strMessage    '本文設定
            .Display              'メール作成画面を表示する


            'メール送信
            If AutoSending = True Then
                '確認無しの自動送信の場合
                .Send '送信
            End If
        End With


End Sub
```

● SendOutlookMail_OnTime ： Outlookメールを日時を指定して送信予約する

FILE 8-5-6 SendOutllookMail.xlsm

```
Public Sub SendOutlookMail_OnTime(ByRef Address As String, _
                                   ByRef Title As String, _
                           ByRef MessageList As Variant, _
                               ByRef SendDate As Date, _
                               ByRef SendTime As Date, _
```

▼次ページへ

▼前ページから

```
                        Optional ByRef CCAddress As String = "", _
                        Optional ByRef BCCAddress As String = "", _
                   Optional ByRef AttachPathList As Variant = Empty, _
                     Optional ByRef AutoSending As Boolean = False)
'Outlookメールを日時を指定して送信予約する
'使用には「Microsoft Outlook 16.0 Object Library」のライブラリを参照すること


'引数
'Address          ・・・宛先アドレス、複数なら「;」を間に入れること
'Title            ・・・件名
'MessageList      ・・・メール本文。一次元配列で入力すること
'SendDate         ・・・送信する日付
'Sendtime         ・・・送信する時刻
'[CCAddress]      ・・・CCのアドレス、複数なら「;」を間に入れること
'                     省略ならCC無し
'[BCCAddress]     ・・・BCCのアドレス、複数なら「;」を間に入れること
'                     省略ならBCC無し
'[AttachPathList]・・・添付ファイルのファイルパス
'                     複数の添付ファイルパスを一次元配列で入力すること
'                     省略なら添付ファイル無し
'[AutoSending]    ・・・True:自動送信、False:送信前に確認画面表示
'                     デフォルトはFalse


    '必要なライブラリのオブジェクトを参照
    'Outlookのアプリケーション参照
    Dim objOutlook As Outlook.Application
    Set objOutlook = New Outlook.Application


    'Outlookのメール操作用オブジェクト参照
    Dim objMail    As Outlook.MailItem
    Set objMail = objOutlook.CreateItem(olMailItem)


    'Outlookの添付ファイル設定オブジェクト参照
    Dim attachObj  As Outlook.Attachments
    Set attachObj = objMail.Attachments


    '文章の作成(改行で結合)
    Dim strMessage As String
    strMessage = Join(MessageList, vbCrLf)
```

▼次ページへ

▼前ページから

```vba
'添付ファイル添付
Dim AttachPath As Variant
If IsEmpty(AttachPathList) = False Then
    For Each AttachPath In AttachPathList
        attachObj.Add AttachPath
    Next
End If


'送信日時を日付と時刻に修正する
SendDate = DateSerial(Year(SendDate), _
                      Month(SendDate), _
                      Day(SendDate))


SendTime = TimeSerial(Hour(SendTime), _
                      Minute(SendTime), _
                      Second(SendTime))


'メール送信処理
With objMail
    .To = Address          '宛先設定
    .CC = CCAddress        'CCアドレス設定
    .BCC = BCCAddress      'BCCアドレス設定
    .Subject = Title       '件名設定
    .Body = strMessage    '本文設定
    .Display               'メール作成画面を表示する

    '配信時刻設定
    .DeferredDeliveryTime = SendDate + SendTime

    'メール送信
    If AutoSending = True Then
        '確認無しの自動送信の場合
        .Send  '送信
    End If
End With


End Sub
```

8-5-7 ステータスバーに処理の進行状況を表示

マクロの実行に時間を要する場合、ユーザーはその進行状況を把握したいものです。実際に、みなさんもファイルをダウンロードするときなどに「〇%」という表示を目にしたことがあるでしょう。

ここで紹介する汎用プロシージャは、For〜NextステートメントやDo〜Loopステートメントなどのループ処理内に1行記述するだけで進行状況を表示できるようになる処理です。

たとえば、次のような処理を実行します。

```
Private Sub Test__進行状況表示()
    Dim I As Long
    Dim N As Long: N = 100000
    For I = 1 To N
        Call ShowStatusBarProgress(I, N, 10, "処理進行中")

        '処理
        '処理
        '処理
        '処理
    Next
End Sub
```

すると、次の図のようにExcelの画面の左下のステータスバーにリアルタイムで進行状況、推定の残り時間、完了予定時刻が表示されます。

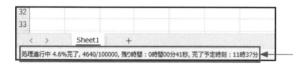

ステータスバーに進行状況を表示する

この汎用プロシージャを使用する上での注意点として、ステータスバーに表示する文字列の更新処理にも時間を要することです。すなわち、あまりに頻繁に使用すると逆に本来の処理が遅くなってしまうという本末転倒の結果に陥ってしまいます。

そこで、そうならないための調整として第3引数に「Divide」を用意します。この「Divide」はデフォルトは「1」にして、「ループの毎回表示」としますが、「Divide」を「10」とすれば「10回のループで1回表示する」と表示頻度を減らすことができます。

第8章

汎用プロシージャの紹介

こうした工夫をすることで、「本来の処理速度を維持するように表示頻度は最小限にする」という調整が可能になっています。

●ShowStatusBarProgress ： 進行状況をスターテスバーに表示する

FILE 8-5-7 ShowStatusBarProgress.xlsm

```vba
Public Sub ShowStatusBarProgress(ByRef Value As Long, _
                                 ByRef MaxValue As Long, _
                        Optional ByRef Divide As Long = 1, _
                    Optional ByRef HeadMessage As String = "")
'進行状況をステータスバーに表示する

'引数
'Value         ・・・現在個数
'MaxValue      ・・・全体個数
'[Divide]      ・・・分割幅
'                   Valueが何回に1回のときに表示するか
'                   省略なら1で毎回更新
'[HeadMessage]・・・先頭メッセージ

    '開始時刻を静的変数に保管しておく
    Static StartTime As Double
    If StartTime = 0 Then
        StartTime = Now()
    End If

    'Divide=10の場合、Value=1,11,21 ... のときのみ処理
    If Value Mod Divide <> 0 Then
        'Value=MaxValueのとき(最後の位置)は処理する
        If Value <> MaxValue Then
            Exit Sub
        End If
    End If

    '時間計算
    Dim Per           As Double '作業完了率
    Dim ElapsedTime   As Double '経過時間
    Dim TimePerSingle As Double '1件当たり作業時間
    Dim RemainTime    As Double '残り予定時間
    Dim FinishTime    As Double '終了予定時刻
```

▼次ページへ

```
                                                          ▼前ページから
    Per = Value / MaxValue
    ElapsedTime = Now() - StartTime
    TimePerSingle = ElapsedTime / Value
    RemainTime = (MaxValue - Value) * TimePerSingle
    FinishTime = RemainTime + Now()


    '表示メッセージの作成
    Dim Message As String
    Message = Format(Per, "0.0%完了") & ", " & _
              Value & "/" & MaxValue & ", " & _
              "残り時間:" & _
              Format(RemainTime, "h時間mm分ss秒") & ", " & _
              "完了予定時刻:" & _
              Format(FinishTime, "h時mm分")


    Message = HeadMessage & " " & Message


    Application.StatusBar = Message 'ステータスバーに表示
    Debug.Print Message 'イミディエイトウィンドウにも表示
    DoEvents 'ステータスバー表示で固まらないようにするための処理


    '最後に達したら開始時刻は0に戻す(次回処理用の初期化)
    If Value = MaxValue Then StartTime = 0


End Sub
```

8-5-8 コードの処理時間を計測

　最後に紹介するのは、既存のコード内にて処理時間を計測するための汎用プロシージャです。すなわち、「時間を要しているコードがどの部分に時間を要しているのかを計測する」というストップウォッチのようなものです。

　実際には次のような使い方をします。

```
Private Sub Test__StopWatch()
```

▼次ページへ

```
    Call StopWatch(True) '初回リセット                    ▼前ページから

    Dim I As Long
    For I = 1 To 100000000
    Next

    Call StopWatch(False) '時間表示

    For I = 1 To 200000000
    Next

    Call StopWatch(False) '時間表示

    For I = 1 To 300000000
    Next

    Call StopWatch(False) '時間表示

End Sub
```

　このコードは、初回に引数「Reset」をTrueでリセットして、2回目以降はFalseとして経過時間を計測してイミディエイトウィンドウに表示します。

```
イミディエイト                                              ×
回数：1    開始から経過時間:0.195s    前回から経過時間:0.195s
回数：2    開始から経過時間:0.555s    前回から経過時間:0.359s
回数：3    開始から経過時間:1.105s    前回から経過時間:0.551s
```

　測定したい箇所で1行だけ実行するだけで済むので大変使いやすいように設計されています。

●StopWatch ： コードの処理時間を計測する

FILE 8-5-8 StowWatch.xlsm

```
Public Sub StopWatch(Optional Reset As Boolean = False)
'コードの処理時間を計測する
'1回目の実行で計測を開始し、
                                              ▼次ページへ
```

▼前ページから

```vba
'以降の実行で計測開始からの経過時間と前回実行時からの経過時間を
'イミディエイトウィンドウに表示する

'引数
'Reset・・・計測をリセットするかどうか(省略ならリセットしない)

    '実行回数加算
    Static Count実行 As Long
    If Reset = True Then
        Count実行 = 1
    Else
        Count実行 = Count実行 + 1
    End If

    Static Time_開始時刻 As Double
    Static Time_前回時刻 As Double

    Dim Time_現在時刻         As Double
    Dim Time_開始から経過時間  As Double
    Dim Time_前回から経過時間  As Double

    If Count実行 = 1 Then '初回実行
        Time_開始時刻 = Timer '開始時刻保存
        Time_前回時刻 = Timer '次回用に前回時刻として保存

    Else '2回目以降実行
        Time_現在時刻 = Timer
        Time_開始から経過時間 = Time_現在時刻 - Time_開始時刻
        Time_前回から経過時間 = Time_現在時刻 - Time_前回時刻
        Time_前回時刻 = Time_現在時刻

        Debug.Print "回数:" & Count実行 - 1, _
                "開始から経過時間:" & _
                Format(Time_開始から経過時間, "0.000") & "s", _
                "前回から経過時間:" & _
                Format(Time_前回から経過時間, "0.000") & "s"
    End If

End Sub
```

さらに知っておきたい
VBA開発の
超効率化テクニック

第9章

汎用プロシージャ
紹介での補足説明

本章では、第8章で紹介した
汎用プロシージャのコードの中で、
コーディングテクニックに関して補足説明を行います。
第8章で紹介した汎用プロシージャを流用するときに、
どういうアルゴリズムなのかを理解する手助けをし、
また、自分で汎用プロシージャを開発する際に
役に立つテクニックを解説します。

9-1 ライブラリの参照

第8章では、連想配列（Dictionary型）やファイル操作（FileSystemObject）などのテーマを扱いましたが、これらの機能は、「Microsoft Scripting Runtime」というライブラリを参照することで初めて使用可能になります。

このライブラリの参照は、Excel VBAのデフォルト設定では利用できない機能であるため特別な設定が必要です。

また、Outlookでのメール送信機能を利用するためには、「Microsoft Outlook 16.0 Object Library」のライブラリ参照が必要です。

このように、Excel VBAの標準機能では利用できない多くの機能は、適切なライブラリを参照することで活用できます。その結果、外部アプリケーションの操作などより高度な処理を実行することが可能になります。

本章では、このライブラリ参照の方法やさまざまなライブラリの種類と用途について詳しく解説していきます。

9-1-1 ライブラリの参照の設定方法

では、特定のライブラリを参照する手順をここでは「Microsoft Scripting Runtime」を例に説明します。

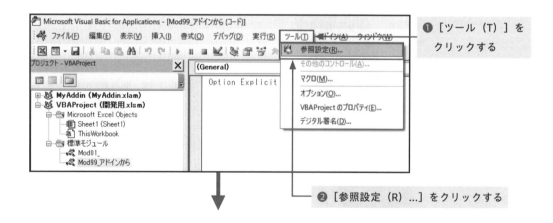

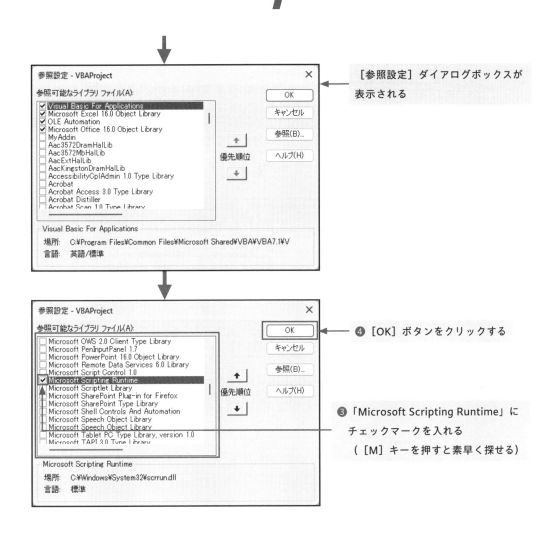

[参照設定] ダイアログボックスが
表示される

❹ [OK] ボタンをクリックする

❸ 「Microsoft Scripting Runtime」に
チェックマークを入れる
（[M] キーを押すと素早く探せる）

以上の手順でVBAプロジェクトに必要なライブラリを参照することができます。

Column 素早くライブラリを参照する裏技

開発中に使用するアドインを同時に起動している場合、[参照設定] ダイアログボックスを開くと、その
アドインで既に参照されているライブラリがリストの上部に表示されます。

そして、この仕様を活用することで、上記の手順②で説明した「[M] キーを押してスクロールする」と
いった手間を省くことが可能になります。

つまり、よく使用するライブラリを開発用アドインであらかじめ参照しておくことで、新規に開発するマ
クロ付ブックでのライブラリ参照を迅速に行うことができるわけです。

この方法は、特に頻繁に同じライブラリを使用する開発作業において効率的な方法になります。

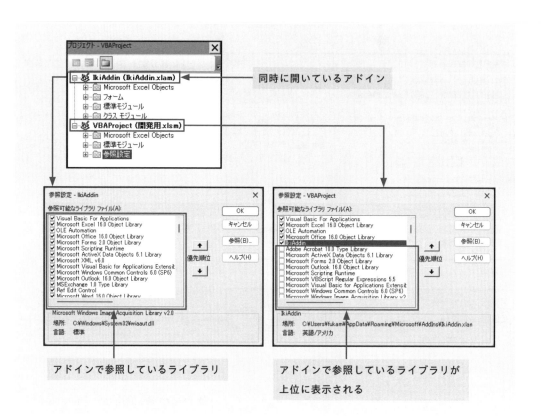

9-1-2 ライブラリの種類

では、VBAで頻繁に使用するライブラリについて説明します。

●Microsoft Scripting Runtime

連想配列のDictionary型やファイル操作に関連するFileSystemObjectが利用できます。

これらはVBAプログラミングにおいて頻繁に使用される重要な機能ですので、このライブラリの活用に慣れることが必要です。

●Microsoft Outlook 16.0 Object Library

Microsoft Outlookの操作が可能となり、メールの自動送信などに利用できます。Outlookとの連携が必要な場合にはこのライブラリが不可欠です。

●Microsoft Word 16.0 Object Library

Microsoft Wordの操作が可能になります。Word文書の自動化処理や操作を行うプログラムを作成する際に必要となります。

attention!

Office2013以前のバージョンでは「Microsoft Outlook 15.0 Object Library」や「Microsoft Word 15.0 Object Library」のライブラリを参照するので注意してください。

●Microsoft Forms 2.0 Object Library

ユーザーフォームにコントロール（テキストボックス、コマンドボタン、ラベル、チェックボックスなど）を追加したり、クリップボードの操作を行うことができます。

第8章で紹介したプロシージャでは、プロシージャ「ClipText」や「GetClipText」の機能でこのライブラリを使用しています。

●Microsoft ActiveX Data Objects x.x Library

SQL Server、Accessなどのデータベースとの接続やテキストファイルの読込などで利用できます。第8章で紹介したプロシージャ「InputTextUTF」でこのライブラリを利用しています。

ただし、このライブラリは環境によってバージョンが異なるため、使用する際は遅延バインディングでの記述を基本とします。遅延バインディングについては、このあと解説します。

●Microsoft Visual Basic for Applications Extensibility 5.3

VBAプロジェクト自体の操作が可能になるライブラリです。モジュールの追加、削除、編集を自動化したり、コードの自動生成が行えます。特に、既存のコードを取得する際に有効です。本書のダウンロード特典「階層化フォーム」ではこのライブラリを利用しています。

「Microsoft ActiveX Data Objects x.x Library」を紹介する際に「遅延バインディング」という言葉が出てきましたが、ライブラリには「事前バインディング」と「遅延バインディング」の2種類の参照方法があります。

事前バインディングは他の呼び方として「アーリーバインディング（Early Binding）」、遅延バインディングは「レイトバインディング（Late Binding）」、あるいは「実行時バインディング」とも呼ばれます。こうした呼び方は明確な規則があるわけではないので、それぞれの用語をセットで覚えておくとよいでしょう。

事前バインディングは、9-1-1で解説したとおり［ツール（T）］から［参照設定（R）…］で表示される［参照設定］ダイアログボックスでライブラリを事前に選択しておく方法を指します。

一方の遅延バインディングは、あらかじめ［参照設定］ダイアログボックスでライブラリを選択するのではなく、コード実行時に動的にオブジェクトを作成し、目的のライブラリを参照する方法です。

これだけの説明では遅延バインディングについて理解するのは困難だと思いますので、実際のコードで解説します。

たとえば、「Microsoft Scripting Runtime」の「Dictionary型」を使用する場合、事前バインディングだと次のようになります。

```vba
Private Sub S__事前バインディング()
    Dim Dict As New Dictionary
    Dict.Add "A", "あ"
    Dict.Add "B", "い"

    Debug.Print Dict("A") '"あ"
    Debug.Print Dict.Exists("C") ' False
End Sub
```

対して、遅延バインディングだと次のとおりです。

```vba
Private Sub S__遅延バインディング()
    Dim Dict As Object
    Set Dict = CreateObject("Scripting.Dictionary")
    Dict.Add "A", "あ"
    Dict.Add "B", "い"

    Debug.Print Dict("A") '"あ"
    Debug.Print Dict.Exists("C") ' False
End Sub
```

遅延バインディングの場合は、Object型の変数でCreateObject関数を利用してライブラリを参照します。そして、参照するときにCreateObject関数の引数にそのライブラリ固有のクラス名を指定します。上記では、「Microsoft Scripting Runtime」の「Dictionary型」を参照するように「Scripting.Dictionary」と指定しています。

この事前バインディングと遅延バインディングは動作結果は同じなのですが、それぞれに以下のようなメリットとデメリットがあります。

第9章

汎用プロシージャ紹介での補足説明

●インテリセンス

　事前バインディングでは、コーディング中にオブジェクトのプロパティやメソッドの入力候補が表示されるため、コーディングが容易に行えます。

　対して、遅延バインディングではインテリセンスが使えないため、プロパティやメソッドの名前を正確に覚えて入力する必要があります。

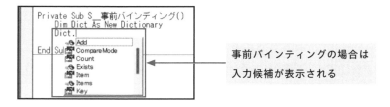

事前バインティングの場合は
入力候補が表示される

遅延バインティングの場合は
入力候補は表示されない

●環境への依存性

　遅延バインディングは、異なる環境でのライブラリの可用性や互換性を高めます。

　たとえば、事前バインディングの場合は参照されたライブラリが別の環境で利用できない場合、マクロ全体が動作しなくなる可能性があります。

　一方、遅延バインディングではコードが実行される環境で利用可能なバージョンのライブラリを動的にロードするため、バージョンの違いによるトラブルを回避しやすくなります。

　ですから、「Microsoft ActiveX Data Objects x.x Library」のように環境によってバージョンが変わるライブラリでは遅延バインディングが有用です。

　たとえば、事前バインディングで「Microsoft ActiveX Data Objects 6.1 Library」を参照したマクロが、別のPCで「Microsoft ActiveX Data Objects 2.8 Library」を使用しているような場合には、遅延バインディングを利用することで互換性が確保できます。

　これらの点を踏まえると、次のようにまとめられます。

●環境によってバージョンが変わるようなライブラリは遅延バインディングにする
●それ以外は事前バインディングにする

　筆者がVBA開発で遅延バインディングが必要だったのは「Microsoft ActiveX Data Objects x.x Library」のみですが、ライブラリのバージョン違いによって他のPCでは動作しないといったケースでは、その解決方法として遅延バインディングを検討することが重要です。

第9章

汎用プロシージャ紹介での補足説明

9-2 Enumを利用した引数

プロシージャの引数において自分で作成したEnumを変数型とすることで、プロシージャを使用する際に引数の設定でインテリセンス（入力候補など）を効かせて、より使いやすいプロシージャを設計することができます。

たとえば、8-2-2（139ページ参照）の要素の型変換（ConvVarTypeArray1D、ConvVarTypeArray2D_Col）や、8-2-6（159ページ参照）の配列のフィルター処理の（FilterArray2D）などが実際の例になります。

「ConvVarTypeArray1D」「ConvVarTypeArray2D_Col」では変換対象の変数型の設定、「FilterArray2D」では抽出条件をプロシージャの使用時に容易に選ぶことができました。

ここでは、ユーザー定義のEnumを有効的に記述できるよう詳しく説明していきます。

プロシージャの引数の型でEnumを使うと便利になるというのは先述のとおりなのですが、具体的にプロシージャの引数で利用するのは「**プロシージャに複数の選択機能を設ける**」ときです。

たとえば「ConvVarTypeArray1D」「ConvVarTypeArray2D_Col」というプロシージャの中では「**要素をどのような型に変換するか**」の選択肢は次の4つでした。

- **String型**
- **Double型**
- **Long型**
- **Date型**

そして、これらの4つの選択肢を1つの引数で選択できるようにしています。

復習として、実際に記述したEnumと「ConvVarTypeArray1D」プロシージャのコードをもう一度見てみましょう。

```
Public Enum EnumVarType '変数型のEnum
    vbString_ = 1
    vbLong_ = 2
    vbDouble_ = 3
    vbDate_ = 4
End Enum
```

```
Public Function ConvVarTypeArray1D(ByRef Array1D As Variant, _
                            ByRef VarType_ As EnumVarType) _
                                            As Variant
'一次元配列の各要素の変数型を変換する

…以降省略
```

　このようにEnumを記述することによって、プロシージャを使用するときに、引数の入力で入力候補が出てくるので大変使いやすくなっています。

「FilterArray2D」プロシージャの場合だと「フィルター条件はどうするか」の選択肢は、次の8つでした。

- 指定文字列と等しい　　● 指定文字列と等しくない
- 指定文字列を含む　　　● 指定文字列を含まない
- 指定数値より大きい　　● 指定数値以上
- 指定数値より小さい　　● 指定数値以下

　そして、これらを1つの引数で簡単に選択できるようにしています。
　こちらもおさらいとして、記述したEnumと「FilterArray2D」プロシージャのコードを再確認しておきましょう。

```
Public Enum Enumフィルタ条件
    vbと等しい
    vbと等しくない
    vbを含む
    vbを含まない
    vbより大きい
    vb以上
    vbより小さい
    vb以下
End Enum
```

```
Public Function FilterArray2D(ByRef Array2D As Variant, _
                    ByVal Filter_ As Variant, _
                        ByRef Col As Long, _
            Optional ByRef Condition As Enumフィルタ条件 = 0) _
                            As Variant
'二次元配列を指定列でフィルターした配列を出力する。

…以降省略
```

そして、このケースでも引数で候補が出るようになるのでコーディングの効率が向上します。

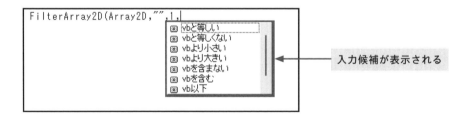

入力候補が表示される

このように、プロシージャの引数でEnumを利用することで、とても使いやすいプロシージャを設計することができます。

9-3 可変長引数配列（ParamArray）

本節では、**可変長引数配列（ParamArray）**の実際の使い方を実例をもとに説明します。

可変長引数配列は、第8章で紹介したプロシージャでは「GetFiles」や「SelectFile」で引数Extensionsに利用しています。

```
Public Function GetFiles(ByRef FolderPath As String, _
                    ParamArray Extensions() As Variant) _
                                        As Variant
'フォルダ内のファイルを一覧で取得する

…以下省略
```

```
Public Function SelectFile(ByRef FolderPath As String, _
                        ByRef Caption As String, _
                    ParamArray Extensions() As Variant) _
                                        As String
'ファイルを選択するダイアログを表示してファイルを選択させる
'選択したファイルのフルパスを返す

…以下省略
```

この記述によって、「GetFiles」では第2引数は「取得するファイルの拡張子」を指定しますが、この引数を任意個数指定することが可能です。

すなわち、対象とする拡張子が「xlsx」だけなら以下になります。

```
GetFiles(FolderPath, "xlsx")
```

また、対象とする拡張子が「xlsx」「xls」「xlsm」なら次のようになります。

```
GetFiles(FolderPath, "xlsx", "xls", "xlsm")
```

次に、可変長引数配列を使用する上での注意点です。

まず、引数の宣言は、次の記述方法でなければなりません。

ParamArray [引数名]() As Variant

「As Variant」は省略しても大丈夫ですが、必ず中の要素はVariant型の一次元配列になります。

また、この一次元配列の開始要素番号は必ず「0」になります。

では、実際に紹介した「GetFiles」プロシージャのコードで確認していきましょう。

「GetFiles」プロシージャでは、対象とする拡張子を連想配列に格納しておいて、FileSystemObjectを利用して取得してきたファイル一覧の中から該当する拡張子のファイル名だけを抽出する処理を行っています。

このうち、Extensionsの一次元配列から連想配列を作成する処理のところで、Extensionsの開始要素番号は「0」であるということを留意したコードにしています。

```
Public Function GetFiles(ByRef FolderPath As String, _
                  ParamArray Extensions() As Variant) _
                                    As Variant
'フォルダ内のファイルを一覧で取得する
'「Microsoft Scripting Runtime」ライブラリを参照すること

'FolderPath・・・検索対象のフォルダパス
'Extensions・・・取得対象の拡張子、可変長引数配列で入力

'引数
'ファイル名一覧の一次元配列
'ファイルが1つもなかったらEmptyを返す

                                            ▼次ページへ
```

第9章

汎用プロシージャ紹介での補足説明

▼前ページから

```
'※※※※※※※※※※※※※※※※※※※※※※※※
'引数チェック
'フォルダの確認
Dim FSO As New FileSystemObject
If FSO.FolderExists(FolderPath) = False Then
    MsgBox "「" & FolderPath & "」" & vbLf & _
           "のフォルダの存在が確認できません。" & vbLf & _
           "処理を終了します。", vbExclamation
    Exit Function
End If


'※※※※※※※※※※※※※※※※※※※※※※※※
'処理
'拡張子の連想配列を作成
Dim ExtensionDict As New Dictionary
Dim TmpExtension  As String
Dim I             As Long
For I = 0 To UBound(Extensions, 1)
    TmpExtension = Extensions(I)


    '小文字に変換
    TmpExtension = StrConv(TmpExtension, vbLowerCase)
    ExtensionDict.Add TmpExtension, ""
Next


'フォルダ内の各ファイルを取得して、対象の拡張子だけ配列に格納
Dim Folder        As Scripting.Folder
Set Folder = FSO.GetFolder(FolderPath)


Dim File          As Scripting.File
Dim FileExtension As String
Dim FileName      As String
Dim K             As Long: K = 0
Dim N             As Long
Dim Output        As Variant: ReDim Output(1 To 1)


If Folder.Files.Count = 0 Then
    'ファイルが1つもなかったらEmptyを返す
    Exit Function
```

> 開始番号は0であることに
> 留意したコード

▼次ページへ

第9章

汎用プロシージャ紹介での補足説明

```
                                                             ▼前ページから
    End If

    For Each File In Folder.Files
        FileName = File.Name 'ファイル名を取得

        '拡張子を取得して小文字に変換
        FileExtension = FSO.GetExtensionName(FileName)
        FileExtension = StrConv(FileExtension, vbLowerCase)

        If ExtensionDict.Exists(FileExtension) = True Then
            K = K + 1
            ReDim Preserve Output(1 To K)
            Output(K) = FileName
        End If
    Next

    '※※※※※※※※※※※※※※※※※※※※※※※※
    '出力
    GetFiles = Output

End Function
```

また、可変長引数配列は必ず最後の引数とする点にも注意してください。

すなわち、次のような記述はできません。

```
Public Function GetFiles (ParamArray Extensions() As Variant, _
                          ByRef FolderPath  As String) _
                          As Variant
```

「可変長引数配列は任意数の引数を渡せる」ことを考慮したら、必然的に最後以外の引数で宣言することはできないのは感覚的に理解できると思います。

実際、この注意点を守らないと、コードウィンドウに記述したときに赤く表示がされて無効となります。

　もう1つの注意点は、**Optional引数との併用はできない**ということです。

　たとえば、前出のプロシージャ「GetFiles」で「取得するファイル名はファイル名かファイルのフルパスかどちらかを選びたい」となったとします。

　そして、「ファイル名かフルパス」はBoolean型の「OptFileName」で設定できるとして、デフォルトでTrueとして「ファイル名」を取得し、Falseなら「フルパス」が返ってくるとしてこの引数OptFileNameを追加したとします。

　その上で、次のように記述したとします。

```
Public Function GetFiles(ByRef FolderPath As String, _
            Optional ByRef OptFileName As Boolean = True, _
            ParamArray Extensions() As Variant) _
                         As Variant
```

　しかし、このような記述のプロシージャは作成できません。

　こちらも実際にコードウィンドウで記述してみるとエラーになります。

　まとめると、可変長引数配列（ParamArray）を利用する際の注意点は以下のとおりです。

- ●引数の宣言は「ParamArray [変数名]() As Variant」とする
- ●引数の配列は開始要素番号0の一次元配列となる
- ●必ず最後の引数で宣言する
- ●Optional引数との併用はできない

9-4 静的変数 (Static)

本節では、**静的変数 (Static)** の性質や使い方を解説します。

この静的変数は、第8章で紹介したプロシージャではプロシージャ「ShowStatusBarProgress」や「StopWatch」にて使用していました。

静的変数の性質を簡単に説明すると、**使用しているプロシージャの実行が終わっても、格納された値を次のプロシージャの実行まで保持できる**となります。

もっとも、この説明では難解なのでサンプルで解説します。

次のプロシージャ「S__静的変数性質確認テスト」では、プロシージャ「S__静的変数確認」を5回実行しています。

```vba
Private Sub S__静的変数性質確認テスト()

    Dim I As Long
    For I = 1 To 5
        Debug.Print I & "回目実行"
        Call S__静的変数確認
    Next I

End Sub

Private Sub S__静的変数確認()

    Static StaticValue As Long

    Debug.Print "プロシージャ内、値変更前:", StaticValue

    StaticVal = StaticValue + 1

    Debug.Print "プロシージャ内、値変更後:", StaticValue

End Sub
```

これを実行すると、イミディエイトウィンドウには、次のような結果が表示されます。

```
イミディエイト
1回目実行
 プロシージャ内、値変更前：    0
 プロシージャ内、値変更後：    1
2回目実行
 プロシージャ内、値変更前：    1
 プロシージャ内、値変更後：    2
3回目実行
 プロシージャ内、値変更前：    2
 プロシージャ内、値変更後：    3
4回目実行
 プロシージャ内、値変更前：    3
 プロシージャ内、値変更後：    4
5回目実行
 プロシージャ内、値変更前：    4
 プロシージャ内、値変更後：    5
```

　この実行結果をみると、「S__静的変数確認」の中の静的変数「StaticValue」を値の変更前後でその値を表示していますが、その変更後の値が1回目の実行から、2回目、3回目まで引き継がれているのがわかります。

　この性質を利用したのが第8章で紹介した「ShowStatusBarProgress」や「StopWatch」なのです。

　では、シンプルな「StopWatch」プロシージャの処理を通して静的変数の実用例を紹介します。
　「StawWatch」では「Count_実行」「Time_開始時刻」「Time_前回時刻」の3つの静的変数を宣言しています。

```vba
Public Sub StopWatch(Optional Reset As Boolean = False)
'コードの処理時間を計測する
'1回目の実行で計測を開始し、
'以降の実行で計測開始からの経過時間と前回実行時からの経過時間を
'イミディエイトウィンドウに表示する

'引数
'Reset・・・計測をリセットするかどうか（省略ならリセットしない）

    '実行回数加算
    Static Count実行 As Long
    If Reset = True Then
        Count実行 = 1
```

▼次ページへ

▼前ページから

```
    Else
        Count実行 = Count実行 + 1
    End If

    Static Time_開始時刻 As Double
    Static Time_前回時刻 As Double

    Dim Time_現在時刻        As Double
    Dim Time_開始から経過時間  As Double
    Dim Time_前回から経過時間  As Double

    If Count実行 = 1 Then '初回実行
        Time_開始時刻 = Timer '開始時刻保存
        Time_前回時刻 = Timer '次回用に前回時刻として保存

    Else '2回目以降実行
        Time_現在時刻 = Timer
        Time_開始から経過時間 = Time_現在時刻 - Time_開始時刻
        Time_前回から経過時間 = Time_現在時刻 - Time_前回時刻
        Time_前回時刻 = Time_現在時刻

        Debug.Print "回数：" & Count実行 - 1, _
            "開始から経過時間:" & _
            Format(Time_開始から経過時間, "0.000") & "s", _
            "前回から経過時間:" & _
            Format(Time_前回から経過時間, "0.000") & "s"
    End If

End Sub
```

「Count_実行」は、「StowWatch」の実行回数を記録するのが役割です。

「Time_開始時刻」は、「StowWatch」の1回目の実行時刻を保持し、以降で開始からの経過時間を計算して表示するのが役割です。

「Time_前回時刻」は、「StowWatch」の毎回の実行時刻を保持し、前回からの経過時間を計算して表示するのが役割です。

このように、1回目、2回目…における実行回数や時刻を次の実行まで保持させることで時間を計測することができるようになっています。

さらに知っておきたい
VBA開発の
超効率化テクニック

第10章

イミディエイト
ウィンドウ活用の
汎用プロシージャ

第10章では、イミディエイトウィンドウで実行することで
コーディングをさらに効率化できる汎用プロシージャを紹介します。
イミディエイトウィンドウは極めて強力なツールなので、
「変数の値の確認」程度にしか使用していない人は
本章でしっかりとイミディエイトウィンドウ活用例を学んでください。

10-1 配列の中身表示

VBAでデバッグ中の配列の中身を確認するには一般的にローカルウィンドウが使えますが、次のような点で不便に感じることがあります。

- **文字が小さい**
- **二次元配列は一気に確認できない**

たとえば、次の図のような表を用意して、VBAで二次元配列として取得してデバッグで停止させておくとします（シートのオブジェクト名は「Sh01_名簿」としています）。

	A	B	C	D	E	F	G	H	I
1									
2		社員番号	氏名	部署	役職	電話番号	メールアドレス	入社日付	性別
3		1001	山田太郎	営業部	課長	080-1234-5678	yamada@example.com	2018/4/1	男性
4		1002	佐藤花子	経理部	係長	080-2345-6789	sato@example.com	2019/5/10	女性
5		1003	鈴木一郎	人事部	主任	080-3456-7890	suzuki@example.com	2020/6/15	男性
6		1004	髙橋恵子	開発部	チームリーダー	080-4567-8901	takahashi@example.com	2017/7/20	女性
7		1005	田中健太	営業部	営業担当	080-5678-9012	tanaka@example.com	2021/8/25	男性
8		1006	伊藤美咲	マーケティング部	スペシャリスト	080-6789-0123	ito@example.com	2022/9/30	女性
9		1007	渡辺勇気	製造部	技術者	080-7890-1234	watanabe@example.com	2016/10/5	男性
10		1008	小林聡美	研究開発部	研究員	080-8901-2345	kobayashi@example.com	2020/11/10	女性
11		1009	中村光一	IT部	システムエンジニア	080-9012-3456	nakamura@example.com	2019/12/15	男性
12		1010	小野寺悠子	人事部	採用担当	080-0123-4567	onodera@example.com	2021/1/20	女性
13									

そして、次のプロシージャを実行します。

```
Public Sub S_配列の取得()

    Dim List As Variant: List = Sh01_名簿.Range("B2:I12").Value
    Stop 'デバッグで止まってる状態

End Sub
```

その後、二次元配列「List」の中身をローカルウィンドウで確認するときには、二次元配列の各行を1つずつ開いて表示する必要があり、これは大きな手間となります。

しかし、ここで紹介する汎用プロシージャDPA（DebugPrintArrayの略）は、上記のVBA（正確にはVBEの機能）の不便さを解消して作業を効率化することができます。

具体的には、引数で配列（一次元配列か二次元配列）を渡すことで、イミディエイトウィンドウに配列の中身を見やすい形式で表示させます。

では、先ほどの表を同様にVBAで二次元配列として取得してDPAを実行してみます。

```
Public Sub S_配列のイミディエイトウィンドウ表示()

    Dim List As Variant: List = Sh01_名簿.Range("B2:I12").Value
    Call DPA(List)

End Sub
```

このプロシージャを実行すると、次のようにイミディエイトウィンドウに出力されます。

まるでExcelのワークシートのように行・列の番号が表示され、各列が固定長テキストファイル同様に同じ長さで並んで表示されますので、ローカルウィンドウとは比較にならないほど見やすいことに驚いた人もいるのではないでしょうか。

また、先ほどはプロシージャ内でDPAを実行していましたが、DPAはデバッグ中にイミディエイトウィンドウで実行することもできます。

このように、コードのデバッグ中に途中まで計算された配列の中身を確認するときにも使えます。この確認方法は、ローカルウィンドウでの確認よりはるかに効率的です。

　ちなみに、DPAの第2引数以降も利用すれば、表示する行範囲や要素の文字列の長さの最大バイト数を指定できます。

　次の図は、2行目から7行目までを表示し、表示する文字列の最大長を7バイトに絞っています（全角文字なら2バイト、半角文字なら1バイトです）。

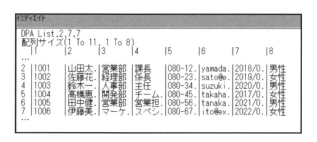

　まずは、みなさんはこのDPAを自由自在に使いこなせるようになってください。目に見えて作業効率が向上するはずです。

　そして、少し長くなりますが、DPAのコードを学びたい人もいると思いますので、詳細な説明は割愛しますが、以下にそのコードを掲示します。

　なお、このDPAは本書特典の開発用アドイン「IkiKaiso.xlam」にも実装されていますので、すぐに利用するにはそちらをダウンロードしてください。

●DPA：配列をイミディエイトウィンドウに見やすく表示する

FILE 10-1 DPA.xlsm

```
Public Sub DPA(ByVal ShowArray As Variant, _
        Optional ByRef StartRow As Long, _
        Optional ByRef EndRow As Long, _
        Optional ByRef StrLength As Long)
'配列をイミディエイトウィンドウに見やすく表示する


'引数
'ShowArray    ・・・表示する配列(一次元配列か二次元配列)
'[StartRow]   ・・・行で表示範囲を指定する場合の開始行
'             省略なら1行目から表示
'[EndRow]     ・・・行で表示範囲を指定する場合の終了行
'             省略なら最大行まで表示
'[StrLength]  ・・・各要素の表示する文字列長さ最大
```

▼次ページへ

```
'                省略なら文字列全体表示              ▼前ページから


   '配列の次元計算
   Dim Dimension As Long: Dimension = GetDimensionArray(ShowArray)


   'イミディエイトウィンドウに表示
   Select Case Dimension
       Case 1
           '一次元配列の場合
           Call DebugPrintArray1D(ShowArray, StartRow, _
                               EndRow, StrLength)
       Case 2
           '二次元配列の場合
           Call DebugPrintArray2D(ShowArray, StartRow, _
                               EndRow, StrLength)
       Case Else
           MsgBox "一次元配列か二次元配列を入力してください", _
                   vbExclamation
           Exit Sub
   End Select


End Sub
```

```
Public Function GetDimensionArray(ByRef Array_ As Variant)
'配列の次元数を返す
'配列でない場合は0を返す

'引数
'Array_・・・配列


   '処理
   Dim Output As Long
   Dim Tmp    As Variant
   Dim K      As Long


   If VarType(Array_) < vbArray Then
       '配列でない場合
       Output = 0
```
▼次ページへ

▼前ページから

```
    Else
        K = 0
    On Error Resume Next
    Do
        K = K + 1
        Tmp = 0

        'K次元要素数が存在しないならエラーとなる
        Tmp = UBound(Array_, K)

        If Tmp = 0 Then
            'エラーならTmpがEmptyなのでK-1が次元で確定
            Output = K - 1
            Exit Do
        End If
    Loop
    On Error GoTo 0
    End If

    '出力
    GetDimensionArray = Output

End Function
```

```
Private Sub DebugPrintArray1D(ByVal Array1D As Variant, _
                Optional ByRef StartRow As Long, _
                Optional ByRef EndRow As Long, _
                Optional ByRef StrLength As Long)
'一次元配列をイミディエイトウィンドウに見やすく表示する

'引数
'Array1D      ・・・表示する一次元配列
'[StartRow]   ・・・行で表示範囲を指定する場合の開始行
'                 省略なら1行目から表示
'[EndRow]     ・・・行で表示範囲を指定する場合の終了行
'                 省略なら最大行まで表示
'[StrLength]  ・・・各要素の表示する文字列長さ最大
'                 省略なら文字列全体表示
```

▼次ページへ

▼前ページから

```
'一次元配列を二次元配列に変換して
'「DebugPrintArray」を利用して表示する

'要素番号の最小最大を取得
Dim MinRow As Long: MinRow = LBound(Array1D, 1) '開始行番号
Dim MaxRow As Long: MaxRow = UBound(Array1D, 1) '終了行番号

'二次元配列に変換する
Dim ShowArray As Variant
ReDim ShowArray(MinRow To MaxRow, 1 To 1)

Dim I        As Long
Dim N        As Long
For I = MinRow To MaxRow
    If IsObject(Array1D(I)) = True Then
        'オブジェクトの場合はオブジェクトとして格納
        Set ShowArray(I, 1) = Array1D(I)
    Else
        ShowArray(I, 1) = Array1D(I)
    End If
Next I

'配列のサイズ表示
Debug.Print "配列サイズ(" & MinRow & " To " & MaxRow & ")"

'イミディエイトウィンドウに表示
Call DebugPrintArray(ShowArray, StartRow, EndRow, StrLength)

End Sub
```

```
Private Sub DebugPrintArray2D(ByVal Array2D As Variant, _
                Optional ByRef StartRow As Long, _
                Optional ByRef EndRow As Long, _
                Optional ByRef StrLength As Long)
'二次元配列をイミディエイトウィンドウに見やすく表示する

'引数
```

▼次ページへ

イミディエイトウィンドウ活用の汎用プロシージャ

第10章

```
'Array2D        ・・・表示する二次元配列                          ▼前ページから
'[StartRow]     ・・・行で表示範囲を指定する場合の開始行
'                   省略なら1行目から表示
'[EndRow]       ・・・行で表示範囲を指定する場合の終了行
'                   省略なら最大行まで表示
'[StrLength]    ・・・各要素の表示する文字列長さ最大
'                   省略なら文字列全体表示


    '配列の要素数を取得
    Dim MinRow As Long: MinRow = LBound(Array2D, 1) '開始行番号
    Dim MaxRow As Long: MaxRow = UBound(Array2D, 1) '終了行番号
    Dim MinCol As Long: MinCol = LBound(Array2D, 2) '開始列番号
    Dim MaxCol As Long: MaxCol = UBound(Array2D, 2) '終了列番号


    '配列のサイズ表示
    Debug.Print "配列サイズ(" & MinRow & " To " & MaxRow & ", " & _
                                MinCol & " To " & MaxCol & ")"


    'イミディエイトウィンドウに表示
    Call DebugPrintArray(Array2D, StartRow, EndRow, StrLength)


End Sub
```

```
Private Sub DebugPrintArray(ByVal ShowArray As Variant, _
                Optional ByRef StartRow As Long, _
                    Optional ByRef EndRow As Long, _
                Optional ByRef StrLength As Long)
'二次元配列をイミディエイトウィンドウに見やすく表示する
'行・列の番号も一緒に表示する

'元の配列
'[[A,B,C],
' [あ,い,う]]
'↓
'イミディエイトウィンドウに出力結果
' |1 |2 |3 |
'1|A |B |C |
'2|あ|い|う|
```

▼次ページへ

第
10
章

イ
ミ
デ
ィ
エ
イ
ト
ウ
ィ
ン
ド
ウ
活
用
の
汎
用
プ
ロ
シ
ー
ジ
ャ

▼前ページから

```
'引数
'ShowArray　・・・表示する二次元配列
'[StartRow]　・・・行で表示範囲を指定する場合の開始行
'　　　　　　　　省略なら1行目から表示
'[EndRow]　　・・・行で表示範囲を指定する場合の終了行
'　　　　　　　　省略なら最大行まで表示
'[StrLength]・・・各要素の表示する文字列長さ最大
'　　　　　　　　省略なら文字列全体表示


'※※※※※※※※※※※※※※※※※※※※※※※※※※
'入力引数の処理

'配列の要素数を取得
Dim MinRow As Long: MinRow = LBound(ShowArray, 1) '開始行番号
Dim MaxRow As Long: MaxRow = UBound(ShowArray, 1) '終了行番号


'行表示範囲のチェックと修正
If StartRow = 0 Then
    '開始行は1にする
    StartRow = 1
Else
    '開始行は1以上にする
    StartRow = WorksheetFunction.Max(1, StartRow)
End If


If EndRow = 0 Then
    '終了行は全体行数にする
    EndRow = MaxRow - MinRow + 1
Else
    '終了行は全体行数以下にする
    EndRow = WorksheetFunction.Min(MaxRow - MinRow + 1, EndRow)
End If


'※※※※※※※※※※※※※※※※※※※※※※※
'行・列番号が付いた配列を作成
Dim Dummy As Variant
Dummy = Make__ArrayWithNum(ShowArray)
```

▼次ページへ

▼前ページから

```
'行・列番号付の配列
Dim ArrayWithNum As Variant: ArrayWithNum = Dummy(1)


'配列の要素にオブジェクト型が含まれているかの判定
Dim JudgeObject  As Boolean: JudgeObject = Dummy(2)


'配列の要素に配列が含まれているかの判定
Dim JudgeArray   As Boolean: JudgeArray = Dummy(3)


'配列の要素にエラー値が含まれているかの判定
Dim JudgeError   As Boolean: JudgeError = Dummy(4)


'※※※※※※※※※※※※※※※※※※※※※※※※※
'イミディエイトウィンドウに表示する文字列を作成
Dummy = Make__OutputStr(ArrayWithNum, StrLength, StartRow, EndRow)


'イミディエイトウィンドウに表示する文字列
Dim OutputStr     As String: OutputStr = Dummy(1)


'表示範囲が200行を超えるかの判定
Dim JudgeOver200 As Boolean: JudgeOver200 = Dummy(2)


'※※※※※※※※※※※※※※※※※※※※※※※※※
'イミディエイトウィンドウに表示
Debug.Print OutputStr


'例外の要素があったことを表示
If JudgeOver200 = True Then
    Debug.Print "※※縦要素数が200を超えたので" & _
                "前後だけを表示しました！！※※"
End If


If JudgeObject = True Then
    Debug.Print "※※配列内にオブジェクト型が" & _
                "含まれています！！※※"
End If


If JudgeArray = True Then
    Debug.Print "※※配列内に配列が含まれています！！※※"
```

▼次ページへ

▼前ページから

```
    End If

    If JudgeError = True Then
        Debug.Print "※※配列内にエラー値が含まれています！！※※"
    End If

End Sub
```

```
Private Function Make__ArrayWithNum(ShowArray As Variant)
'行・列番号がついた二次元配列を作成する

'元の配列
'[[A,B,C],
' [あ,い,う]]
'↓
'作成する配列
'  |1 |2 |3 |
'1|A |B |C |
'2|あ|い|う|

'引数
'ShowArray・・・二次元配列

    '配列の要素数を取得
    Dim MinRow As Long: MinRow = LBound(ShowArray, 1) '開始行番号
    Dim MaxRow As Long: MaxRow = UBound(ShowArray, 1) '終了行番号
    Dim MinCol As Long: MinCol = LBound(ShowArray, 2) '開始列番号
    Dim MaxCol As Long: MaxCol = UBound(ShowArray, 2) '終了行番号

    '行・列番号付きの配列の準備
    Dim RowCount    As Long:    RowCount = MaxRow - MinRow + 1 '行数
    Dim ColCount    As Long:    ColCount = MaxCol - MinCol + 1 '列数
    Dim ArrayWithNum As Variant
    ReDim ArrayWithNum(1 To RowCount + 1, 1 To ColCount + 1)
    '(行・列番号の分で"+1"する)

    Dim I     As Long
    Dim J     As Long
```

▼次ページへ

第
10
章

イミディエイトウィンドウ活用の
汎用プロシージャ

▼前ページから

```
    Dim Row    As Long '対象の配列(ShowArray)での行番号
    Dim Col    As Long '対象の配列(ShowArray)での列番号
    Dim Value As String

    '配列の要素内に例外が含まれていた場合の判定
    '配列の要素にオブジェクト型が含まれているかどうか判定
    Dim JudgeObject As Boolean: JudgeObject = False

    '配列の要素に配列が含まれているかどうか判定
    Dim JudgeArray  As Boolean: JudgeArray = False

    '配列の要素にエラー値が含まれているかどうか判定
    Dim JudgeError  As Boolean: JudgeError = False

    For I = 1 To RowCount
        ArrayWithNum(I + 1, 1) = MinRow + I - 1 '行番号
        Row = I - 1 + MinRow


        For J = 1 To ColCount
            ArrayWithNum(1, J + 1) = MinCol + J - 1 '列番号
            Col = J - 1 + MinCol


            '例外の要素か判定
            If IsObject(ShowArray(Row, Col)) = True Then
                'オブジェクト型が配列に入っている場合
                '→その型名を表示する
                Value = TypeName(ShowArray(Row, Col)) & "型"
                JudgeObject = True

            ElseIf IsArray(ShowArray(Row, Col)) Then
                '配列が配列の中に入っている場合
                '→「配列」と表示
                Value = "配列"
                JudgeArray = True

            ElseIf IsError(ShowArray(Row, Col)) Then
                '値がエラーの場合
                '→「エラー」と表示
                Value = "エラー"
```

▼次ページへ

```
                    JudgeError = True

            Else
'               On Error Resume Next
                Value = ShowArray(Row, Col)
'               On Error GoTo 0
            End If

            ArrayWithNum(I + 1, J + 1) = Value
        Next J
    Next I

    '出力
    Dim Output(1 To 4) As Variant
    Output(1) = ArrayWithNum
    Output(2) = JudgeObject
    Output(3) = JudgeArray
    Output(4) = JudgeError


    Make__ArrayWithNum = Output

End Function
```

▼前ページから

```
Private Function Make__OutputStr(ByRef ArrayWithNum As Variant, _
                            ByRef StrLength As Long, _
                            ByRef StartRow As Long, _
                            ByRef EndRow As Long) _
                                As Variant
'イミディエイトウィンドウに表示する文字列を作成
'各列の幅を同じに整えるため文字列長さとその各列の最大値を計算する。
'表示行数が200行を超える場合は前後10行だけ表示する

'元の配列
'[[,1,2,3],
' [1,A,B,C],
' [2,あ,い,う]]
'↓
'作成する文字列(各行は改行で結合してある)
' |1 |2 |3 |
```

▼次ページへ

第
10
章

イ
ミ
デ
ィ
エ
イ
ト
ウ
ィ
ン
ド
ウ
活
用
の
汎
用
プ
ロ
シ
ー
ジ
ャ

▼前ページから

```
'1|A |B |C |
'2|あ|い|う|


'引数
'ArrayWithNum ・・・行・列番号付き配列
'StartRow      ・・・行で表示範囲を指定する場合の開始行
'EndRow        ・・・行で表示範囲を指定する場合の終了行


    '各列にの間の仕切り文字
    Const DelimiterStr  As String = "|"


    '200行を超える場合の前後表示最大表示行数
    Const MaxRowOver200 As Long = 10


    Dim I As Long
    Dim J As Long
    Dim N As Long: N = UBound(ArrayWithNum, 1) '行数
    Dim M As Long: M = UBound(ArrayWithNum, 2) '列数


    Dim TmpStr As String

    '各要素の文字列の長さを格納する二次元配列
    Dim StrLentghList      As Variant
    ReDim StrLentghList(1 To N, 1 To M)


    '各列での文字列長さの最大値を格納
    Dim MaxStrLengthList  As Variant
    ReDim MaxStrLengthList(1 To M)



    '※※※※※※※※※※※※※※※※※※※※※※※※
    '文字列の長さの調整と、文字列長さの計算
    For J = 1 To M
        For I = 1 To N
            TmpStr = ArrayWithNum(I, J)
            If J > 1 And StrLength <> 0 Then
                '最大表示長さが指定されている場合は文字列長さを調整
                '1列目(J=1)はそのままにする
                TmpStr = Conv__StrShorter(TmpStr, StrLength)
```

▼次ページへ

第10章

イミディエイトウィンドウ活用の汎用プロシージャ

▼前ページから

```
                ArrayWithNum(I, J) = TmpStr
            End If

            '全角と半角を区別して長さを計算する。
            StrLentghList(I, J) = LenB(StrConv(TmpStr, vbFromUnicode))
            MaxStrLengthList(J) = _
                WorksheetFunction.Max(MaxStrLengthList(J), _
                                    StrLentghList(I, J))
        Next I
    Next J

    '※※※※※※※※※※※※※※※※※※※※※※※※※※
    'イミディエイトウィンドウに表示するために
    '" "(半角スペース)を追加して文字列長さを同じにする。

    '" "（半角スペース）を文字列に追加して
    '各列で文字列長さを同じにした文字列を格納

    Dim SameLengthStrList As Variant
    ReDim SameLengthStrList(1 To N)

    Dim TmpStrList_1Row As Variant
    ReDim TmpStrList_1Row(1 To M)

    Dim TmpStrLength As Long

    For I = 1 To N
        For J = 1 To M
            'その列の最大文字列長さ
            TmpStrLength = MaxStrLengthList(J)

            '（最大文字数-文字数）の分" "（半角スペース）
            'を後ろにくっつける。
            TmpStrList_1Row(J) = ArrayWithNum(I, J) & _
                String(TmpStrLength - StrLentghList(I, J), " ")
        Next J
        SameLengthStrList(I) = TmpStrList_1Row
    Next I
```

▼次ページへ

▼前ページから

```
'※※※※※※※※※※※※※※※※※※※※※※※※※※
'イミディエイトウィンドウに表示する文字列を作成
'200行を超える場合/超えない場合/表示範囲が指定されている場合/
'の3パターンで場合分け


'イミディエイトウィンドウに表示する文字列
Dim OutputStr     As String: OutputStr = ""


'要素数が200を超えるかどうかの判定
Dim JudgeOver200  As Boolean: JudgeOver200 = False


If StartRow = 0 And EndRow = 0 Then
        '開始行、終了行が指定されていない場合


    If N > 200 Then '200行を超える場合は前後だけを表示する
        JudgeOver200 = True
        For I = 1 To MaxRowOver200 + 1
            OutputStr = OutputStr & _
                    Join(SameLengthStrList(I), DelimiterStr)
            OutputStr = OutputStr & vbCrLf
        Next I
    '

        '途中に省略していることを示す「…」を表示
        OutputStr = OutputStr & "…" & vbCrLf


        For I = N - MaxRowOver200 To N
            OutputStr = OutputStr & _
                    Join(SameLengthStrList(I), DelimiterStr)
            OutputStr = OutputStr & vbCrLf
        Next I
    Else
        '200行を超えない場合は通常表示
        For I = 1 To N
            OutputStr = OutputStr & _
                    Join(SameLengthStrList(I), DelimiterStr)
            OutputStr = OutputStr & vbCrLf
        Next I
    End If
Else
```

▼次ページへ

▼前ページから

```
                '開始行、終了行が指定されている場合
                OutputStr = OutputStr & _
                            Join(SameLengthStrList(1), DelimiterStr)
                OutputStr = OutputStr & vbCrLf


                '途中に省略していることを示す「…」を表示
                If StartRow > 1 Then
                    OutputStr = OutputStr & "…" & vbCrLf
                End If


                For I = StartRow + 1 To EndRow + 1
                    OutputStr = OutputStr & _
                            Join(SameLengthStrList(I), DelimiterStr)
                    OutputStr = OutputStr & vbCrLf
                Next I


                If EndRow + 1 < N Then
                    OutputStr = OutputStr & "…" & vbCrLf '非表示行の明示
                End If
            End If


            '※※※※※※※※※※※※※※※※※※※※※※※※※※
            '出力
            Dim Output(1 To 2) As Variant
            Output(1) = OutputStr
            Output(2) = JudgeOver200


            Make__OutputStr = Output


        End Function
```

```
        Private Function Conv__StrShorter(ByRef Str As String, _
                            ByRef ByteNum As Long) _
                                            As String
    '文字列を指定省略バイト文字数までの長さで省略する。
    '省略された文字列の最後の文字は"."に変更する。
```

▼次ページへ

第
10
章

イミディエイトウィンドウ活用の汎用プロシージャ

▼前ページから

```
'例：Str = "あいうえ"，ByteNum = 6 … 出力 = "あい.."
'例：Str = "あいうえ"，ByteNum = 7 … 出力 = "あいう."
'例：Str = "あいXXえ"，ByteNum = 6 … 出力 = "あいX."
'例：Str = "あいXXえ"，ByteNum = 7 … 出力 = "あいXX."


'引数
'Str     ・・・文字列
'ByteNum・・・バイト数


    '処理
    Dim OriginByte As Long '入力した文字列「Str」のバイト文字数
    OriginByte = LenB(StrConv(Str, vbFromUnicode))


    Dim I           As Long
    Dim N           As Long
    Dim Output      As String
    Dim TotalByteList As Variant
    Dim TmpStr      As String
    Const AddStr As String = "."


    If OriginByte ≦ ByteNum Then
        '「Str」のバイト文字数計算が
        '省略するバイト文字数以下なら省略はしない
        Output = Str


    Else
        TotalByteList = Cal__TotalByteList(Str)


        N = Len(Str)
        For I = 1 To N
            TmpStr = Mid(Str, I, 1)
            If TotalByteList(I) < ByteNum Then
                Output = Output & TmpStr


            ElseIf TotalByteList(I) = ByteNum Then
                If LenB(StrConv(TmpStr, vbFromUnicode)) = 1 Then
                    '例：Str = "あいうえ"
                    '→ ByteNum = 6 ,TotalByteList(3) = 6
                    '→ Output = "あい.."
```

▼次ページへ

▼前ページから

```
            Output = Output & AddStr
        Else
            '例：Str = "あいXXえ"
            '→ ByteNum = 6 ,TotalByteList(4) = 6
            '→ Output = "あいX."
            Output = Output & AddStr & AddStr
        End If

        Exit For

    ElseIf TotalByteList(I) > ByteNum Then
        '例：Str = "あいうえ"
        '→ ByteNum = 7 ,TotalByteList(4) = 8
        '→ Output = "あいう."
        Output = Output & AddStr
        Exit For

    End If
    Next I

End If

'出力
Conv__StrShorter = Output

End Function
```

```
Private Function Cal__TotalByteList(ByRef Str As String) As Variant
'文字列を1文字ずつに分解して、各文字のバイト文字長を計算し、
'その累計値を計算する。

'例：Str="新型EKワゴン"
'出力→Output = (2,4,5,6,8,10,12)

    '処理
    Dim StrCount As Long: StrCount = Len(Str)
```

▼次ページへ

第10章

イミディエイトウィンドウ活用の汎用プロシージャ

▼前ページから

```
Dim I        As Long
Dim TmpStr   As String
Dim Output   As Variant: ReDim Output(1 To StrCount)

For I = 1 To StrCount
    TmpStr = Mid(Str, I, 1)
    If I = 1 Then
        Output(I) = LenB(StrConv(TmpStr, vbFromUnicode))
    Else
        Output(I) = LenB(StrConv(TmpStr, vbFromUnicode)) _
                    + Output(I - 1)
    End If
Next I

'出力
Cal__TotalByteList = Output

End Function
```

イ
ミ
デ
ィ
エ
イ
ト
ウ
ィ
ン
ド
ウ
活
用
の
汎
用
プ
ロ
シ
ー
ジ
ャ

10-2 連想配列の中身表示

イミディエイトウィンドウは、配列の値の確認同様に連想配列（Dictionary型）の値の確認も可能です。

VBEのローカルウィンドウは、Dictionary型のKeyの値は確認できるのですが、不便なことにItemの値を表示する機能はありません。

たとえば、次のように連想配列を作成してデバッグで止まっている状態とします。

```
Public Sub S_連想配列作成 ()
    Dim Dict As New Dictionary
    Dict.Add "A", "あ"
    Dict.Add "B", "い"
    Dict.Add "C", "う"
    Dict.Add "D", "え"
    Dict.Add "E", "お"
    Stop 'デバッグで止まってる状態
End Sub
```

この状態でローカルウィンドウを見ると、Dictの中身はItem1、Item2…の中身としてKeyの値である "A"、"B"、"C"、"D"、"E" のみ表示されて、Itemで格納した "あ"、"い"、"う"、"え"、"お" は確認することができません。

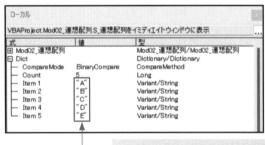

ローカルウィンドウではKeyの値しか確認できない

そこで、ここでは前節10-1で紹介したプロシージャDPAを流用したDPD（DebugPrintDictionaryの略）を使って、Dictionary型をKeyとItemの2列に並べてイミディエイトウィンドウに表示する方法を紹介します。

次の図は、実際に先ほどのプロシージャ「S_連想配列作成」のデバッグ中にイミディエイトウィンドウでDPDを実行している例です。

連想配列DictのKeyとItemが一覧で表示されていることが確認できます。

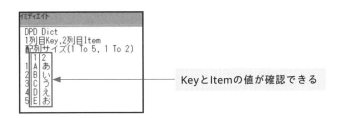

KeyとItemの値が確認できる

では、このDPDのコードを掲示します。

●DPD：連想配列をイミディエイトウィンドウに見やすく表示する

FILE 10-2 DPD.xlsm

```vba
Public Sub DPD(ByRef Dict As Dictionary)
'DebugPrintDictionaryの省略
'連想配列を見やすくイミディエイトウィンドウに表示する

'引数
'Dict・・・Dictionary型の連想配列

    'KeyとItemを一次元配列として取得
    Dim KeyList  As Variant: KeyList = Dict.Keys
    Dim ItemList As Variant: ItemList = Dict.Items

    '配列の結合
    Dim I       As Long
    Dim N       As Long: N = Dict.Count
    Dim Output As Variant:: ReDim Output(1 To N, 1 To 2)
    For I = 1 To N
        Output(I, 1) = KeyList(I - 1)

        If IsObject(ItemList(I - 1)) = True Then
```

▼次ページへ

第10章

イミディエイトウィンドウ活用の汎用プロシージャ

▼前ページから

```
            'Itemの中身はオブジェクトの場合も考慮する
                Set Output(I, 2) = ItemList(I - 1)
            Else
                Output(I, 2) = ItemList(I - 1)
            End If
        Next

        'イミディエイトウィンドウに表示
        Debug.Print "1列目Key,2列目Item"
        Call DPA(Output)

End Sub
```

10-3 文字列の中の改行文字を表示

　変数に格納された文字列は、イミディエイトウィンドウで「?」に続けて表示するか、プロシージャ上で「Debug.Print」を実行すれば表示できますが、改行を含む文字列は含まれる改行が「Cr (Carriage Return)」なのか「Lf (Line Feed)」なのかがわかりません。

　たとえば、次のようにプロシージャ「S_改行を含んだ文字列 (Str)」を生成して、イミディエイトウィンドウで「?Str」を実行すると、次の図のような結果になります。

```
Public Sub S_改行を含んだ文字列()
    '改行を含んだ文字列を作る
    Dim Str As String
    Str = "AA" & vbCr & vbLf & "BB"


    Stop  'デバッグで停止している状態
End Sub
```

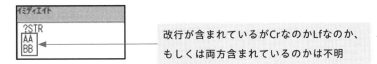

改行が含まれているがCrなのかLfなのか、
もしくは両方含まれているのかは不明

　これでよく直面するトラブルが、CSVやテキストデータから読み込んだ文字列に改行が含まれていて、どのような改行かが把握できないために正しい処理ができないというものです。

　そこで紹介する汎用プロシージャが「ShowStrEach」です。

　ShowStrEachをイミディエイトウィンドウで実行すると、次のように文字列に含まれる文字を1文字ずつ表示します。また、このときCr、Lfの改行もしっかりと識別して表示しています。

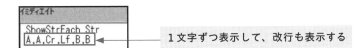

1文字ずつ表示して、改行も表示する

　では、その「ShowStrEach」のコードを見てください。先に紹介したDPA、DPDほど使用頻度が高いわけではありませんが、いざ困ったときに役に立つ汎用プロシージャです。

●ShowStrEach：改行も識別して1文字ずつ表示する

```vb
Public Sub ShowStrEach(Str As String)
'文字列の中身に改行が含まれていたらCr,Lfに置き換えて、
'1文字ずつコンマ区切りでイミディエイトウィンドウに表示する

'例
'Str = "AAAA" & vbCrLf & "CCCC"
'→A,A,A,A,Cr,Lf,C,C,C,C

'引数
'Str・・・対象の文字列

    '1文字ずつ分解
    Dim TmpStr  As String
    Dim ShowStr As String
    Dim I       As Long
    Dim Output  As String
    For I = 1 To Len(Str)
        TmpStr = Mid(Str, I, 1)
        If TmpStr = vbLf Then
            ShowStr = "Lf"
        ElseIf TmpStr = vbCr Then
            ShowStr = "Cr"
        Else
            ShowStr = TmpStr
        End If

        If I = 1 Then
            Output = ShowStr
        Else
            Output = Output & "," & ShowStr
        End If
    Next

    'イミディエイトウィンドウに表示
    Debug.Print Output

End Sub
```

さらに知っておきたい
VBA開発の
超効率化テクニック

第11章

イミディエイトウィンドウとクリップボードのコラボテクニック

第10章のイミディエイトウィンドウを
活用するための汎用プロシージャに続いて、
今度はイミディエイトウィンドウとクリップボード操作の両方をコラボさせて
コーディングを効率化できる汎用プロシージャを紹介します。
主な機能として、VBAの標準機能では実現できない
コードの補完機能を自作することができます。

11-1 変数宣言のAsを揃える

5-4（81ページ参照）で変数宣言のAsを揃えることでより可読性の高いコードにできることを解説しました。しかし、この作業は頻繁に発生するのでどうしても手間がかかります。当然、自動的にAsを揃えるような補完機能が欲しいと思うことでしょう。

ここで紹介する汎用プロシージャACAs（AlignmentCodeAsの略）は、この補完機能をVBAで実現するものです。

具体的には次のような処理を行います。

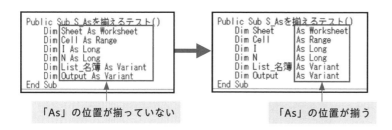

「As」の位置が揃っていない　　　「As」の位置が揃う

では、仕組みを解説する前に使い方を説明します。操作の手順は以下のとおりです。

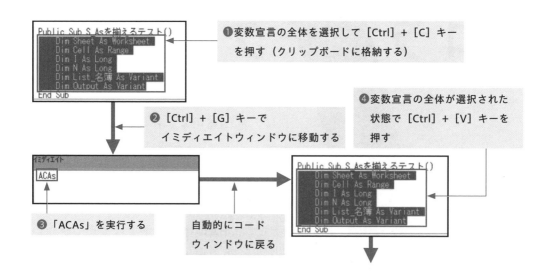

❶変数宣言の全体を選択して［Ctrl］＋［C］キーを押す（クリップボードに格納する）

❹変数宣言の全体が選択された状態で［Ctrl］＋［V］キーを押す

❷［Ctrl］＋［G］キーでイミディエイトウィンドウに移動する

❸「ACAs」を実行する

自動的にコードウィンドウに戻る

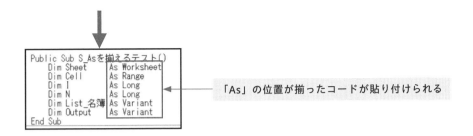

「As」の位置が揃ったコードが貼り付けられる

少し仕組みを解説すると、「ACAs」のコードは、次のような処理が実行されています。

①クリップボードに格納された文字列を取得する
②文字列を自動的に処理する（Asで揃える）
③処理後の文字列をクリップボードに格納する
④ [F7] キー押下処理を実行して自動的にコードウィンドウに戻る

　このとき、クリップボード内の文字列の取得と格納の処理は、第8章で紹介した「GetClip-Text」と「ClipText」の2つの汎用プロシージャを利用しています。

　なお、クリップボードから取得した文字列から「As」で揃ったコードを自動生成する処理は、複雑な文字列操作を要するので詳細な解説は割愛しますが、「イミディエイトウィンドウで実行する」「クリップボードの入出力処理を利用する」の2つのテクニックは「コードの自動補完を構築できる」という非常に便利なテクニックですので、ぜひとも活用してください。

　なお、「ACAs」は本書特典の開発用アドイン「IkiKaiso.xlam」にも実装されていますので、すぐに利用するにはそちらをダウンロードしてください。

●ACAs：「As」で整列してクリップボードに格納する

FILE 11-1 ACAs.xlsm

```
Public Sub ACAs()

'AlignmentCodeAsの略
'クリップボードに格納さえた変数宣言コードを
' 「As」で整列して、クリップボードに格納する


    Call ClipAlignmentCode(" As ")


End Sub
```

```vba
Public Sub ClipAlignmentCode(ByRef Delimiter As String)
'クリップボード格納中のテキストデータにおいて
'特定文字で整列させて、クリップボードに格納する

'引数
'Delimiter・・・整列基準の区切り文字

    'クリップボードからテキスト取得
    Dim CodeStr   As String: CodeStr = GetClipText

    '改行は「Cr & Lf」を「Lf」に変換
    CodeStr = Replace(CodeStr, vbCr & vbLf, vbLf)

    'テキストデータを改行で分割
    Dim SplitStr  As Variant: SplitStr = Split(CodeStr, vbLf)

    '開始要素番号を1にする
    ReDim Preserve SplitStr(1 To UBound(SplitStr, 1) + 1)

    '各行を区切り文字で区切って、前側を1列目、後側を2列目に格納
    Dim I         As Long
    Dim N         As Long: N = UBound(SplitStr, 1)
    Dim StrArray As Variant: ReDim StrArray(1 To N, 1 To 2)
    Dim TmpStr    As String
    Dim ForeStr   As String
    Dim AftStr    As String
    For I = 1 To N
        TmpStr = SplitStr(I)
        If InStr(1, TmpStr, Delimiter) > 0 Then
            ForeStr = Split(TmpStr, Delimiter)(0)
            AftStr = Delimiter & Split(TmpStr, Delimiter, 2)(1)

            StrArray(I, 1) = ForeStr
            StrArray(I, 2) = AftStr
        Else
            StrArray(I, 1) = TmpStr
        End If
    Next I
```

▼次ページへ

第
11
章

イミディエイトウィンドウと
クリップボードのコラボテクニック

▼前ページから

```
'二次元配列の1列目を半角スペースを入れて同じ長さにする
Dim OutputStr As String: OutputStr = AligmentedArray2D(StrArray)

'成形後の文字列をクリップボードに格納
Call ClipText(OutputStr)

'コードウィンドウに戻る
Call ShowCodeWindow


End Sub
```

```
Public Function AligmentedArray2D(ByVal Array2D As Variant) As String
'二次元配列を整列させる
'各列の長さにするために半角スペースを足す
'返り値は各要素が結合された文字列（行ごとに改行）

'引数
'Array2D・・・対象の文字列が格納された配列

    '※※※※※※※※※※※※※※※※※※※※※※※※※※
    '各要素の文字長さ（バイト数）と、各列での最大長さを計算
    Dim N As Long: N = UBound(Array2D, 1) '行数
    Dim M As Long: M = UBound(Array2D, 2) '列数

    '各文字の文字列長さを格納
    Dim StrLengthList As Variant
    ReDim StrLengthList(1 To N, 1 To M)

    '各列での文字列長さの最大値を格納
    Dim MaxStrLengthList As Variant
    ReDim MaxStrLengthList(1 To M)

    Dim I As Long
    Dim J As Long
    For J = 1 To M
        For I = 1 To N
            '文字のバイト数長さを計算
            StrLengthList(I, J) = _
```

▼次ページへ

▼前ページから

```
                LenB(StrConv(Array2D(I, J), vbFromUnicode))
          If Array2D(I, 2) <> "" Then
              '2列目が空白の場合は整列対象外として処理しない
              MaxStrLengthList(J) = _
                  WorksheetFunction.Max(MaxStrLengthList(J), _
                                        StrLengthList(I, J))
          End If
      Next I
  Next J


  '※※※※※※※※※※※※※※※※※※※※※※※※※
  '" "(半角スペース)を追加して文字列長さを同じにする。


  '" " (半角スペース) を文字列に追加して
  '各列で文字列長さを同じにした文字列を格納
  Dim SameLengthStrList As Variant
  ReDim SameLengthStrList(1 To N, 1 To M)


  '各列で最大文字列長さ
  Dim TmpMaxLength As Long


  '長さをそろえるために結合する半角スペースの数
  Dim AddSpaceCount As Long


  For J = 1 To M
      'その列の最大文字列長さ
      TmpMaxLength = MaxStrLengthList(J)
      For I = 1 To N
          ' (最大文字数-文字数) の分
          '" " (半角スペース) を後ろにくっつける。
          AddSpaceCount = TmpMaxLength - StrLengthList(I, J)
          If AddSpaceCount > 0 Then
              SameLengthStrList(I, J) = _
                  Array2D(I, J) & String(AddSpaceCount, " ")
          Else
              SameLengthStrList(I, J) = Array2D(I, J)
          End If
      Next I
  Next J
```

▼次ページへ

▼前ページから

```vba
'※※※※※※※※※※※※※※※※※※※※※※※※※
'文字列を作成
Dim OutputStr As Variant: OutputStr = ""
For I = 1 To N
    For J = 1 To M
        OutputStr = OutputStr & SameLengthStrList(I, J)
    Next J

    If I < N Then
        OutputStr = OutputStr & vbLf
    End If
Next I

'※※※※※※※※※※※※※※※※※※※※※※※※※
'出力
AligmentedArray2D = OutputStr

End Function
```

```vba
Public Sub ShowCodeWindow()
'表示中のコードウィンドウにフォーカスする
'キーボード[F7]押下と同じ動作

    Dim WSH As Object: Set WSH = CreateObject("WScript.Shell")
    Call WSH.SendKeys("{F7}")

End Sub
```

11-2 コメントを揃える

前節11-1の「As」で揃えるのと同様に、コメントの位置を揃える作業もコードの見た目を整え、可読性を高めるという点でとても重要です。

具体的には次のような処理です。

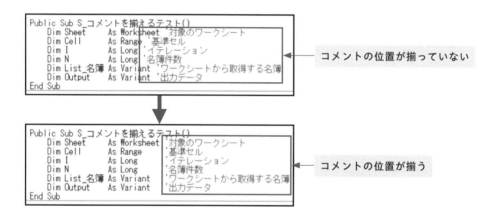

そして、ここで紹介する汎用プロシージャACC（AlignmentCodeCommentの略）はコメントの位置を自動で揃えるもので、ACAs同様に次の手順で使用します。

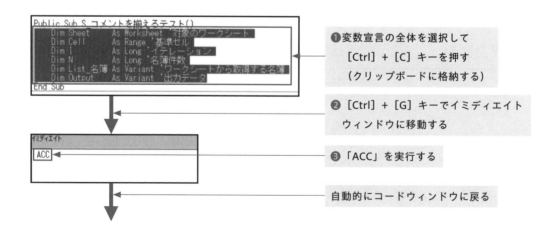

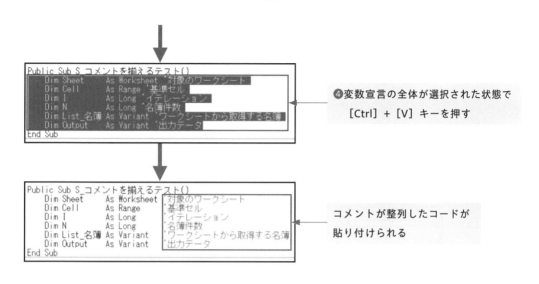

❹変数宣言の全体が選択された状態で
[Ctrl] + [V] キーを押す

コメントが整列したコードが
貼り付けられる

　この汎用プロシージャ「ACC」のコードは、「ACAs」で使用した「ClipAlignmentCode」の引数を「" As "」から「"　"」に変更しただけです。

●ACC：コメント部分を整列してクリップボードに格納する

FILE 11-2 ACC.xlsm

```
Public Sub ACC()
'AlignmentCodeCommentの略
'クリップボードに格納さえたコードの
'コメント部分を整列してクリップボードに格納する

    Call ClipAlignmentCode("　")

End Sub
```

11-3 プロシージャの宣言部分を自動的に改行する

ここで紹介するテクニックは、次のようにプロシージャの各引数を改行して「As」で揃える処理です。

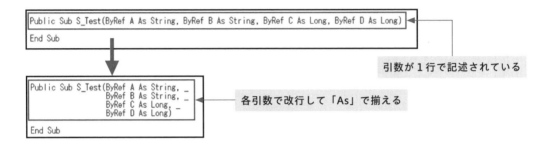

```
Public Sub S_Test(ByRef A As String, ByRef B As String, ByRef C As Long, ByRef D As Long)
End Sub
```

引数が1行で記述されている

```
Public Sub S_Test(ByRef A As String, _
                  ByRef B As String, _
                  ByRef C As Long, _
                  ByRef D As Long)
End Sub
```

各引数で改行して「As」で揃える

プロシージャの引数がたくさんある場合は、そのヘッダーの文字数が増えて1行で記述すると大変長いものになってしまいますが、そうしたケースでは改行を含めて「As」で揃えると非常に読みやすいコードになります。

この処理についても「ACAs」「ACC」同様に自動的にコードを生成できる汎用プロシージャ APH (AlignmentProcedureHeaderの略) を用意しています。使い方は「ACAs」「ACC」同様に次のようになります。

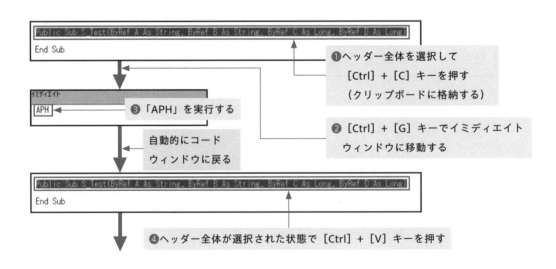

```
Public Sub S_Test(ByRef A As String, ByRef B As String, ByRef C As Long, ByRef D As Long)
End Sub
```

❶ヘッダー全体を選択して
[Ctrl] + [C] キーを押す
(クリップボードに格納する)

```
イミディエイト
APH
```

❸「APH」を実行する

❷ [Ctrl] + [G] キーでイミディエイトウィンドウに移動する

自動的にコードウィンドウに戻る

```
Public Sub S_Test(ByRef A As String, ByRef B As String, ByRef C As Long, ByRef D As Long)
End Sub
```

❹ヘッダー全体が選択された状態で [Ctrl] + [V] キーを押す

```
Public Sub S_Test(ByRef A As String, _
                  ByRef B As String, _
                  ByRef C As Long, _
                  ByRef D As Long) _

End Sub
```

各引数で改行して「As」で整列した
コードが貼り付けられる

以下、この汎用プロシージャ「APH」のコードです。

● APH：引数の「As」の位置を揃える

FILE 11-3 APH.xlsm

```
Public Sub APH()
'VBAプロシージャのタイトル部分をきれいに整列する
'クリップボード格納中のテキストデータを活用する
'引数のAsの位置をそろえる
'AlignmentProcedureHeadの省略型

    Call ClipAlignmentProcedureHead()

End Sub
```

```
Public Sub ClipAlignmentProcedureHead()
'VBAプロシージャのタイトル部分をきれいに整列する
'クリップボード格納中のテキストデータを活用する
'引数のAsの位置をそろえる

'例
'Public Sub Test(X As Double, Y As Double ,Optional Z As Double)
'↓
'Public SubTest(X As Double, _
'               Y As Double, _
'        Optional Z As Double)

    'クリップボードからテキストデータ取得
    Dim CodeStr As String
    CodeStr = GetClipText
```

▼次ページへ

第11章

イミディエイトウィンドウと
クリップボードのコラボテクニック

▼前ページから

```vba
'プロシージャのタイトル部分をきれいに整列する
Dim Output As String
Output = AlignmentProcedureHead(CodeStr)

'クリップボードに格納
Call ClipText(Output)

'コードウィンドウに戻る
Call ShowCodeWindow

End Sub
```

```vba
Public Function AlignmentProcedureHead(ByRef CodeStr As String) _
                                            As String
'VBAプロシージャのタイトル部分をきれいに整列する

    Dim Output As String '出力するコード格納

    '改行および先頭の半角スペースの処理
    If InStr(CodeStr, vbLf) > 0 Then '改行を含んでいる場合の処理
        '既に改行されている場合は全部ひとまとめにする
        CodeStr = Conv__ConnectUnderbar(CodeStr)
    Else
        '左側のスペースを無くす
        CodeStr = LTrim(CodeStr)
    End If

    'Publicが省略ならPublicを追加する
    If Mid(CodeStr, 1, 7) <> "Public " And _
        Mid(CodeStr, 1, 8) <> "Private " Then
            CodeStr = "Public " & CodeStr
    End If

    '()の中身(引数の部分の文字列)を取得する
    Dim ArgStr As String
    ArgStr = GetStrInParentheses(CodeStr)
```

▼次ページへ

▼前ページから

```vba
    If ArgStr = "" Then
        '()に囲まれた文字列がない場合
        '何もせずに終了する→
        'クリップボードに格納された文字列はそのまま
        Output = CodeStr
        GoTo EndEscape
    End If


    '()の中身以外の先頭のプロシージャ名、末尾の型を取得
    '先頭のプロシージャ名
    Dim HeadStr As String
    HeadStr = Mid(CodeStr, 1, InStr(CodeStr, "(") - 1)


    '末尾の型
    Dim TailStr As String
    TailStr = Mid(CodeStr, InStrRev(CodeStr, ")") + 1)


    If TailStr = "" Then
        'プロシージャの型がない場合は" As Variant"をつける
        If InStr(HeadStr, " Sub ") = 0 Or _
            InStr(HeadStr, " Let ") = 0 Or _
            InStr(HeadStr, " Set ") = 0 Then
            'Sub/Property Let/Property Setプロシージャは除外
        Else
            TailStr = " As Variant"
        End If
    End If


    '引数の部分を分割
    Dim ArgList As Variant
    If InStr(ArgStr, ",") = 0 Then
        '引数は1つだけ
        ReDim ArgList(0 To 0)
        ArgList(0) = ArgStr
    Else
        ArgList = Split(ArgStr, ",")
    End If


    '配列の各値の先頭空白を除去する
```

▼次ページへ

```
    Dim I        As Long
    Dim TmpStr As String
    For I = 0 To UBound(ArgList, 1)
        ArgList(I) = LTrim(ArgList(I))
    Next I


    '引数の宣言部分を標準化
    For I = 0 To UBound(ArgList, 1)
        TmpStr = ArgList(I)
        ArgList(I) = Modify__ArgumentHead(TmpStr)
    Next I


    '「As」をそろえる位置を取得
    TmpStr = ArgList(0)
    Dim AsPosition As Long
    AsPosition = LenB(StrConv(HeadStr, vbFromUnicode)) _
                 + 1 _
                 + LenB(StrConv(Split(TmpStr, "As ")(0), _
                        vbFromUnicode))


    '2番目以降の引数において「As」の位置をそろえるように
    '先頭にスペースを追加する
    Dim TmpAsPosition As Long 'Asの位置
    Dim TmpSpaceCount As Long '追加する半角スペースの数
    For I = 1 To UBound(ArgList, 1)
        TmpStr = ArgList(I)
        TmpAsPosition = LenB(StrConv(Split(TmpStr, "As ")(0), _
                        vbFromUnicode))
        TmpSpaceCount = _
            WorksheetFunction.Max(AsPosition - TmpAsPosition, 0)

        TmpStr = String(TmpSpaceCount, " ") & TmpStr
        ArgList(I) = TmpStr
    Next I


    '変更後のコードを文字列でまとめる
    For I = 0 To UBound(ArgList, 1)
        If I = 0 Then
            Output = HeadStr & "(" & ArgList(I)
```

▼次ページへ

▼前ページから

```vba
                If I = UBound(ArgList, 1) Then
                    '引数が1つしかない場合
                    If Len(TailStr) > 0 Then
                        Output = Output & ") _" & vbCrLf & _
                                String(AsPosition - 1, " ") & TailStr
                    Else
                        Output = Output & ")"
                    End If
                Else
                    Output = Output & ", _" & vbCrLf
                End If
            Else
                If I < UBound(ArgList, 1) Then
                    Output = Output & ArgList(I) & ", _" & vbCrLf
                Else
                    If Len(TailStr) > 0 Then
                        Output = Output & ArgList(I) & ") _" & vbCrLf & _
                                String(AsPosition - 1, " ") & TailStr
                    Else
                        Output = Output & ArgList(I) & ")"
                    End If
                End If
            End If
        Next I


EndEscape:

    '出力
    AlignmentProcedureHead = Output


End Function
```

```
Private Function Conv__ConnectUnderbar(ByRef CodeStr As String) _
                                       As String


    '改行で分割
    Dim CodeList As Variant
    CodeList = Split(CodeStr, vbCrLf)


    '先頭と末尾のスペースを消去する
    Dim I       As Long
    Dim N       As Long: N = UBound(CodeList, 1)
    Dim TmpCode As String
    For I = 0 To N
        CodeList(I) = Trim(CodeList(I))
    Next I


    '改行の部分"_"を消して連結する
    Dim Output As String
    Output = ""
    For I = 0 To N - 1
        If I = 0 Then
            Output = CodeList(I)
        End If


        If Right(Output, 1) = "_" Then
            '一番右が"_"だったら"_"を消去する
            Output = Mid(Output, 1, Len(Output) - 1)
        End If


        '次の1行追加
        Output = Output & CodeList(I + 1)
    Next I


    '出力
    Conv__ConnectUnderbar = Output


End Function
```

第11章

イミディエイトウィンドウと
クリップボードのコラボテクニック

```
Public Function GetStrInParentheses(ByRef Str As String) _
                                        As String
'文字列の中の()に囲まれた範囲を取得する
'()は一番外側の部分

'引数
'Str・・・文字列

    '最初の"("の位置と、最後の")"の位置を取得
    Dim StartPosition As Long
    Dim EndPosition    As Long

    StartPosition = InStr(1, Str, "(")
    EndPosition = InStrRev(Str, ")")

    '"("または")"がない場合の処理
    Dim Output As String
    If StartPosition = 0 Or EndPosition = 0 Then
        Output = "" '空白を返す
        GoTo EndEscape
    End If

    '()の中身を取得
    Output = Mid(Str, StartPosition + 1, _
                EndPosition - StartPosition - 1)

EndEscape:
    '出力
    GetStrInParentheses = Output

End Function
```

```
Private Function Modify__ArgumentHead(ByRef ArgStr As String) _
                                        As String
'引数宣言のコードを省略のない標準表記にする
'ByRef/ByValの表記なし→ByRef表記
'型の宣言なし→「 As Variant」をつける
```

▼次ページへ

▼前ページから

```vba
'引数
'ArgStr・・・変数宣言の文字列

        'ByRef/ByValの表記なし→ByRef表記
        Dim Output As String
        If Mid(ArgStr, 1, 9) = "Optional " Then
            'Optionalな引数の場合
            If InStr(ArgStr, " ByRef ") > 0 Or _
                InStr(ArgStr, " ByVal ") > 0 Then
                'Optionalの後ろにByRefもしくはByValがある→そのまま
                Output = ArgStr
            Else
                'ない場合→Optionalの後ろにByRefをつける
                Output = Replace(ArgStr, "Optional ", "Optional ByRef ")
            End If
        Else
            'Optionalでない場合
            If Mid(ArgStr, 1, 6) = "ByRef " Or _
                Mid(ArgStr, 1, 6) = "ByVal " Then
                'ByRefもしくはByValがついている場合→何もしない
                Output = ArgStr
            Else
                'ない場合→ByRefをつける
                Output = "ByRef " & ArgStr
            End If
        End If

        '型の宣言なし→「 As Variant」をつける
        If InStr(Output, " As ") > 0 Then
            '型の宣言あり→何もしない
        Else
            '型の宣言なし→後ろに" As Variant"をつける
            Output = Output & " As Variant"
        End If

        '出力
        Modify_ _ArgumentHead = Output

End Function
```

第11章

イミディエイトウィンドウと
クリップボードのコラボテクニック

11-4 プロシージャの解説用の引数一覧を作成する

本節では、引数一覧の説明用のコメントの作成がテーマです。

前節11-3で例として示したコードに次のような引数一覧の説明用のコメントを追加しました。

```
Public Sub S_Test(ByRef A As String, _
                  ByRef B As String, _
                  ByRef C As Long, _
                  ByRef D As Long)

'引数
'A・・・
'B・・・          ◄── 引数一覧の説明用のコメント
'C・・・
'D・・・
```

そして筆者は、このような引数一覧の説明用のコメントは、汎用プロシージャGA（GetArgumentListCommentの略）を使って作成しています。

「GA」の使い方は、次のようになります。

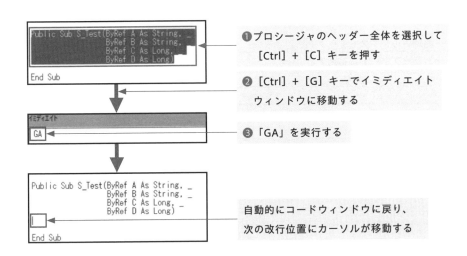

❶ プロシージャのヘッダー全体を選択して [Ctrl] + [C] キーを押す

❷ [Ctrl] + [G] キーでイミディエイトウィンドウに移動する

❸ 「GA」を実行する

自動的にコードウィンドウに戻り、次の改行位置にカーソルが移動する

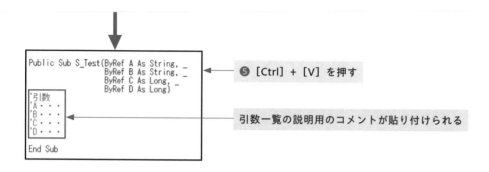

```
Public Sub S_Test(ByRef A As String, _
                  ByRef B As String, _
                  ByRef C As Long, _
                  ByRef D As Long)
'引数
'A・・・
'B・・・
'C・・・
'D・・・

End Sub
```

❺ [Ctrl] + [V] を押す

引数一覧の説明用のコメントが貼り付けられる

では、汎用プロシージャ「GA」のコードをご覧ください。

●GA：引数一覧の説明用のコメントを生成する

FILE 11-4 GA.xlsm

```
Public Sub GA()
'プロシージャのヘッダー部分から引数一覧説明用のコメントを生成する
'クリップボード格納中のテキストデータを活用する
'出力テキストをクリップボードに格納する
'GetArgumentListCommentの省略型代替関数

    Call GetArgumentListComment

End Sub
```

```
Public Sub GetArgumentListComment()
'プロシージャのヘッダー部分から引数一覧説明用のコメントを生成する
'クリップボード格納中のテキストデータを活用する
'出力テキストをクリップボードに格納する

'例
'Public Sub Test(X As Double, Y As Double ,Optional Z As Double)
'↓
'引数
'X ・・・
'Y ・・・
'[Z]・・・
```

▼次ページへ

▼前ページから

```
'クリップボードからテキストデータ取得
Dim CodeStr As String: CodeStr = GetClipText
If InStr(CodeStr, vbLf) > 0 Then '改行を含んでいる場合の処理
    '既に改行されている場合は全部ひとまとめにする
    CodeStr = Conv__ConnectUnderbar(CodeStr)
End If


'()の中身(引数の部分の文字列)を取得する
Dim ArgStr As String '引数の部分の文字列
ArgStr = GetStrInParentheses(CodeStr)
If ArgStr = "" Then
    '何もせずに終了する→
    'クリップボードに格納された文字列はそのまま
    Exit Sub
End If


'引数の部分を分割
Dim ArgList As Variant
If InStr(ArgStr, ",") = 0 Then
    '引数は1つだけ
    ReDim ArgList(1 To 1)
    ArgList(1) = ArgStr
Else
    ArgList = Split(ArgStr, ",")
    ArgList = WorksheetFunction.Transpose(ArgList)
    ArgList = WorksheetFunction.Transpose(ArgList)
End If


'引数の宣言部分を標準化
Dim I       As Long
Dim N       As Long: N = UBound(ArgList, 1) '引数の個数
Dim TmpStr As String
For I = 1 To N
    TmpStr = ArgList(I)
    TmpStr = LTrim(TmpStr) '先頭の空白を消去
    ArgList(I) = Get__ArgumentName(TmpStr)
Next I


'各引数の先頭に"""を追加
```

▼次ページへ

▼前ページから

```
    For I = 1 To N
        ArgList(I) = "" & ArgList(I)
    Next I

    '"・・・"を追加
    Dim StrArray As Variant: ReDim StrArray(1 To N, 1 To 2)
    For I = 1 To N
        StrArray(I, 1) = ArgList(I)
        StrArray(I, 2) = "・・・"
    Next I

    '"・・・"で整列
    Dim Output As String: Output = AligmentedArray2D(StrArray)

    '先頭に"引数"を追加
    Output = "引数" & vbCrLf & Output

    'クリップボード格納(出力)
    Call ClipText(Output)

    'コードウィンドウに戻って、貼り付け位置にカーソル移動
    Dim WSH As Object: Set WSH = CreateObject("WScript.Shell")
    Call WSH.SendKeys("{F7}")      '[F7]
    Call WSH.SendKeys("{DOWN}")    '[↓]
    Call WSH.SendKeys("{ENTER}")   '[ENTER]
    Call WSH.SendKeys("^{LEFT}")   '[Ctrl]+[←]

End Sub
```

```
Private Function Get__ArgumentName(ByRef ArgStr As String) _
                                            As String
'引数宣言のコードから引数名を取得する
'Optionalの引数→"[**]"を返す

'引数
'ArgStr・・・引数の宣言部分コード

    'ByRef/ByValの表記なし
```

▼次ページへ

▼前ページから

```vba
    Dim Output As String
    If Mid(ArgStr, 1, 9) = "Optional " Then
        'Optionalな引数の場合
        If InStr(ArgStr, " ByRef ") > 0 Or _
            InStr(ArgStr, " ByVal ") > 0 Then
            'Optionalの後ろにByRefもしくはByValがある→
            '3番目が引数名
            Output = Split(ArgStr, " ")(2)
            Output = "[" & Output & "]" 'Optionalなので[**]
        Else
            'ない場合→2番目が引数名
            Output = Split(ArgStr, " ")(1)
            Output = "[" & Output & "]" 'Optionalなので[**]
        End If
    Else
        'Optionalでない場合
        If Mid(ArgStr, 1, 6) = "ByRef " Or _
            Mid(ArgStr, 1, 6) = "ByVal " Then
            'ByRefもしくはByValがついている場合→2番目が引数名
            Output = Split(ArgStr, " ")(1)
        Else
            'ない場合→1番目が引数名
            If InStr(ArgStr, " ") > 0 Then
                'Asが後ろについているので分割して1番目取得
                Output = Split(ArgStr, " ")(0)
            Else
                'Asが後ろについていないのでそのまま取得
                Output = ArgStr
            End If
        End If
    End If

    '出力
    Get_ _ArgumentName = Output

End Function
```

11-5 プロパティプロシージャを作成する

本章の最後に、**クラスモジュールで効率的にプロパティを作成するテクニック**を紹介します。

プロパティの作成にはプロパティ関数（Property Get , Property Let, Property Set）を利用します。このプロパティ関数の記述方法はクラスモジュールに慣れていない人にとっては記述ルールが難しく、VBAでクラスモジュールを構築するのが難しい一因となっています。ただ、開発の効率化を図りたい人は「難しい」で片づけずに、本節を読みながらそのテクニックをぜひともマスターしてください。

ここで紹介するテクニックでは、「プロパティ名」と「プロパティの型」だけ決まっていれば、一瞬でプロパティ関数を記述できるようになります。

具体的には次のような処理です。

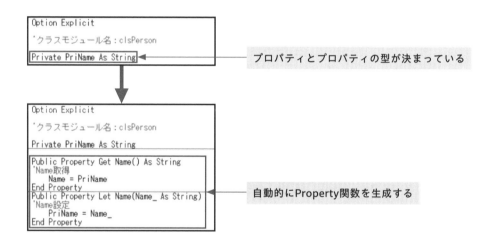

具体的な処理の流れを示した上の図では、クラスモジュール名は「**clsPerson**」としています。そして、プロパティ名は名前を表す「**Name**」とし、Private変数の定義名は「**PriName**」として、変数型はString型にしています。

ここまでの設定をもとに、Property関数を自動的に生成するには汎用プロシージャ「**PCStr**」を利用します。

次の手順で使用します。

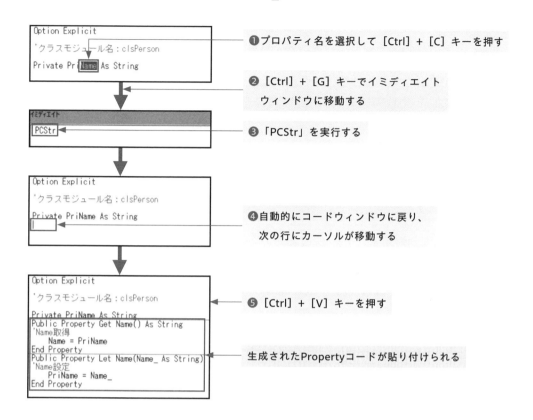

❶ プロパティ名を選択して［Ctrl］＋［C］キーを押す

❷ ［Ctrl］＋［G］キーでイミディエイト
　ウィンドウに移動する

❸ 「PCStr」を実行する

❹ 自動的にコードウィンドウに戻り、
　次の行にカーソルが移動する

❺ ［Ctrl］＋［V］キーを押す

生成されたPropertyコードが貼り付けられる

　この「PCStr」は「String型」のプロパティ専用になります。

　他のプロパティの場合ももちろん用意してあり、それぞれ次のようになっています。

● Boolean型　　→ PCBoo
● String型　　　→ PCStr
● Long型　　　　→ PCLng
● Double型　　　→ PCDbl
● Date型　　　　→ PCDate
● Variant型　　　→ PCVari
● オブジェクト型 → PCSet（オブジェクト名は引数で指定）

　これらの汎用プロシージャは、すべて1つのプロシージャ「ClipMakePropertyCode」をもとに生成しています。

　なお、オブジェクト型の場合のみ「PCSet」を使用しますが、この場合は次のように型名を引数に直接入力する仕様になっています。

●Range型の場合

```
PCSet("Range")
```

↓生成されるコード

```
Private PriCell As Range

Public Property Get Cell() As Range
'Cell取得
    Set Cell = PriCell
End Property

Public Property Set Cell(Cell_ As Range)
'Cell設定
    Set PriCell = Cell_
End Property
```

●Worksheet型の場合

```
PCSet("Worksheet")
```

↓生成されるコード

```
Private PriSheet As Worksheet

Public Property Get Sheet() As Worksheet
'Sheet取得
    Set Sheet = PriSheet
End Property

Public Property Set Sheet(Sheet_ As Worksheet)
'Sheet設定
    Set PriSheet = Sheet_
End Property
```

では、以下に汎用プロシージャのコードを掲載します。

●PCBoo：プロパティ入出力コードを作成する（Boolean型）

FILE 11-5 PC_.xlsm

```
Public Sub PCBoo()
'クラスモジュールのプロパティ入出力コードを作成する(Boolean型)
'プロパティ名はクリップボードから取得する
    Call ClipMakePropertyCode("Let", "Boolean")
End Sub
```

●PCStr：プロパティ入出力コードを作成する（String型）

FILE 11-5 PC_.xlsm

```
Public Sub PCStr()
'クラスモジュールのプロパティ入出力コードを作成する(String型)
'プロパティ名はクリップボードから取得する
    Call ClipMakePropertyCode("Let", "String")
End Sub
```

●PCLng：プロパティ入出力コードを作成する（Long型）

FILE 11-5 PC_.xlsm

```
Public Sub PCLng()
'クラスモジュールのプロパティ入出力コードを作成する(Long型)
'プロパティ名はクリップボードから取得する
    Call ClipMakePropertyCode("Let", "Long")
End Sub
```

●PCDbl：プロパティ入出力コードを作成する（Double型）

FILE 11-5 PC_.xlsm

```
Public Sub PCDbl()
'クラスモジュールのプロパティ入出力コードを作成する(Double型)
'プロパティ名はクリップボードから取得する
    Call ClipMakePropertyCode("Let", "Double")
End Sub
```

●PCDate：プロパティ入出力コードを作成する（Date型）

FILE 11-5 PC_.xlsm

```
Public Sub PCDate()
'クラスモジュールのプロパティ入出力コードを作成する(Date型)
'プロパティ名はクリップボードから取得する
    Call ClipMakePropertyCode("Let", "Date")
End Sub
```

●PCVari：プロパティ入出力コードを作成する（Variant型）

FILE 11-5 PC_.xlsm

```
Public Sub PCVari()
'クラスモジュールのプロパティ入出力コードを作成する(Variant型)
'プロパティ名はクリップボードから取得する
    Call ClipMakePropertyCode("Let", "Variant")
End Sub
```

●PCSet：プロパティ入出力コードを作成する（Object型）

FILE 11-5 PC_.xlsm

```
Public Sub PCSet(PropertyType As String)
'クラスモジュールのプロパティ入出力コードを作成する
' (オブジェクト型専用)
'プロパティ名はクリップボードから取得する
    Call ClipMakePropertyCode("Set", PropertyType)
End Sub
```

```
Public Sub ClipMakePropertyCode(ByRef SetOrLet As String, _
                      ByRef PropertyType As String)
'クラスモジュールのプロパティ入出力コード
' (Propertyプロシージャ)を作成する
'プロパティ名はクリップボードから取得する
'作成コードはクリップボードに格納される

'引数
```

▼次ページへ

```
'SetOrLet      ・・・SetもしくはLet
'PropertyType・・・プロパティのタイプ(型)

    'クリップボードから文字列(プロパティ名)を取得する
    Dim PropertyName As String: PropertyName = GetClipText

    'インデントの個数
    Const IndentCount As Long = 4

    '※※※※※※※※※※※※※※※※※※※※※※※※※※
    'Propertyプロシージャのコードを作成する
    Dim Output As Variant: ReDim Output(1 To 8)

    'Property Get関数
    'ヘッダー部分
    Output(1) = "Public Property Get " & _
                 PropertyName & "() As " & PropertyType

    'コメント
    Output(2) = "'" & PropertyName & "取得"

    If SetOrLet = "Set" Then
        'オブジェクト変数の場合
        Output(3) = String(IndentCount, " ") & _
                     "Set " & PropertyName & " = " & "Pri" & PropertyName
    Else
        '値変数の場合
        Output(3) = String(IndentCount, " ") & _
                     PropertyName & " = " & "Pri" & PropertyName
    End If

    Output(4) = "End Property"

    'Property Set関数またはProperty Let関数
    Output(5) = "Public Property " & SetOrLet & " " & _
                 PropertyName & "(" & PropertyName & "_" & _
                 " As " & PropertyType & ")"

    'コメント
```

▼前ページから
▼次ページへ

▼前ページから

```
        Output(6) = "" & PropertyName & "設定"


    If SetOrLet = "Set" Then
        'オブジェクト変数の場合
        Output(7) = String(IndentCount, " ") & _
                    "Set Pri" & PropertyName & " = " & _
                    PropertyName & "_"
    Else
        '値変数の場合
        Output(7) = String(IndentCount, " ") & _
                    "Pri" & PropertyName & " = " & PropertyName & "_"
    End If


    Output(8) = "End Property"


    '※※※※※※※※※※※※※※※※※※※※※※※
    'クリップボードに格納する文字列を作成
    Dim ClipStr As String
    Dim I       As Long
    For I = 1 To UBound(Output, 1)
        ClipStr = ClipStr & Output(I) & vbLf
    Next I


    'コードをクリップボードに格納
    Call ClipText(ClipStr)


    '※※※※※※※※※※※※※※※※※※※※※※※
    'コードウィンドウに戻る
    Dim WSH As Object: Set WSH = CreateObject("WScript.Shell")
    Call WSH.SendKeys("{F7}")    '[F7]
    Call WSH.SendKeys("{END}")   '[END]
    Call WSH.SendKeys("{ENTER}") '[Enter]


End Sub
```

第11章

イミディエイトウィンドウと
クリップボードのコラボテクニック

さらに知っておきたい
VBA開発の
超効率化テクニック

第12章
リボン登録で
さらなる効率化を図る

本章では、リボンのユーザー設定を利用して、
開発用アドインに記述したマクロ（プロシージャ）を
リボンに登録します。
リボンに登録することで、どのExcelブックを起動しても
いつでも特定のマクロを実行することができます。
本章では、まずリボン登録の手順を解説し、
次にリボンへの登録によって
VBA開発を飛躍的に効率化できるマクロを紹介していきます。

12-1 リボン登録の手順

12-1-1 マクロの準備

リボンに登録するマクロ（プロシージャ）を次のルールに従って記述します。
ここでは、例として以下の「S_リボン登録テスト」プロシージャを用意しました。

- 登録先は開発用アドイン(xlam)の標準モジュールとする
- スコープはPublicとする
- Subプロシージャとする

```
Public Sub S_リボン登録テスト()

    MsgBox "リボン登録マクロを実行しました"

End Sub
```

12-1-2 リボンのユーザー設定起動と記述したマクロを探す

[Excelのオプション] ダイアログボックスを表示して登録するマクロを以下の手順で選択します。

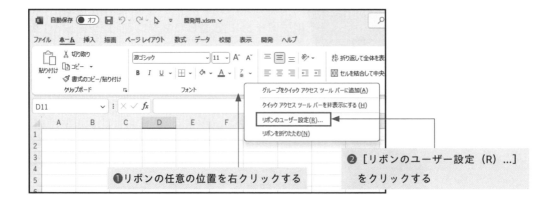

❶リボンの任意の位置を右クリックする

❷ [リボンのユーザー設定（R）...] をクリックする

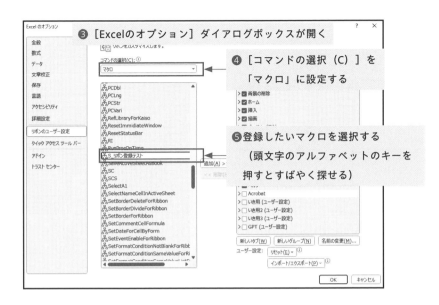

ここでは［Excelのオプション］ダイアログボックスの［OK］ボタンはまだクリックしないでください。

12-1-3 タブとグループの用意

新しいタブや新しいグループを作成して表示名を以下の手順で設定します。

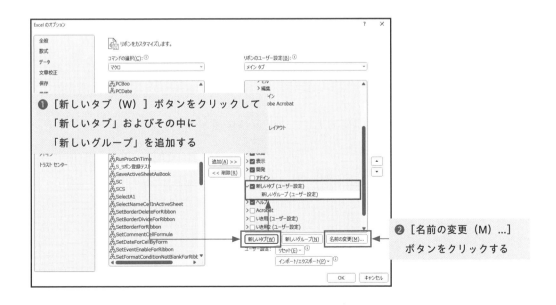

第12章

リボン登録でさらなる効率化を図る

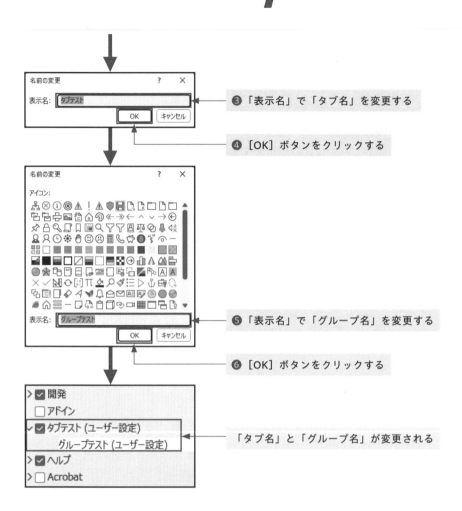

③「表示名」で「タブ名」を変更する

④ [OK] ボタンをクリックする

⑤「表示名」で「グループ名」を変更する

⑥ [OK] ボタンをクリックする

「タブ名」と「グループ名」が変更される

ここでは [Excelのオプション] ダイアログボックスの [OK] ボタンはまだクリックしないでください。

12-1-4 マクロのリボン登録とアイコンや表示名変更

　登録したいマクロ（ここの例では「S_リボン登録テスト」）と、登録先のグループ（例では「グループテスト」）の両方を選択した状態で、以下の手順でマクロを登録します。

　作業が終わるとマクロがリボンに登録されているのが確認できます。

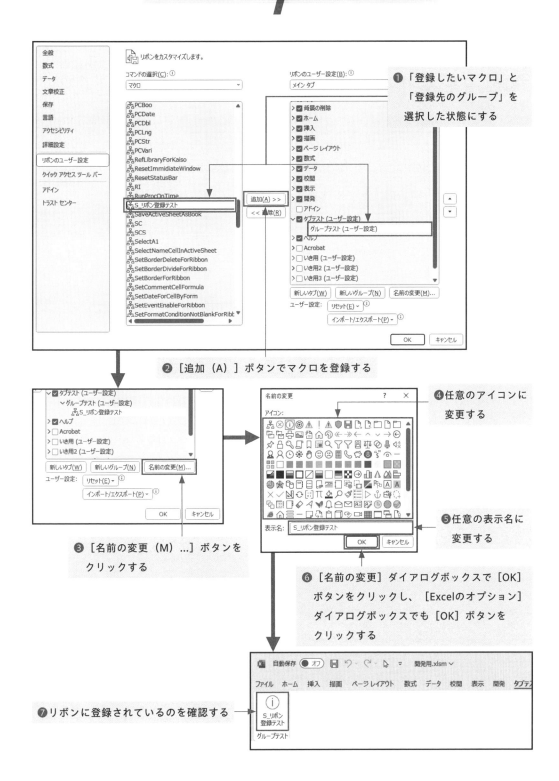

❶「登録したいマクロ」と「登録先のグループ」を選択した状態にする

❷［追加（A）］ボタンでマクロを登録する

❸［名前の変更（M）...］ボタンをクリックする

❹任意のアイコンに変更する

❺任意の表示名に変更する

❻［名前の変更］ダイアログボックスで［OK］ボタンをクリックし、［Excelのオプション］ダイアログボックスでも［OK］ボタンをクリックする

❼リボンに登録されているのを確認する

12-1-5 実行確認

実際にリボンに登録されたボタンをクリックしてマクロの実行を確認してみます。

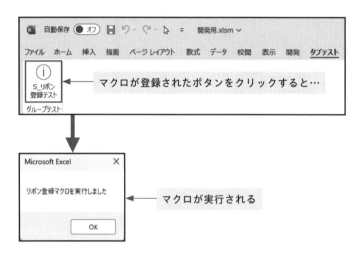

上記の手順どおりにすれば、マクロをリボンに登録して、どのブックを起動してもいつでも目的の
マクロを実行できるようになります。

ただし、このマクロの実行方法が便利なため、当然、さまざまなマクロを登録したくなってきます。一方で、登録したマクロが増えてくるとタブ名、リボン名、アイコン、表示名などを適切に整理しないと混乱してしまうという弊害もあります。

そこで、次節以降で筆者の整理方法について紹介します。

12-2 マクロの登録例（筆者の場合）

　ここではあくまでも概要のみで、個別具体的な話は次節12-3以降で解説しますが、実際に筆者のリボンの設定について紹介します。

　筆者は［いき用1］［いき用2］［いき用3］というタブをつくり、それぞれの中に複数のグループを作成して登録しています。「いき」は著者のX（旧：Twitter）上でのアカウント名です。

　なお、あくまでも筆者の開発環境に合わせて構築しているので、汎用的には使えないものも含まれていますが、以下の2つを念頭に参考にしてください。

●リボンに登録するマクロの機能の例
●リボン登録マクロの整理（タブ名、グループ名、アイコン、表示名）の例

　本章で紹介するリボン登録用のマクロは本書特典の開発用アドイン「IkiKaiso.xlam」にも実装されていますので、ダウンロードしていただき前節12-1の手順でリボンに登録していただければ、使用できるようになります。

　まずは［いき用1］タブに登録しているマクロです。

グループ名	表示名	機能	紹介
フォーム	ボタン名編集	選択したコマンドボタンのテキストを編集する。ウィンドウ枠固定の影響を受けない	○
	スーパーカラーパレット	歴代バージョンのExcelのカラーパレットを再現したユーザーフォーム	○
	階層フォーム	階層化フォームを起動する	○
	郵便番号から住所	郵便番号を入力すると住所が表示されるユーザーフォームを起動。WebAPIを利用	○
	カレンダー	カレンダー形式の日付入力ユーザーフォームを起動する	○

第12章

リボン登録でさらなる効率化を図る

コード生成1	セル範囲取得（動的）	選択セルから動的に表範囲を取得するコードを生成する	○
	セル範囲取得（静的）	選択セル範囲を静的に取得するコードを生成する	○
	セル範囲取得（直接）	選択セル範囲を直接取得するコードを生成する	○
	Enum作成	選択セル範囲よりEnumのコードを半自動的に生成する	○
コード生成2	ダブルクリック選択イベント	ダブルクリックでそのセルの値を特定セルの値へ反映するイベントプロシージャのコードを自動生成する	
	ダブルクリック値切替イベント	ダブルクリックでそのセルの値を元の値一覧の中で切替ができるイベントプロシージャのコードを自動生成する	
	RC形式数式取得	選択セルのRC形式の数式を取得する	
	プルダウン取得	プルダウンに設定してある値一覧を配列に格納するコードを生成する	
条件付き書式	同じ値着色（セルから）	セル範囲において、特定セルと値が同じ場合だけ塗潰しするように条件付き書式を設定する。色はスーパーカラーパレットを使用する	
	同じ値着色（値から）	セル範囲において、特定値と一致する場合に塗潰しするように条件付き書式を設定する。色はスーパーカラーパレットを使用する	
	非空白は罫線	セル範囲において一番左の列が非空白なら罫線を設定する条件付き書式を設定する	
	値で塗潰色	セル範囲において、特定値と一致する場合に塗潰しするように条件付き書式を設定する。色は選択セル範囲の色を使用する	○
書式	罫線設定	選択セル範囲に罫線を設定する。外側太実線、内側は縦線が細実線、横線が細点線	
	罫線設定見やすく	選択セル範囲に1列目の値の切替箇所が目立つように罫線を設定する	
	罫線消去	選択セル範囲の罫線だけの設定を消去する	
名前定義	セル名前定義	選択セル範囲にワークシート範囲の名前定義を設定する	
	名前定義消去	選択セル範囲の名前定義を消去する	
	名前定義選択	選択シート範囲で名前定義セルを順次選択する	
他	列表示切替	列番号の表示を切り替える（A,B,C⇔1,2,3）	○
	シェイプを画像出力	選択中のシェイプをJPGデータとして出力する	
	セル画像出力	選択セル範囲をJPGデータとして出力する	
	イベント有効無効切替	イベントの有効/無効を切り替える	
	内参シート名消去	表示ワークシートの中のセルにおいて自分のシートをシート名込みで参照している数式の、シート名を消去して数式を短くする	
	IME単語登録	IMEの単語登録ダイアログを起動する	

次に [いき用2] タブに登録しているマクロです。

グループ名	表示名	機能	紹介
URL1	X	X(旧:Twitter)をブラウザで起動する	○
	ココナラ	ココナラの出品者ダッシュボードをブラウザで起動する	
	YouTube	YouTubeをブラウザで起動する	
	Gist	Gistをブラウザで起動する	
	カレンダー	Googleカレンダーをブラウザで起動する	
URL2	Hatena	はてなブログの編集ページをブラウザで起動する	
	記事管理	ブログの執筆管理用のExcelブックを起動する	
図形操作	赤枠	図形の四角形や円を赤枠で塗潰しを透過させる	
	赤矢印	選択中の矢印を赤色にする	
	画像を黒枠	選択中の貼り付け画像の外枠を黒くする	
	図形にテキスト	選択図形にクリップボード格納中のテキストを貼り付ける	
作業リンク	作業日誌	タスク別作業時間記録用のExcelブックを起動する	
	案件管理	タスク管理用Excelブックを起動する	
	スクレイピング集計	定期的にウェブスクレイピングで情報を取得するためのExcel起動	
	現フォルダ起動	起動中Excelブックが保存してあるフォルダを起動する	
	よく使うやつ	よく使用するテンプレートファイルなどがあるフォルダを起動する	
見積仕様書	見積仕様書_画像出力	作成した見積書を画像データで出力する	
	カレンダー_画像出力	作成した開発スケジュールを画像データで出力する	
	仕様見積書	タスク別作業フォルダにある仕様見積書のExcelブックを起動する	
	休日一覧反映	仕様見積書における最新の営業カレンダーを更新する	
	営業カレンダー起動	営業カレンダーの設定用のExcelブックを起動する	
セル操作	階層表示	選択セル範囲の入力値をもとに階層表を自動作成する	
	+1	選択セルの値を1加算する 日付に用いる	

セル操作	-1	選択セルの値を1減算する 日付に用いる	
	選択セル左上	選択セルが画面表示範囲において左上になるように表示範囲を変更する	
	セル値入替	選択中の2つの単独セルの値を入れ替える	
範囲拡大	選択範囲拡大	選択セル範囲が画面全体に表示されるようにシートの拡大率を変更する	
	選択画像拡大	選択中の貼り付け画像が画面全体に表示されるようにシートの拡大率を変更する	
	選択範囲戻す	選択範囲をもとに戻す（選択範囲拡大、選択画像拡大を実行後）	

最後に［いき用3］タブに登録しているマクロです。

グループ名	表示名	機能	紹介
ボタン設置	コマンドボタン設置	選択セル範囲と同じ大きさのコマンドボタンを設置する。登録マクロはクリップボードに格納中のプロシージャ名をもとにする	○
	AXボタン設置	選択セル範囲と同じ大きさのActiveXのコマンドボタンを設置する。登録マクロはクリップボードに格納中のプロシージャ名をもとにする	
	登録マクロ表示	選択中のコマンドボタンの登録マクロのコードウィンドウを表示する	
診断	リボン登録マクロ表示	リボンに登録しているマクロの情報一覧を表示する	
	シェイプ登録マクロ一覧	起動中Excelブックでシェイプに登録済みのマクロの情報一覧を表示する	
	シート一覧表示	起動中Excelブックのワークシート一覧を表示/非表示の情報とともに一覧表示する	
	セルの数式表示	選択セルの数式をコメントとして表示させる	

診断	外部参照セル	起動中ワークシート内で外部シートからセルを参照している数式があるセルを着色する。もう1回押すと着色を元に戻す	
	数式分析	起動中ワークシート内の数式を分析する	
	使用セル情報	起動中ワークシート内の使用範囲セルなど情報を表示する	
	使用関数一覧	起動中ワークシート内で使用しているワークシート関数を一覧で表示する	
	名前定義一覧	起動中ワークシートにおいて定義している名前定義を一覧で表示する	
開発設定	開発用アドイン参照	開発用アドインを起動中Excelブックから参照する	○
	アドイン参照解除	開発用アドインを起動中Excelブックから参照を解除する	○

12-3 列表示を切替 (A,B,C⇔1,2,3)

では具体的な例をピックアップして説明をしていきましょう。

最初に紹介するのは、筆者の開発環境ではタブ「いき用1」のグループ「その他」に表示名「列表示切替」で登録してあるマクロです。

機能としては、Excelシートの列表示を「A,B,C」のアルファベット表記と「1,2,3」の数字表記の双方に切り替えるものです。

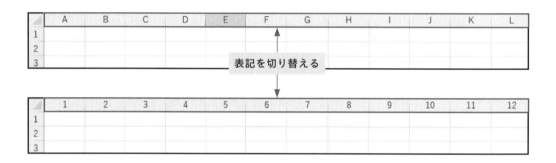

VBAのコードを書いていると特定の列の列番号を知りたいケースはよくあります。しかし、Excelのデフォルトでは列表記は当然「A,B,C」のアルファベット表記です。しかし、このマクロを実行すれば「1,2,3」と数字表記に切り替えて、その後もとの「A,B,C」のアルファベット表記に戻すことができますので、列番号の把握に便利です。

実際に登録してあるマクロのコードは以下になります。

```vba
Public Sub ChangeColA1_R1C1()
'シートの列の表示をA1形式か、R1C1形式か切り替える
    If Application.ReferenceStyle = xlA1 Then
        Application.ReferenceStyle = xlR1C1
    Else
        Application.ReferenceStyle = xlA1
    End If
End Sub
```

12-4 セル範囲にコマンドボタン設置

ここで紹介するのは、筆者の開発環境ではタブ「いき用3」のグループ「ボタン設置」に表示名「コマンドボタン設置」で登録してあるマクロです。

これは、作成中のマクロ付きブックに記述したマクロを登録したコマンドボタンを設置する作業を飛躍的に高速化します。

一般的なコマンドボタンの設置方法では、次のように数ステップの作業が必要です。

①「開発タブ」→「挿入」→「フォームコントロール」→「ボタン」を実行する
②コマンドボタンを目的の設置位置にマウスで描画する
③[マクロの登録] ダイアログボックスで登録するマクロ名を一覧から選択する
④コマンドボタンのテキストを編集する

ところが、「コマンドボタン設置」のマクロを利用すると次の手順だけで完了します。

①登録対象のマクロ名をクリップボードにコピーする
②コマンドボタンを設置するセル範囲を選択する
③リボンにある「コマンドボタン設置」をクリックする
④「ボタンのテキスト」「登録マクロ名」の入力確認がインプットボックスで確認、編集

最後のインプットボックスでは、最初にクリップボードに格納したプロシージャ名がデフォルトで表示されるので、特に変更がなければ [OK] ボタンをクリックするだけです。

この機能によって、本来の「ボタンの位置やサイズを調える」「登録するマクロを一覧から探す」「ボタンのテキストを後から編集する」という作業がなくなります。

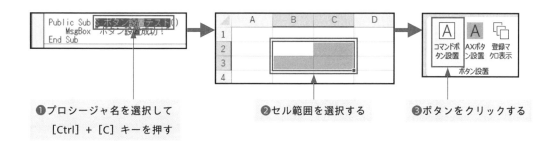

❶プロシージャ名を選択して
　[Ctrl] + [C] キーを押す

❷セル範囲を選択する

❸ボタンをクリックする

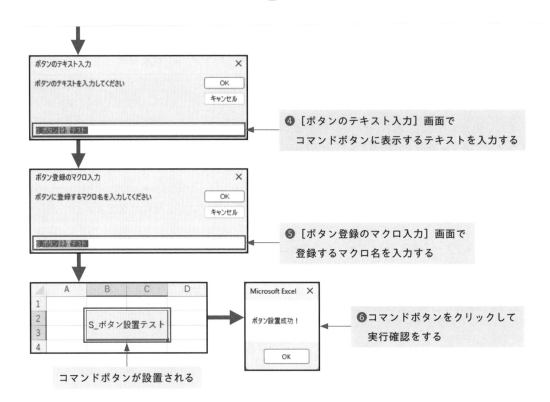

④ ［ボタンのテキスト入力］画面で
　コマンドボタンに表示するテキストを入力する

⑤ ［ボタン登録のマクロ入力］画面で
　登録するマクロ名を入力する

⑥ コマンドボタンをクリックして
　実行確認をする

コマンドボタンが設置される

　次が、ここで紹介したマクロのコードです。第8章で解説したプロシージャ「GetClipText」を利用しています。

```
Public Sub MakeCommandButtonForRibbon()
'選択セル範囲とクリップボードのテキストからコマンドボタンを作成

    '選択セル取得
    Dim Dummy As Object: Set Dummy = Selection
    Dim Cell  As Range
    If TypeName(Dummy) = "Range" Then
        Set Cell = Dummy
    Else
        'セルを選択していなかったら終了
        Exit Sub
    End If
```

▼次ページへ

▼前ページから

```vb
    'クリップボードから格納してある文字列をボタン名として取得
    Dim ButtonName As String: ButtonName = GetClipText
    ButtonName = InputBox("ボタンのテキストを入力してください", _
                    "ボタンのテキスト入力", _
                    ButtonName)

    If ButtonName = "" Then
        '何も入力されなかったらキャンセル
        Exit Sub
    End If

    '対象シートの参照
    Dim Sheet  As Worksheet
    Set Sheet = Cell.Worksheet

    'セルの大きさと同じものを作成する
    Dim Button As Button
    Set Button = Sheet.Buttons.Add(Cell.Left, _
                            Cell.Top, _
                            Cell.Width, _
                            Cell.Height)
    Button.Text = ButtonName

    'ボタンの登録マクロ設定
    Dim RegistMacro As String
    RegistMacro = InputBox("ボタンに登録するマクロ名を入力してください", _
                    "ボタン登録のマクロ入力", _
                    ButtonName)

    If RegistMacro <> "" Then
        Button.OnAction = "'" & ActiveWorkbook.Name & "'!" & RegistMacro
    End If

End Sub
```

12-5 ユーザーフォーム起動

　ここでは、筆者の開発環境でタブ「**いき用1**」のグループ「**フォーム**」に登録してあるマクロを紹介します。こちらのグループには開発効率化用に準備してある自作のユーザーフォームの起動処理のマクロをそれぞれ登録してあります。

　ここではユーザーフォームの詳細なコードは解説しませんが、どのような機能が登録されているのかだけ参考にしてください。そして、興味がわいたら同じような機能を課題として自作してみるのも開発力の向上になりますので、ぜひとも挑戦してみてください。

　なお、これは知っている人も多いと思いますが、ユーザーフォームの起動は、次のコードで行います。

```
[ユーザーフォームのオブジェクト名].Show
```

　そして、次図がマクロが登録されているボタンになります。

　本書特典の開発用アドイン「IkiKaiso.xlam」では次のプロシージャにて実行できるようになっていますので、ぜひダウンロードしていただきリボンに登録して使用してください。

- ●ボタン名編集　　　　→ ShowEBNbyRibbon
- ●スパーカラーパレット　→ ShowCokorPallet
- ●階層化フォーム　　　→ ShowKaiso
- ●郵便番号から住所　　→ ShowPostAddressForm
- ●カレンダー　　　　　→ ShowFrmCalender

　では、各ボタンについて解説していきましょう。

12-5-1 ［ボタン名編集］ボタン

［ボタン名編集］ボタンを押すと、次図のようなユーザーフォームが出現します。

「ボタンの名前変更であれば『右クリックでテキストの編集』でよい」と思うかもしれませんが、実はExcelのバグでウィンドウ枠が固定されている場合は思うように編集できません。

そして、このときに役に立つのがこのユーザーフォームです。選択したコマンドボタンのテキストをユーザーフォーム上のテキストボックスで編集できるようになります。

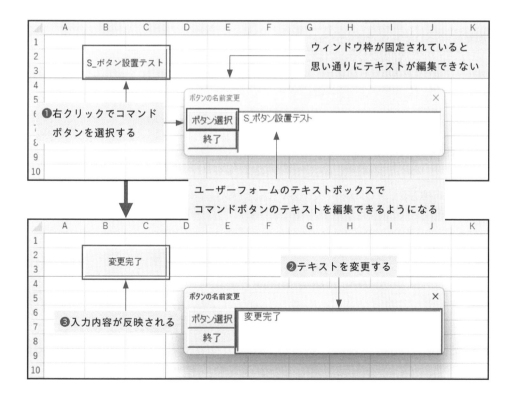

12-5-2 ［スーパーカラーパレット］ボタン

これは、Excel標準機能のカラーパレットをさらに使いやすくしたものです。

［スーパーカラーパレット］ボタンを押すと次の図のようなユーザーフォームが起動します。

「2003」「2007,2010」「フォント色」などのオプションボタンを選択すると、過去のバージョンのExcelのカラーパレットに変わったり、「セルのフォント色変更モード」に変更できたりします。

この機能は、自身のバージョンとは異なるバージョンのExcelのカラーパレットをもとに開発するときに威力を発揮します。

また、最新バージョンのExcelでは標準のカラーパレットは常に手前に表示ができませんが（Excel2003以前では可能です）、このユーザーフォームではそれができる機能となっています。

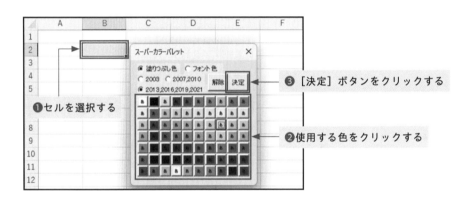

12-5-3 ［階層化フォーム］ボタン

これは本書の特典としてダウンロードできるVBA開発支援ツール「階層化フォーム」の起動ボタンです。

「階層化フォーム」の使い方の詳細は「階層化フォーム」とともにダウンロードできるPDFにて解説しますので、ここでは解説は割愛しますが、実際の表示画面だけご覧ください。

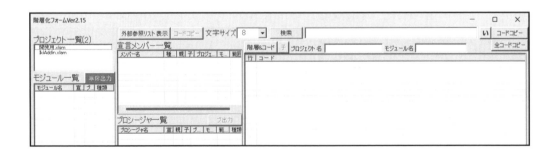

12-5-4 ［郵便番号から住所］ボタン

これは、郵便番号を入力すると自動的に住所を表示するものです。また、表示されている郵便番号は［住所コピー］ボタンでクリップボードにコピーすることもできます。

郵便番号を入力すると住所が表示される

> **attention!**
>
> ［郵便番号から住所］ボタンは一般公開されているWebAPI「郵便番号検索API」を利用していますので、利用についてはしっかりと利用規約を確認してください。
> 参考：http://zip.cgis.biz/

12-5-5 ［カレンダー］ボタン

［カレンダー］ボタンを押すと次の図のようなユーザーフォームが起動します。
そして、こちらのカレンダーの日付のボタンを押すと選択セルに日付を入力できます。

❷選択セルに日付が入力される

❶セルを選択してから
日付のボタンをクリックする

12-6 セル範囲の取得コード自動生成

ここでは、筆者の開発環境ではタブ「いき用1」のグループ「コード生成1」に登録してあるマクロを紹介します。

グループ「コード生成1」には選択しているセル範囲の情報などから「**セル範囲の情報を取得**」するコードや「**表のヘッダー名のEnum**」のコードを自動的に生成してクリップボードに格納する処理をまとめています。

一定の法則に基づいて頻繁に記述するコードを半自動的に生成することでコーディングの効率化を図るのが目的です。

次の図がマクロが登録されているボタンです。

12-6-1 ［セル範囲取得 (動的)］ボタン

これは、選択セルからセル範囲を動的に取得するコードを自動生成します。

たとえば、次のような表が用意されているとします。表が入力されているワークシートのオブジェクト名は「Sh01_社員名簿」としています。

	A	B	C	D	E	F	G	H	I	J
1										
2		社員番号	氏名	部署	役職	電話番号	メールアドレス	入社日付	性別	
3		1001	山田太郎	営業部	課長	080-1234-5678	yamada@example.com	2018/4/1	男性	
4		1002	佐藤花子	経理部	係長	080-2345-6789	sato@example.com	2019/5/10	女性	
5		1003	鈴木一郎	人事部	主任	080-3456-7890	suzuki@example.com	2020/6/15	男性	
6		1004	髙橋恵子	開発部	チームリーダー	080-4567-8901	takahashi@example.com	2017/7/20	女性	
7		1005	田中健太	営業部	営業担当	080-5678-9012	tanaka@example.com	2021/8/25	男性	
8		1006	伊藤美咲	マーケティング部	スペシャリスト	080-6789-0123	ito@example.com	2022/9/30	女性	
9		1007	渡辺勇気	製造部	技術者	080-7890-1234	watanabe@example.com	2016/10/5	男性	
10		1008	小林聡美	研究開発部	研究員	080-8901-2345	kobayashi@example.com	2020/11/10	女性	
11		1009	中村光一	IT部	システムエンジニア	080-9012-3456	nakamura@example.com	2019/12/15	男性	
12		1010	小野寺悠子	人事部	採用担当	080-0123-4567	onodera@example.com	2021/1/20	女性	
13										
14										
15										

このとき、以下の手順で「セル範囲取得（動的）」を利用して、この表を二次元配列として取得するVBAコードを自動生成します。

- 表の左上のセルB2を選択する
- ［セル範囲取得（動的）］ボタンをクリックする
- 質問のメッセージが出るが、今回の表は二次元配列なので［はい（Y）］ボタンを選択する
- 自動的にVBEが起動して、イミディエイトウィンドウにメッセージが表示される。この時点でコードが生成されてクリップボードに格納されているのが確認できる

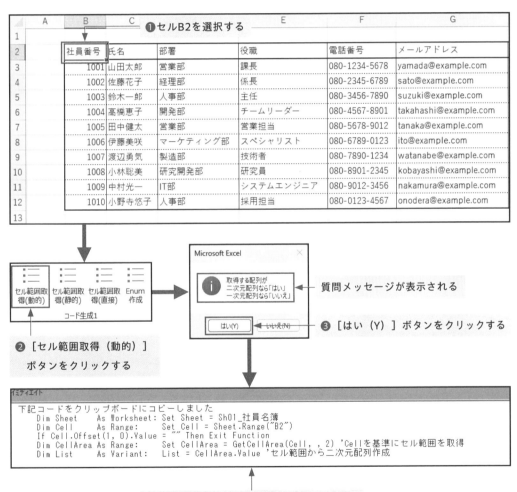

VBEが起動してイミディエイトウィンドウに
メッセージとコードが表示される

　次に、自動生成されてクリップボードに格納されたコードを利用して、表の社員名簿を二次元配列として返すプロシージャを作成すると次のようになります。

```
Public Function Get_名簿データ() As Variant
    Dim Sheet     As Worksheet: Set Sheet = Sh01_社員名簿
    Dim Cell      As Range:     Set Cell = Sheet.Range("B2")
    If Cell.Offset(1, 0).Value = "" Then Exit Function
    Dim CellArea As Range:      Set CellArea = GetCellArea(Cell, , 2) 'Cellを基準にセル範囲を取得
    Dim List      As Variant:   List = CellArea.Value 'セル範囲から二次元配列作成
    Get_名簿データ = List
End Function
```

自動生成したコード部分

　では、作成したプロシージャ「Get_名簿データ」で取得される二次元配列の値を第10章で紹介したプロシージャ「DPA」を使用して確認してみましょう。
　次のように正確にシートの表の値が取得できているのが確認できます。

```
イミディエイト
DPA Get_名簿データ
配列サイズ(1 To 10, 1 To 8)
   |1    |2        |3          |4              |5            |6                       |7          |8
1  |1001 |山田太郎  |営業部      |課長           |080-1234-5678|yamada@example.com      |2018/04/01 |男性
2  |1002 |佐藤花子  |経理部      |係長           |080-2345-6789|sato@example.com        |2019/05/10 |女性
3  |1003 |鈴木一郎  |人事部      |主任           |080-3456-7890|suzuki@example.com      |2020/06/15 |男性
4  |1004 |高橋恵子  |開発部      |チームリーダー  |080-4567-8901|takahashi@example.com   |2017/07/20 |女性
5  |1005 |田中健太  |営業部      |営業担当        |080-5678-9012|tanaka@example.com      |2021/08/25 |男性
6  |1006 |伊藤美咲  |マーケティング部|スペシャリスト  |080-6789-0123|ito@example.com         |2022/09/30 |女性
7  |1007 |渡辺勇気  |製造部      |技術者          |080-7890-1234|watanabe@example.com    |2016/10/05 |男性
8  |1008 |小林聡美  |研究開発部   |研究員          |080-8901-2345|kobayashi@example.com   |2020/11/10 |女性
9  |1009 |中村光一  |IT部       |システムエンジニア|080-9012-3456|nakamura@example.com    |2019/12/15 |男性
10 |1010 |小野寺悠子|人事部      |採用担当        |080-0123-4567|onodera@example.com     |2021/01/20 |女性
```

シートの表の値が正確に取得されている

　ちなみに、質問メッセージで［いいえ（N）］ボタンの一次元配列を選択する場合ですが、取得する表が縦1列で一次元配列として取得したい場合に用います。
　次のような表をワークシート（オブジェクト名は「Sh02_社員名一覧」）に用意して、セルB2が選択された状態から［セル範囲取得（動的）］ボタンを押して、質問には［いいえ（N）］ボタンを選択してコードを生成します。

第12章

リボン登録でさらなる効率化を図る

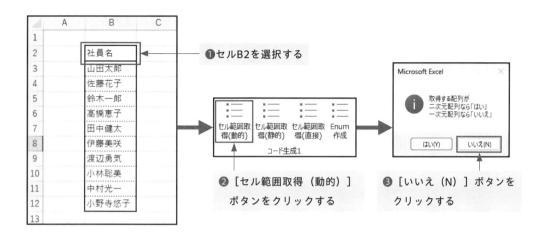

❶ セルB2を選択する

❷ [セル範囲取得（動的）] ボタンをクリックする

コード生成1

❸ [いいえ（N）] ボタンをクリックする

すると、最終的に次のようなコードが作成できます。こちらは表範囲を縦1列で一次元配列として取得する処理です。

```
Public Function Get_社員名一覧() As Variant
    Dim Sheet    As Worksheet: Set Sheet = Sh02_社員名一覧
    Dim Cell     As Range:     Set Cell = Sheet.Range("B2")
    If Cell.Offset(1, 0).Value = "" Then Exit Function
    Dim CellArea As Range:     Set CellArea = GetCellArea(Cell, 1, 2) 'Cellを基準にセル範囲を取得
    Dim List     As Variant:   List = GetArray2DFromCell(CellArea) 'セル範囲から二次元配列作成
    List = TransposeN1toArray1D(List) 'Nx1の二次元配列を一次元配列に変換
    Get_社員名一覧 = List
End Function
```

自動生成したコード部分

なお、このコードには「GetArray2DFromCell」と「TransposeN1toArray1D」という今まで紹介していない汎用プロシージャを2つ使用しています。

「GetArray2DFromCell」は取得したセル範囲CellAreaが単一セルの場合に、CellArae.Valueは二次元配列ではなく変数になってしまう問題を解決しています。

●GetArray2DFromCell：セルオブジェクトからセル値の二次元配列を取得する

```
Public Function GetArray2DFromCell(ByRef CellArea As Range) _
                                    As Variant
'セルオブジェクトからセル値の二次元配列を取得する
'セルオブジェクトが単一セルでも二次元配列となる。
'「単一セル.Value」が配列でなく変数になるのに対応

'引数
'CellArea・・・セル範囲

'戻り値
'セル範囲から生成される二次元配列

    Dim Output As Variant
    If CellArea.CountLarge = 1 Then
        '単一セルの場合
        ReDim Output(1 To 1, 1 To 1)
        Output(1, 1) = CellArea.Value
    Else
        Output = CellArea.Value
    End If

    '出力
    GetArray2DFromCell = Output

End Function
```

もう1つの「TransposeN1toArray1D」は、CellAreaから取得した二次元配列Listを一次元配列に転移する処理ですが、組み込み関数のTranspose関数の場合には日付型が文字列型になってしまう問題に対応しています。

●TransposeN1toArray1D：要素数Nx1(縦一列)の二次元配列を転移して一次元配列にする

```vba
Public Function TransposeN1toArray1D(ByRef Array2D_N1 As Variant) _
                                        As Variant
'要素数Nx1(縦一列)の二次元配列を転移して一次元配列にする
'各要素がオブジェクトでも対応可能
'通常のWorksheetFunction.Transposeだと日付型が文字列型になる問題対応


'引数
'Array2D_N1・・・要素数Nx1の二次元配列


    '引数チェック
    Call CheckArray2D(Array2D_N1, "Array2D_N1")
    Call CheckArray2DStart1(Array2D_N1, "Array2D_N1")
    If UBound(Array2D_N1, 2) <> 1 Then
        MsgBox "横要素数は1にしてください", vbExclamation
        Stop
    End If


    '処理
    Dim I       As Long
    Dim N       As Long:     N = UBound(Array2D_N1, 1)
    Dim Output As Variant: ReDim Output(1 To N)
    For I = 1 To N
        Output(I) = Array2D_N1(I, 1)
    Next


    '出力
    TransposeN1toArray1D = Output


End Function
```

　多少面倒な例外処理を施していますが、**実務上で問題なく動作するために欠かせない処理**だと筆者は考えます。

　そして、［セル範囲取得（動的）］ボタンに登録してあるマクロのコードが以下になります。

```vba
Public Sub MakeCodeCellArea()
'選択セルからセル範囲を動的に取得するコードを作成


    '選択オブジェクトがセルかどうか判定して、セルならセルを参照
    Dim Dummy As Object: Set Dummy = Selection
    Dim Cell  As Range
    If TypeName(Dummy) = "Range" Then
        Set Cell = Dummy
    Else
        Exit Sub
    End If


    '取得するのは一次元配列か二次元配列か選択させる
    Dim Message As String
    Message = Message & "取得する配列が" & vbLf
    Message = Message & "二次元配列なら「はい」" & vbLf
    Message = Message & "一次元配列なら「いいえ」" & vbLf
    Message = Message & ""
    Dim JudgeArray2D As Boolean
    If MsgBox(Message, vbYesNo + vbInformation) = vbYes Then
        JudgeArray2D = True '二次元配列
    Else
        JudgeArray2D = False '一次元配列
    End If


    '選択セルから対象シートとオブジェクト名を取得
    '対象シート
    Dim Sheet As Worksheet
    Set Sheet = Cell.Worksheet


    '対象シートのオブジェクト名
    Dim SheetCodeNmae As String:
    SheetCodeNmae = Sheet.CodeName


    '選択セルのアドレスを取得
    '名前定義がされている場合は定義した名前を取得
    Dim CellAddress As String
    Dim CellComment As String
```

▼次ページへ

▼前ページから

```
On Error Resume Next
Dim CellName As String: CellName = Cell.Name
On Error GoTo 0
If CellName <> "" Then
    CellAddress = Cell.Name.Name
    If InStr(CellAddress, "!") > 0 Then
        CellAddress = Split(CellAddress, "!")(1)
    End If
    CellComment = "'" & Cell.Address(False, False)
Else
    CellAddress = Cell.Address(False, False)
    CellComment = ""
End If


'コードを作成する
Dim Str As String
Str = Str & "    Dim Sheet    As Worksheet: " & _
            "Set Sheet = " & SheetCodeNmae & vbLf


Str = Str & "    Dim Cell     As Range:     " & _
            "Set Cell = Sheet.Range(""" & CellAddress & """) " & _
            CellComment & vbLf


Str = Str & "    If Cell.Offset(1, 0).Value = """" Then " & _
            "Exit Function" & vbLf


If JudgeArray2D = True Then
    '二次元配列の場合は列数を指定しない
    Str = Str & "    Dim CellArea As Range:      " & _
                "Set CellArea = GetCellArea(Cell, , 2) " & _
                "'Cellを基準にセル範囲を取得" & vbLf


    Str = Str & "    Dim List     As Variant:   " & _
                "List = CellArea.Value " & _
                "'セル範囲から二次元配列作成" & vbLf
Else
    '一次元配列の場合は列数を1に指定する
    Str = Str & "    Dim CellArea As Range:      " & _
                "Set CellArea = GetCellArea(Cell, 1, 2) " & _
```

▼次ページへ

第12章

リボン登録でさらなる効率化を図る

▼前ページから

```
                "'Cellを基準にセル範囲を取得" & vbLf


    Str = Str & "    Dim List    As Variant:   " & _
             "List = GetArray2DFromCell(CellArea) " & _
             "'セル範囲から二次元配列作成" & vbLf


    Str = Str & "    List = TransposeN1toArray1D(List) " & _
             "'Nx1の二次元配列を一次元配列に変換" & vbLf


  End If
  Str = Str & ""


  '作成したコードをクリップボードに格納
  Call ClipText(Str)


  '音で知らせる
  Call Beep


  'VBEとイミディエイトウィンドウ表示
  Dim WSH As Object: Set WSH = CreateObject("WScript.Shell")
  WSH.SendKeys "%{F11}" 'Alt+F11
  WSH.SendKeys "^G" 'Ctrl+G


  'イミディエイトウィンドウに表示
  Debug.Print "下記コードをクリップボードにコピーしました"
  Debug.Print Str


End Sub
```

12-6-2 ［セル範囲取得（静的）］ボタン

動的に対して、今度は静的にセル範囲を取得します。

動的の場合はプロシージャ「GetCellArea」を用いて表範囲が変化しても、その範囲を**動的に**判定して配列として取得していました。

一方で、静的の場合は**選択したセル範囲をそのまま固定として範囲を取得**します。

実際に［セル範囲取得（静的）］ボタンを使用した場合の手順と自動生成されるコードは、次のとおりです。

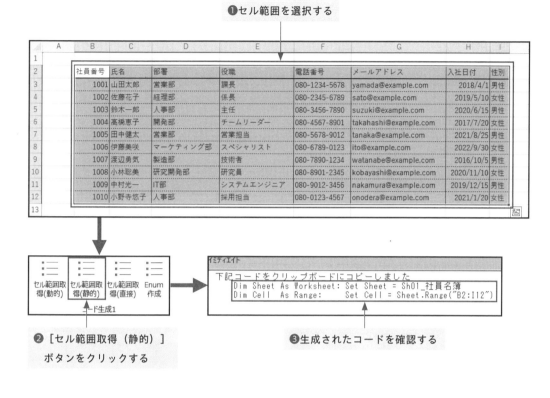

❶セル範囲を選択する

❷[セル範囲取得（静的）]
ボタンをクリックする

❸生成されたコードを確認する

　[セル範囲取得（静的）] ボタンでは、選択したセル範囲のRangeオブジェクトを変数Cellに参照されるまでの処理を自動生成します。

　この処理は「**特定のセル**」を基準に以降の処理を記述したいときに利用します。

　実際に [セル範囲取得（静的）] ボタンに登録してあるマクロのコードは以下になります。

```
Public Sub MakeCodeGetCell()
'選択セルからセル範囲を静的に取得するコードを作成

    '選択オブジェクトがセルかどうか判定して、セルならセルを参照
    Dim Dummy As Object: Set Dummy = Selection
    Dim Cell  As Range
    If TypeName(Dummy) = "Range" Then
        Set Cell = Dummy
    Else
```

▼次ページへ

▼前ページから

```
        Exit Sub
    End If

    '選択セルのシートを取得してシートのオブジェクト名を取得
    '対象シート
    Dim Sheet As Worksheet
    Set Sheet = Cell.Parent

    '対象シートのオブジェクト名
    Dim SheetCodeNmae As String
    SheetCodeNmae = Sheet.CodeName

    '選択セルのアドレスを取得
    '名前定義がされている場合は定義した名前を取得
    Dim CellAddress As String
    Dim CellComment As String

    On Error Resume Next
    Dim CellName As String: CellName = Cell.Name
    On Error GoTo 0
    If CellName <> "" Then
        CellAddress = Cell.Name.Name
        If InStr(CellAddress, "!") > 0 Then
            CellAddress = Split(CellAddress, "!")(1)
        End If
        CellComment = "'" & Cell.Address(False, False)
    Else
        CellAddress = Cell.Address(False, False)
        CellComment = ""
    End If

    'コードを作成する
    Dim Str As String
    Str = Str & "    Dim Sheet As Worksheet: " & _
            "Set Sheet = " & SheetCodeNmae & vbLf

    Str = Str & "    Dim Cell  As Range:      " & _
            "Set Cell = Sheet.Range(""" & CellAddress & """) " & _
            CellComment & vbLf
```

▼次ページへ

▼前ページから

```
    Str = Str & ""

    '作成したコードをクリップボードに格納
    Call ClipText(Str)

    '音で知らせる
    Call Beep

    'VBE表示
    Dim WSH As Object: Set WSH = CreateObject("WScript.Shell")
    WSH.SendKeys "%{F11}" 'Alt+F11
    WSH.SendKeys "^G" 'Ctrl+G

    'イミディエイトウィンドウに表示
    Debug.Print "下記コードをクリップボードにコピーしました"
    Debug.Print Str

End Sub
```

12-6-3　［セル範囲取得（直接）］ボタン

　［セル範囲直接（直接）］ボタンは、選択したセルを直接参照する次のようなコードを自動生成します。

```
[Worksheetオブジェクト].Range("[アドレス]")
```

　実際の使い方は、次のような流れになります。

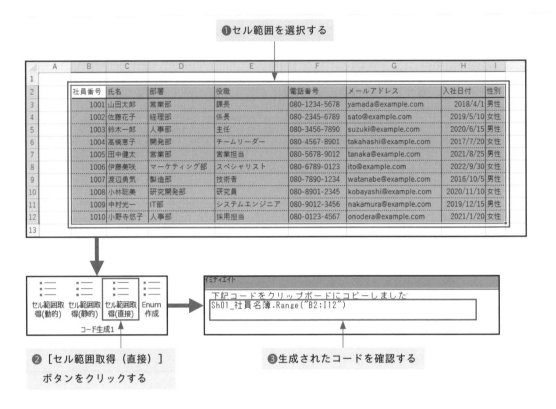

❶セル範囲を選択する

❷［セル範囲取得（直接）］
ボタンをクリックする

❸生成されたコードを確認する

たとえば、手作業でやる場合、「Sh01_社員名簿.Range("B2:I12")」の記述は

- **Worksheetのオブジェクト名を調べる（Sh01_社員名簿）**
- **セル範囲のアドレスを調べる（"B2:I12"）**

などの手間が発生しますが、［セル範囲取得（直接）］ボタンを利用すれば、

　①セル範囲を選択する
　②［セル範囲選択（直接）］ボタンをクリックする

の2ステップだけで一瞬で終わります。

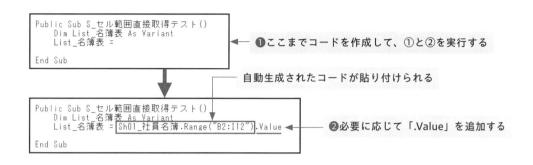

```
Public Sub S_セル範囲直接取得テスト()
    Dim List_名簿表 As Variant
    List_名簿表 =

End Sub
```
❶ここまでコードを作成して、①と②を実行する

自動生成されたコードが貼り付けられる

```
Public Sub S_セル範囲直接取得テスト()
    Dim List_名簿表 As Variant
    List_名簿表 = Sh01_社員名簿.Range("B2:I12").Value

End Sub
```
❷必要に応じて「.Value」を追加する

この［セル範囲取得（直接）］ボタンに登録してあるマクロのコードが以下になります。

```
Public Sub MakeCodeGetCellDirect()
'選択セル範囲からセルオブジェクトを取得するコード
'直接設定するコードを作成する


    '選択オブジェクトがセルかどうか判定して、セルならセルを参照
    Dim Dummy As Object: Set Dummy = Selection
    Dim Cell  As Range
    If TypeName(Dummy) = "Range" Then
        Set Cell = Dummy
    Else
        Exit Sub
    End If


    '対象シートを取得してシートのオブジェクト名を取得
    '対象シート
    Dim Sheet As Worksheet
    Set Sheet = Cell.Worksheet


    '対象シートのオブジェクト名
    Dim SheetCodeNmae As String
    SheetCodeNmae = Sheet.CodeName


    '選択セルのアドレスを取得
    '名前定義がされている場合は定義した名前を取得
    Dim CellAddress As String
    Dim CellComment As String
    On Error Resume Next
```
▼次ページへ

▼前ページから

```
    Dim CellName As String: CellName = Cell.Name
    On Error GoTo 0
    If CellName <> "" Then
        CellAddress = Cell.Name.Name
        If InStr(CellAddress, "!") > 0 Then
            CellAddress = Split(CellAddress, "!")(1)
        End If
        CellComment = "'" & Cell.Address(False, False)
    Else
        CellAddress = Cell.Address(False, False)
        CellComment = ""
    End If


    'コードを作成する
    Dim Str As String
    Str = SheetCodeNmae & "." & _
        "Range(" & """" & CellAddress & """" & ")" & _
        CellComment


    '作成したコードをクリップボードに格納
    Call ClipText(Str)


    '音で知らせる
    Call Beep


    'VBE表示
    Dim WSH As Object: Set WSH = CreateObject("WScript.Shell")
    WSH.SendKeys "%{F11}" 'Alt+F11
    WSH.SendKeys "^G" 'Ctrl+G


    'イミディエイトウィンドウに表示
    Debug.Print "下記コードをクリップボードにコピーしました"
    Debug.Print Str


End Sub
```

　以上、「**セル範囲参照**」の処理を3種類紹介しましたが、このような記述はVBA開発で頻繁に発生するので、この部分だけでも自動化できればかなりの効率化が実現します。

12-6-4 [Enum作成] ボタン

これは、表のヘッダー名のEnumを作成するものです。

ただし、「ヘッダー名のEnum化」でどのように効率化に繋がるのかについてまだ説明が不足しているので、この点についても併せて説明していきます。

まず、[Enum作成] ボタンの使い方の手順は次のとおりです。

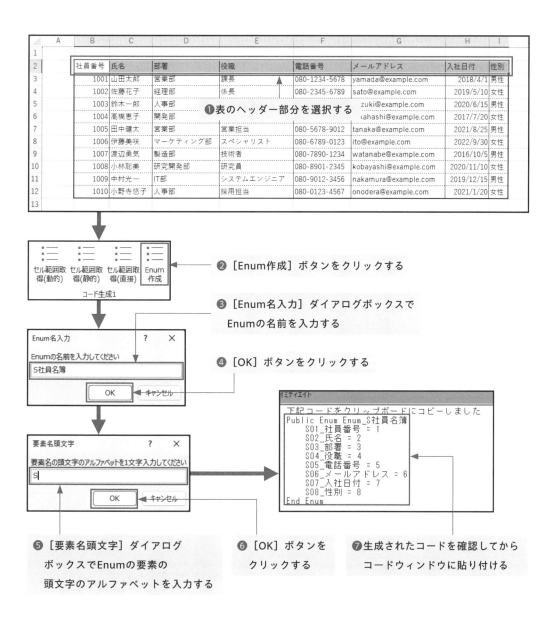

❶表のヘッダー部分を選択する

❷ [Enum作成] ボタンをクリックする

❸ [Enum名入力] ダイアログボックスで
Enumの名前を入力する

❹ [OK] ボタンをクリックする

❺ [要素名頭文字] ダイアログ
ボックスでEnumの要素の
頭文字のアルファベットを入力する

❻ [OK] ボタンを
クリックする

❼生成されたコードを確認してから
コードウィンドウに貼り付ける

次に、この「Enum_S社員名簿」を利用してコードを書いてみます。ここでは、344ページでサンプルとして作成した「Get_名簿データ」を使って二次元配列として取得した表（List_名簿）の値を表示します。

サンプルのコードは、次のとおりです。

```
Public Enum Enum_S社員名簿
    S1_社員番号 = 1
    S2_氏名 = 2
    S3_部署 = 3
    S4_役職 = 4
    S5_電話番号 = 5
    S6_メールアドレス = 6
    S7_入社日付 = 7
    S8_性別 = 8
End Enum
```

```
Public Sub S__名簿データから情報取得()
    Dim List_名簿データ As Variant
    List_名簿データ = Get_名簿データ

    '名簿データの中身表示確認
    DPA List_名簿データ

    '名簿データの情報表示テスト（Enum不使用）
    Debug.Print List_名簿データ(1, 2)
    Debug.Print List_名簿データ(1, 3)

    '名簿データの情報表示テスト（Enum使用）
    Debug.Print List_名簿データ(1, Enum_S社員名簿.S2_氏名)
    Debug.Print List_名簿データ(1, Enum_S社員名簿.S3_部署)

End Sub
```

そして、実行結果のイミディエイトウィンドウでの表示は、次のようになります。

第12章

リボン登録でさらなる効率化を図る

```
イミディエイト
配列サイズ(1 To 10, 1 To 8)
      |1     |2       |3            |4              |5             |6                       |7          |8
1     |1001  |山田太郎  |営業部        |課長            |080-1234-5678 |yamada@example.com      |2018/04/01 |男性
2     |1002  |佐藤花子  |経理部        |係長            |080-2345-6789 |sato@example.com        |2019/05/10 |女性
3     |1003  |鈴木一郎  |人事部        |主任            |080-3456-7890 |suzuki@example.com      |2020/06/15 |男性
4     |1004  |高橋恵子  |開発部        |チームリーダー    |080-4567-8901 |takahashi@example.com   |2017/07/20 |女性
5     |1005  |田中健太  |営業部        |営業担当        |080-5678-9012 |tanaka@example.com      |2021/08/25 |男性
6     |1006  |伊藤美咲  |マーケティング部 |スペシャリスト    |080-6789-0123 |ito@example.com         |2022/09/30 |女性
7     |1007  |渡辺勇気  |製造部        |技術者          |080-7890-1234 |watanabe@example.com    |2016/10/05 |男性
8     |1008  |小林聡美  |研究開発部     |研究員          |080-8901-2345 |kobayashi@example.com   |2020/11/10 |女性
9     |1009  |中村光一  |IT部         |システムエンジニア |080-9012-3456 |nakamura@example.com    |2019/12/15 |男性
10    |1010  |小野寺悠子|人事部        |採用担当        |080-0123-4567 |onodera@example.com     |2021/01/20 |女性

山田太郎
営業部
山田太郎
営業部
```

　サンプルコードには「Enum不使用」と「Enum使用」の2通りを記述していますが、どちらもList_名簿の要素をイミディエイトウィンドウに表示する処理です。

　「Enum不使用」では列番号をそのまま数字で指定していますが、「Enum使用」では列番号を作成した「Enum_S社員名簿」を利用して指定しています。

　2つを比べると、「Enum使用」のほうが列番号が名前で指定できるので可読性が高いコードになっています。

　さらに、次のように「Enum_S社員名簿.」まで入力すればインテリセンスが効くので、入力候補から選ぶだけで済むこととなり、よりコーディングも効率化できます。

```
        Debug.Print List_名簿データ(1, 3)

        '名簿データの情報表示テスト（Enum使用）
        Debug.Print List_名簿データ(1, Enum_S社員名簿.S2_氏名)
        Debug.Print List_名簿データ(1, Enum_S社員名簿.)
                                              ⓢ S1_社員番号
    End Sub                                    ⓢ S2_氏名
                                              ⓢ S3_部署
                                              ⓢ S4_役職
                                              ⓢ S5_電話番号
                                              ⓢ S6_メールアドレス
                                              ⓢ S7_入社日付
```

　上記のサンプルで示した社員名簿のような表形式のデータはExcelで頻繁に扱う形式のデータです。このようなデータはVBA上で二次元配列として取得した後に、列番号を指定するときにあらかじめ用意しているEnumがあると「コーディングの効率化」「可読性向上」に繋がるのが実感できたと思います。

　なお、Worksheet上の表のヘッダーに合わせてEnumを毎回記述するのは手間ですが、こうした非効率な作業も[Enum作成]ボタンによって省くことができます。

　実際に[Enum作成]ボタンに登録してあるマクロのコードが以下になります。

```vba
Public Sub MakeCodeEnum()
'選択セルからEnumを作成する

    '選択オブジェクトがセルかどうか判定して、セルならセルを参照
    Dim Dummy As Object: Set Dummy = Selection
    Dim Cell  As Range
    If TypeName(Dummy) = "Range" Then
        Set Cell = Dummy
    Else
        Exit Sub
    End If

    'セル範囲の項目名を全て取得する
    Dim List_項目 As Variant: List_項目 = Cell.Value

    'Enumの名前を入力させる
    Dim EnumName As String
    EnumName = "Enum_" & InputBox("Enumの名前を入力してください", _
                            "Enum名入力", "")

    If EnumName = "Enum_" Then
        '何も入力されなかったら終了
        Exit Sub
    End If

    '頭文字のアルファベットを入力させる
    Dim HeadABC As String
    HeadABC = InputBox( _
        "要素名の頭文字のアルファベットを1文字入力してください", _
        "要素名頭文字", "")

    If HeadABC = "" Then
        '何も入力されなかったら終了
        Exit Sub
    End If

    '重複する項目名に番号を追加するための連想配列
    Dim Dict_項目 As New Dictionary
```

▼次ページへ

▼前ページから

```
'各項目を要素名にする
Dim I            As Long
Dim N            As Long: N = UBound(List_項目, 2)
Dim Lng_桁数     As Long: Lng_桁数 = Len(CStr(N))
Dim K            As Long
Dim Str_項目名   As String
Dim Str_追加番号 As String
For I = 1 To N
    If List_項目(1, I) <> "" Then '空白は除外する
        K = K + 1
        Str_項目名 = List_項目(1, I)
        Str_項目名 = Conv__使えない記号を置換(Str_項目名)

        If Dict_項目.Exists(Str_項目名) = False Then
            Str_追加番号 = ""
            Dict_項目.Add Str_項目名, 2
        Else
            Str_追加番号 = Dict_項目(Str_項目名)
            Dict_項目(Str_項目名) = Dict_項目(Str_項目名) + 1
        End If

        List_項目(1, I) = HeadABC & _
                        Format(K, String(Lng_桁数, "0")) _
                        & "_" & Str_項目名 & Str_追加番号 & _
                        " = " & K '例)E01番号 = 1
    End If
Next

'コードを作成する
Dim Str As String
Str = Str & "Public Enum " & EnumName & vbLf

For I = 1 To N
    If List_項目(1, I) <> "" Then
        '空白は除外する
        Str = Str & "    " & List_項目(1, I) & vbLf
    End If
Next
Str = Str & "End Enum"
```

▼次ページへ

▼前ページから

```
    '作成したコードをクリップボードに格納
    Call ClipText(Str)


    '音で知らせる
    Call Beep


    'VBE表示
    Dim WSH As Object: Set WSH = CreateObject("WScript.Shell")
    WSH.SendKeys "%{F11}" 'Alt+F11
    WSH.SendKeys "^G" 'Ctrl+G


    'イミディエイトウィンドウに表示
    Debug.Print "下記コードをクリップボードにコピーしました"
    Debug.Print Str


End Sub
```

```
Private Function Conv__使えない記号を置換(ByRef Str_項目名 As String) _
                                          As String
    Dim Output As String
    Output = Replace(Str_項目名, "(", "_")
    Output = Replace(Output, ")", "")
    Output = Replace(Output, "（", "_")
    Output = Replace(Output, "）", "")
    Output = Replace(Output, "・", "")
    Output = Replace(Output, "/", "_")
    Output = Replace(Output, vbLf, "")
    Output = Replace(Output, vbCr, "")
    Output = Replace(Output, " ", "_")
    Output = Replace(Output, "　", "_")
    Conv__使えない記号を置換 = Output


End Function
```

第
12
章

リボン登録でさらなる効率化を図る

12-7 開発用アドイン参照、参照解除

ここでは、筆者の開発環境でタブ「**いき用3**」のグループ「**開発設定**」内に登録してあるマクロを一覧で紹介します。

第6章で解説した開発用アドインを起動中のブックから参照したり、逆に参照を解除する、そんなマクロをリボンに登録して一発で処理できるようにします。

その開発用アドインの参照ですが、6-3（95ページ参照）でも触れたとおり次の手順が必要です。

①VBEを起動する
② [参照設定] ダイアログボックスで参照するアドイン名にチェックマークを入れる

新規のマクロ付きブックで開発用アドイン内に用意している汎用プロシージャを利用するためには、開発用アドインの参照が必要です。そのため、開発用アドインの参照は頻繁に発生する作業となります。すなわち、この作業をボタン1つでできるようにすることで開発の効率化を実現するのが目的です。

では、その目的を手助けする [開発用アドイン参照] ボタンの動作を見てください。

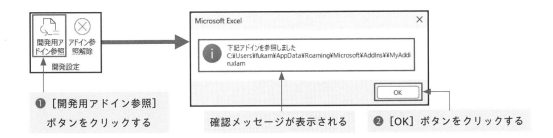

❶ [開発用アドイン参照] ボタンをクリックする　　確認メッセージが表示される　　❷ [OK] ボタンをクリックする

このように [開発用アドイン参照] ボタンを押した後にVBEで [参照設定] ダイアログボックスを見ると、開発用アドイン（MyAddin）の参照ができているのが確認できます。

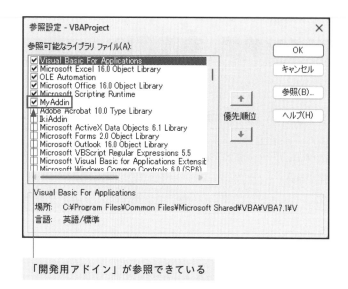

第
12
章

リ
ボ
ン
登
録
で
さ
ら
な
る
効
率
化
を
図
る

「開発用アドイン」が参照できている

次に、参照を解除する［アドイン参照解除］ボタンの動作を見てみます。

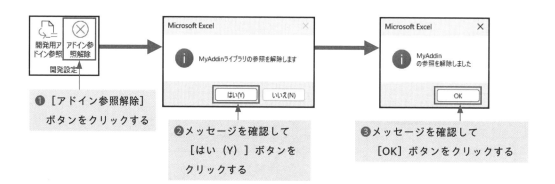

❶［アドイン参照解除］
　ボタンをクリックする

❷メッセージを確認して
　［はい（Y）］ボタンを
　クリックする

❸メッセージを確認して
　［OK］ボタンをクリックする

　［アドイン参照解除］ボタンを押した後にこちらも［参照設定］ダイアログボックスを見ると、開発用アドイン（MyAddin）の参照が解除できているのが確認できます。

「開発用アドイン」の
参照が解除されている

IkiAddin
場所: C:¥Users¥fukam¥AppData¥Roaming¥Microsoft¥AddIns¥IkiAddin.xlan
言語: 英語/アメリカ

では、[開発用アドイン参照] ボタンに登録してあるマクロのコードを見てみましょう。

　開発用アドインのファイル名は、本書では例として「MyAddin.xlam」としていますが、コード内の「MyAddin.xlam」を変更することで参照するアドインを変更できます。

　なお、このマクロを実行するためにはVBAプロジェクトへのアクセス許可設定が必要です。次の手順で設定を行ってからマクロを実行してください。

　[開発] タブから [マクロのセキュリティ] ボタンをクリックし、表示される [トランスセンター] ダイアログボックスの [マクロの設定] から [VBAプロジェクトオブジェクトモデルへのアクセスを信頼する] にチェックマークを付けて [OK] ボタンをクリックします (付録1.pdfにて詳細解説)。

```
Public Sub ReferAddinForDevelopment()
'起動中ブックから開発用アドインを参照する

    '開発用アドインのパス取得
    'Excelのライブラリーのパス
    Dim AddinFolder As String
    AddinFolder = Application.UserLibraryPath

    '開発用アドインのファイル名
    Dim AddinName   As String
    AddinName = "MyAddin.xlam"

    'パスを設定
```
▼次ページへ

▼前ページから

```
    Dim AddinPath   As String
    AddinPath = AddinFolder & "¥" & AddinName

    'アドインの参照
    Dim Book  As Workbook: Set Book = ActiveWorkbook
    Dim Judge As Boolean
    Judge = Refer__LibraryBook(AddinPath, Book)

    '確認メッセージ
    If Judge = True Then
        MsgBox "下記アドインを参照しました" _
               & vbLf & AddinPath, vbInformation
    Else
        MsgBox "すでに参照済みです", vbInformation
    End If

End Sub
```

```
Private Function Refer__LibraryBook(ByRef LibName As Variant, _
                              ByRef Book As Workbook) _
                                           As Boolean
'特定ライブラリをブックから参照する

'引数
'LibName・・・参照するライブラリの名前
'Book   ・・・参照させるブック

    '参照に成功したかどうかを返す
    Dim ReferCheck As Boolean: ReferCheck = False

    If Dir(LibName) <> "" Then
        '参照するライブラリが存在するか確認

        On Error Resume Next
        'ライブラリを参照する
        Book.VBProject.References.AddFromFile LibName
```

▼次ページへ

第12章

リボン登録でさらなる効率化を図る

▼前ページから

```
        Select Case Err.Number
            Case 1004
                MsgBox "Excelのオプションにて" & vbLf & _
                    "VBAプロジェクトへのアクセス許可をしてください", _
                    vbExclamation
            Case 32813
                '既に参照中
                '何もしない
            Case Else
                '参照で追加した
                ReferCheck = True
        End Select
        On Error GoTo 0
    Else
        Debug.Print "「" & LibName & _
            "」が存在しないため参照できませんでした"
    End If

    Refer__LibraryBook = ReferCheck

End Function
```

次に、［アドイン参照解除］ボタンに登録してあるマクロのコードを掲示します。

```
Public Sub DereferAddinForDevelopment()
'起動中ブックにて開発用アドインの参照を解除する
    Call Derefer__Library("MyAddin", ActiveWorkbook)
End Sub
```

```
Private Sub Derefer__Library(ByRef LibName As Variant, _
                            ByRef Book As Workbook)

'ブックにて特定のライブラリの参照を解除する
```

▼次ページへ

第12章

リボン登録でさらなる効率化を図る

▼前ページから

```
'引数
'LibName・・・参照を解除するライブラリの名前
'Book   ・・・対象のブック


    Dim ref    As Object
    Dim MsgAns As Long

    Dim DereferCheck As Boolean: DereferCheck = False

    With Book.VBProject
        For Each ref In Book.VBProject.References
            If ref.Name = LibName Then
                If MsgBox(LibName & _
                "ライブラリの参照を解除します", _
                vbYesNo + vbInformation) = vbYes Then

                    .References.Remove ref
                    MsgBox LibName & vbLf & _
                        "の参照を解除しました", _
                        vbInformation

                    DereferCheck = True
                End If
            End If
        Next ref
    End With

    If DereferCheck = False Then
        MsgBox LibName & vbLf & _
            "は参照していません", _
            vbInformation
    End If

End Sub
```

12-8 特定URLの起動

ここでは、筆者の開発環境ではタブ「いき用3」のグループ「URL1」や「URL2」に登録してあるマクロを紹介します。

紹介するのは特定のURLのウェブサイトを起動するもので、ブラウザのブックマークと同じような機能をExcelのリボンに設定していると考えてください。

次の図がマクロが登録されているボタンです。

ここに登録してあるマクロは、すべて同じ**汎用プロシージャ「OpenURL」**を利用しています。
この「OpenURL」のコードは次のようになっています。

```vba
Public Sub OpenURL(ByRef URL As String)
'指定のURLを既定のブラウザで起動する

'引数
'URL・・・起動対象のURL

    Dim WSH As Object: Set WSH = CreateObject("Wscript.Shell")
    Call WSH.Run(URL, 3)

End Sub
```

たとえば、X（旧：Twitter）の起動の場合は次のようなコードになります。

```
Public Sub OpenX()
'X(旧：Twitter)のWebページ起動
    Dim URL As String: URL = "https://twitter.com/home"
    Call OpenURL(URL)
End Sub
```

ここに対象WebページのURLを設定する

　このように、変数の「URL」に代入するWebページのURLを変更することで、さまざまなWebページを表示できます。

12-9 値から着色の条件付き書式設定

　最後に、筆者の開発環境ではタブ「いき用3」のグループ「条件付き書式」に表示名「値で塗潰色」で登録してあるマクロを紹介します。

　このマクロによって、**セルの値が特定の値に一致する場合に塗潰色を設定するような条件付き書式**を簡単な操作で設定できるようになります。

　実際の動作は、次のようになります。

　サンプルで作成したシフト表ですが、「休」「朝」「昼」「夜」の4種類の勤務形態を着色して見やすくするために条件付き書式を設定します。

　条件付き書式の設定元の「セルE2:H2」は「休,朝,昼,夜」と塗潰色を先に設定しておく必要がありますが、その設定を済ませれば、あとは [値で塗潰色] ボタンを押すだけで次の2ステップで設定が済むようになります。

①条件付き書式を設定するセル範囲を選択する
②条件元のセル範囲を選択する

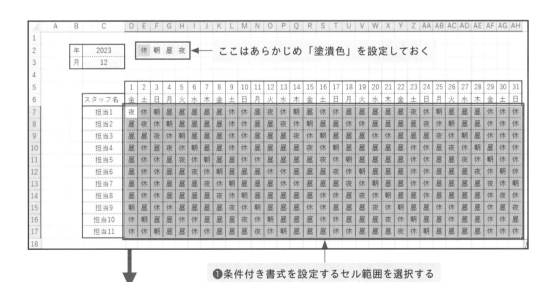

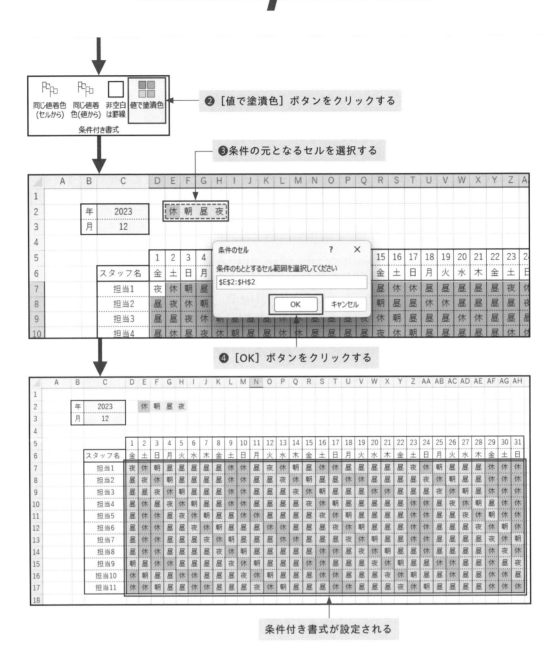

② ［値で塗潰色］ボタンをクリックする

❸条件の元となるセルを選択する

④ ［OK］ボタンをクリックする

条件付き書式が設定される

では、条件付き書式が実際に設定できているかを［条件付き書式ルールの管理］ダイアログボックスで確認してみます。

条件付き書式がきちんと設定されている

以下が、この［値で塗潰色］ボタンに登録してあるマクロのコードになります。

```
Public Sub SetFormatConditionValueColor()
'リボンからセル範囲の着色書式設定を設定する
'最初に書式設定を設定するセル範囲を選択
'次に文字列と塗潰色が設定されているセル範囲を選択
'文字列に一致するものセルに塗潰色を設定する条件付き書式を設定

    '現在の選択範囲
    Dim Dummy       As Object: Set Dummy = Selection
    Dim TargetCell As Range
```
▼次ページへ

▼前ページから

```vba
        If TypeName(Dummy) = "Range" Then
            Set TargetCell = Dummy
        Else
            MsgBox "条件付書式を設定するセル範囲を選択してください", _
                    vbExclamation
            Exit Sub
        End If


        '条件のもととするセル範囲選択
        Dim FormatCell As Range
        Set FormatCell = Application.InputBox( _
            Prompt:="条件のもととするセル範囲を選択してください", _
            Title:="条件のセル", _
            Type:=8)


        '条件一覧を取得
        Dim Dict_塗潰色      As New Dictionary
        Dim Dict_文字列一覧 As New Dictionary


        Dim Cell            As Range
        Dim Str_文字列      As String
        Dim Lng_塗潰色      As Long


        For Each Cell In FormatCell
            Str_文字列 = Cell.Value
            Lng_塗潰色 = Cell.Interior.Color
            If Dict_塗潰色.Exists(Str_文字列) = False And _
            Str_文字列 <> "" Then


                '重複を回避して、文字列は空白でない
                If Lng_塗潰色 <> rgbWhite Then
                    '塗潰色が白でない場合
                    Dict_塗潰色.Add Str_文字列, Lng_塗潰色
                End If


                Dict_文字列一覧.Add Str_文字列, ""
            End If
        Next
```

▼次ページへ

▼前ページから

```
'条件付き書式の設定
Dim Val_文字列        As Variant
Dim ConditionFormula As String
For Each Val_文字列 In Dict_文字列一覧
    Str_文字列 = Val_文字列  '型を文字列型に変換


    '条件付き書式の式
    ConditionFormula = "=" & _
                    TargetCell(1).Address(False, False) & _
                    "=" & """" & Val_文字列 & """"


    '対象セル範囲に条件付き書式を設定する
    With TargetCell
        .FormatConditions.Add Type:=xlExpression, _
                        Formula1:=ConditionFormula


        .FormatConditions( _
        .FormatConditions.Count).SetFirstPriority


        '塗漬色を設定する
        If Dict_塗漬色.Exists(Str_文字列) = True Then
            Lng_塗漬色 = Dict_塗漬色(Str_文字列)
            .FormatConditions(1).Interior.Color = Lng_塗漬色
        End If


    End With
Next


End Sub
```

サンプルファイルについて

ダウンロード

　本書の第8章、第10章、第11章で解説した内容を実践を通して体験、理解していただくためのマクロ付きブックをサンプルファイルとして、以下よりダウンロードすることができます。

　https://gihyo.jp/book/2024/978-4-297-14023-6/support

　ダウンロードしたファイルは、圧縮ファイル（ZIPファイル）となっていますので、次の方法で展開してください。

①ダウンロードファイルの上で右クリックします。
②表示されたメニューから［すべて展開（T）...］をクリックします。
③展開先の確認画面が表示されます。
④ダウンロードしたフォルダと同じ場所に展開する場合は［展開（E）］ボタンをクリックします。展開先を変更する場合は［参照（R）...］ボタンをクリックし、任意の場所（デスクトップなど）を選択します。
⑤展開が完了すると、自動的に展開したフォルダの内容が表示されます。

　ダウンロードしたサンプルファイルを開くと「保護ビュー」で開かれますので、［編集を有効にする（E）］ボタンをクリックしてください。この操作でファイルが編集可能になります。

動作環境

　サンプルファイルの対応バージョンは以下のとおりです。

・Excel2007/2010/2013/2016/2019/2021/365
・Mac版Excelには非対応

　ただし、「8-2-10 Sort.xlsm」は、Sort関数を使用していますので、Excel2021/365でしか動作しません。また、「8-5-6 SendOutllookMail.xlsm」は、Outlookがインストールされている環境でのみ動作します。

サンプルコードの実行方法

　第8章の汎用プロシージャおよび第10章のイミディエイトウィンドウ活用の汎用プロシージャは、その使い方がすぐに理解できるように、「使用例」と「実行結果」を分かりやすくまとめています。

サンプルコードの実行ボタン

サンプルコードのスクリーンショット

実行結果のスクリーンショット

第11章のイミディエイトウィンドウとクリップボードのコラボ術は、すぐに実践して使いこなせるようにサポートする作りとなっています。

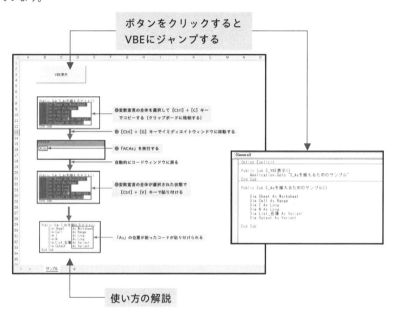

なお、サンプルマクロは実行結果の確認のためにStopステートメントを利用しているものもありますが、実行後にStopステートメントで停止中の時、必ず[F5]キーで再実行して処理を終了させてからExcelを閉じるようにしてください。

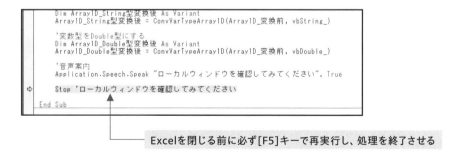

ダウンロード特典「階層化フォーム」について

本書のダウンロード特典「階層化フォーム」は、以下よりダウンロードすることができます。

https://gihyo.jp/book/2024/978-4-297-14023-6/support

ダウンロードしたファイルは、圧縮ファイル（ZIPファイル）となっていますので、次の方法で展開してください。

①ダウンロードファイルの上で右クリックします。
②表示されたメニューから［すべて展開（T）...］をクリックします。
③展開先の確認画面が表示されます。
④ダウンロードしたフォルダと同じ場所に展開する場合は［展開（E）］ボタンをクリックします。展開先を変更する場合は［参照（R）...］ボタンをクリックし、任意の場所（デスクトップなど）を選択します。
⑤展開が完了すると、自動的に展開したフォルダの内容が表示されます。

　ダウンロードしたサンプルファイルを開くと「保護ビュー」で開かれますので、［編集を有効にする（E）］ボタンをクリックしてください。この操作でファイルが編集可能になります。

動作環境

　「階層化フォーム」の対応バージョンは以下のとおりです。

・Excel2007/2010/2013/2016/2019/2021/365
・Mac版Excelには非対応

「階層化フォーム」概要

　「階層化フォーム」とはVBA開発を劇的に効率化させる開発支援ツールです。
　このツールを使用すれば、本書内で解説した「開発用アドイン」内に構築した「汎用プロシージャ」を一元管理・解析ができるようになります。
　さらに「外部参照プロシージャ一括コピー」の機能を利用すれば、新規開発マクロ付きブックから参照している開発用アドイン内の汎用プロシージャを一括で流用でき、新規開発マクロ付きブックを独立して使うことができるようになります。
　本書内で、「最初からコーディングするのは大変だから効率化のために部品（汎用プロシージャ）をたくさん用意する」ことをおすすめしていますが、部品（汎用プロシージャ）が多くなりすぎると、管理、流用が困難になるという問題も起こりえます。
　この「階層化フォーム」は、そういった問題を一気に解決します。すなわち「汎用プロシージャを用意すればするほど開発を加速度的に効率化できる」ようになります。
　「階層化フォーム」とともにダウンロードできる解説（付録）で実践を通して体験が可能ですので、ぜひ試してみてください。

「階層化フォーム」には主に次のような機能が備わっています。

● 部品の管理
● コードの解析
● プロシージャの検索
● 外部参照プロシージャの一括コピー

それぞれについて簡単に説明します。

■部品の管理

プロジェクト、モジュール、プロシージャを、それぞれ次の内容で一覧表示することができます。
この一覧表示機能によって、コードを一元管理することができます。

・プロジェクト一覧　→　起動中のExcelブックのVBAProjectを一覧表示する
・モジュール一覧　　→　プロジェクト一覧で選択中のVBAProjectのモジュールを一覧表示する
・プロシージャ一覧　→　モジュール一覧で選択中のモジュールのプロシージャを一覧表示する

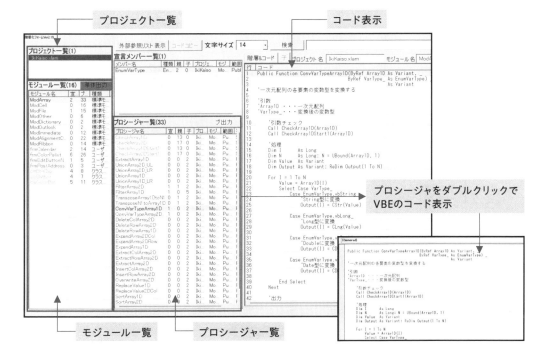

■コードの解析

プロシージャ内で使用しているプロシージャを階層構造で表示することができます。

このプロシージャの階層表示機能によって、プロシージャの関係性、構造が把握しやすくなり複雑なコードも分かりやすく可視化することができます。

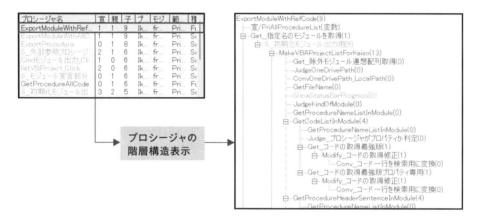

■プロシージャの検索

コード内の文字列を検索することができます。

この検索機能によって、たとえプロシージャが増えすぎても、探している機能のプロシージャが容易に見つかります。

■外部参照プロシージャの一括コピー

外部VBAProjectで参照しているプロシージャを一覧表示し、全コードをクリップボードにコピーすることができます。

コピーしたコードを新規開発ブックの標準モジュール内に貼り付けた後、アドインの参照を解除すれば、新規開発ブックは独立して機能するようになります。

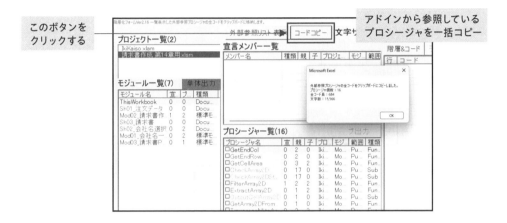

このボタンをクリックする

アドインから参照しているプロシージャを一括コピー

階層化フォームの使い方

以下のファイルをダウンロードすることができます。

・階層化フォーム付属アドイン（IkiKaiso.xlam）
・階層化フォーム付属アドイン（Outlook無し用）（IkiKaiso_NoOutlook.xlam）
・階層化フォームの基本設定（付録1.pdf）
・階層化フォームの使い方（付録2.pdf）
・付録2で階層化フォームの使い方を体験するサンプル（請求書作成 体験サンプル.xlsm）
・付録2で体験用の完成サンプル（請求書作成 完成サンプル.xlsm）

階層化フォーム付属アドイン（IkiKaiso.xlam）をダウンロードののち、「階層化フォームの基本設定」（付録1.pdf）を参考に使用するための設定を行い、「階層化フォームの使い方」（付録2.pdf）を参考に使い方を確認してください。

Outlookをインストールしていない環境下では「IkiKaiso_NoOutlook.xlam」を使用してください。

「請求書作成 体験サンプル.xlam」は付録2の中で階層化フォームの使い方を体験していただくためのサンプルで、「請求書作成 完成サンプル.xlam」はその完成状態のサンプルです。

索引

著者略歴
深見 祐士（ふかみ ゆうじ）
Softex-Celware代表。1990年6月15日 長崎県壱岐市出身。
大阪府立大学（現：大阪公立大学）大学院 航空宇宙海洋系専攻修了。
学生時代は人力飛行機の設計・製作に携わり鳥人間コンテストに学生生活の大半を捧げる。大学院修了後、造船会社での7年間正社員として勤め2022年に独立。現在はフリーランスプログラマーとして、ExcelVBAを用いた業務改善ツール開発や学習支援を行い、クラウドソーシングプラットフォームのココナラを主戦場に活動中。ココナラでは月あたり20件以上のVBA開発案件を手掛け、累計対応件数は500件を超える（2024年2月現在）。同プラットフォームの「IT・プログラミング」カテゴリーでは複数回ランキング1位を獲得。X(旧:Twitter)やブログでExcel関連情報も発信中。ココナラ及びXでのプロフィール名は「いき」。
趣味はトライアスロン。2019年全日本トライアスロン宮古島大会完走。現在は子育て（娘2歳）に献身しているためもっぱら運動不足。
Softex-Celware：https://www.softex-celware.com/
Xアカウント：@aero_iki

監修者略歴
大村 あつし（おおむら あつし）
主にExcel VBAについて執筆するテクニカルライターであり、20万部のベストセラー『エブリ リトル シング』の著者でもある小説家。過去にはAmazonのVBA部門で1～3位を独占し、上位14冊中9冊がランクイン。「永遠に破られない記録」と称された。
Microsoft Officeのコミュニティサイト「moug.net」を1人で立ち上げた経験から、徹底的に読者目線、初心者目線で解説することを心掛けている。また、2003年には新資格の「VBAエキスパート」を創設。
主な著書は『かんたんプログラミングExcel VBA』シリーズ、『新装改訂版Excel VBA本格入門』（技術評論社）『Excel VBAの神様～ボクの人生を変えてくれた人』（秀和システム）『マルチナ、永遠のAI。～ AIと仮想通貨時代をどう生きるか』（ダイヤモンド社）『しおんは、ボクにおせっかい』（KADOKAWA）など多数。

●カバー・本文デザイン　松崎徹郎（有限会社エレメネッツ）
●カバーイラスト　　　　　岡田 丈

Excel VBA開発を超効率化する プログラミングテクニック
―ムダな作業をゼロにする開発のコツ―

2024年3月 7日　初版　第1刷発行
2024年4月16日　初版　第2刷発行

著　者　　深見　祐士
監修者　　大村　あつし
発行者　　片岡　巌
発行所　　株式会社 技術評論社
　　　　　東京都新宿区市谷左内町21-13
電話　　　03-3513-6150　販売促進部
　　　　　03-3513-6166　書籍編集部
印刷・製本　図書印刷株式会社

お問い合わせについて

- 本書に関するご質問については、本書に記載されている内容に関するもののみとさせていただきます。本書の内容と関係のないご質問につきましては、一切お答えできませんので、ご了承ください。
- 本書に関するご質問は、FAXか書面にてお願いいたします。電話でのご質問にはお答えできません。
- 下記のWebサイトでも質問用フォームを用意しておりますので、ご利用ください。
- お送りいただいたご質問には、できる限り迅速にお答えできるよう努力いたしておりますが、場合によってはお答えするまでに時間がかかることがあります。また、回答の期日をご指定なさっても、ご希望にお応えできるとは限りません。
- ご質問の際に記載いただいた個人情報は、質問の返答以外には使用いたしません。また返答後は速やかに削除させていただきます。

お問い合わせ先
〒162-0846
東京都新宿区市谷左内町21-13
株式会社技術評論社　書籍編集部
「Excel VBA開発を超効率化するプログラミングテクニック」係
FAX：03-3513-6183
Webサイト：　https://gihyo.jp/book/2024/
　　　　　　　978-4-297-14023-6

こちらからもアクセスできます。▶